普 通 高 等 教 育 精 品 教 材

理 论 力 学

王亚辉　王剑华　任亚杰　编著

科 学 出 版 社
北 京

内 容 简 介

本书内容包括牛顿方程、动量定理、角动量定理、动能定理、拉格朗日方程、哈密顿原理和刚体的平衡等。本书以动力学为主干，按照基本定理和基本方程分章叙述，运动学和静力学的内容则穿插其中，使学生能够分散消化。通过合并质点力学和质点系力学，加强分析力学部分，本书结构更为合理，内容更为充实。本书编写力求理论清晰易懂，数学推演简洁方便，同时还兼顾理论力学在物理学和工程技术中的一些重要应用。

本书可以作为大学本科物理学、土木工程和机械制造等专业的教学用书，也可供其他相关专业人员阅读和参考。

图书在版编目(CIP)数据

理论力学 / 王亚辉，王剑华，任亚杰编著. —北京：科学出版社，2020.11
ISBN 978-7-03-066251-4
（普通高等教育精品教材）

Ⅰ. ①理…　Ⅱ. ①王…　②王…　③任…　Ⅲ. ①理论力学　Ⅳ. ①O31

中国版本图书馆 CIP 数据核字（2020）第 183410 号

责任编辑：王杰琼 / 责任校对：赵丽杰
责任印制：吕春珉 / 封面设计：耕者设计工作室

科学出版社 出版
北京东黄城根北街 16 号
邮政编码：100717
http://www.sciencep.com
铭浩彩色印装有限公司印刷
科学出版社发行　各地新华书店经销
*
2020 年 11 月第 一 版　开本：787×1092　1/16
2020 年 11 月第一次印刷　印张：14 1/4
字数：335 000

定价：55.00 元

（如有印装质量问题，我社负责调换〈铭浩〉）
销售部电话 010-62136230　编辑部电话 010-62135319-2031

前言

理论力学是研究宏观物体低速运动的一门科学，它是大学本科理论物理课程的第一门课程，也是现代工程技术的理论基础。这里的宏观物体是指研究对象的尺度介于微观和宇观之间的物体。该课程的主要任务是让学生掌握质点、质点系和刚体运动的基本规律和研究方法，学会运用这些方法解决实际的力学问题，并为后续课程的学习做必要的准备。通过理论力学的学习，培养学生分析问题和解决问题的能力，帮助学生确立辩证唯物主义世界观，提高学生的抽象思维能力。

人类跨入了充满挑战与机遇的21世纪。这是一个经济全球化、科技创新国际化的时代，是新经济占主导地位的时代，是科学技术突飞猛进、不断取得新突破的时代。这样的时代，对高等教育的办学理念、体制、模式、机制和人才培养等各个方面都提出了全新的要求。所培养的人才不仅要有新知识、新思想、新观念，更重要的是要有不断创新、善于开拓、团结奋斗的拼搏精神。随着现代科学技术的迅猛发展，特别是微电子技术、信息技术的发展，生产技术的内涵发生了深刻的变化。面对这一深刻的变化和严峻的形势，我们必须认真转变教育思想，以持续发展为主题，以结构优化升级为主线，以改革开放为动力，以全面推进素质教育和改革人才培养模式为重点，以构建新的教学内容和课程体系、加大教学方法和手段改革为核心，努力培养素质高、应用能力与实践能力强、富有创新精神和特色的应用型的复合型人才。

理论力学的有些内容在普通物理的力学中已经学过，对此我们进行了适当删减，把讲授的重点放在了深化和提高上。例如，转动惯量的概念在力学课程中已经学过，因此在本书我们将重点放在求转动惯量的公式法，求密度不均匀物体的转动惯量、回转半径，以及求转动惯量定理的综合运用上；在普通力学中已研究过两个小球的碰撞，本书便将重点放在斜碰、质心坐标系和实验室坐标系、小球和物体间的碰撞，以及物体之间的碰撞等较深入的研究上。因为在力学中初步学习过刚体平面运动，所以在本书中除巩固平面运动的基点分析法外，将新的知识点放在转动瞬心的概念、平面运动的瞬心分析法、空间极迹和本体极迹等方面，给学生指出观察、分析平面运动的新视角，达到开阔学生学习思路的目的。总之，我们的目标是处理好与力学的衔接与配合，大大提高本课程的教学效率，加强分析力学的内容，努力培养学生用全新的观点和方法处理力学问题的能力，提高学生的抽象思维能力，为后续课程打下良好基础。

作为“理论力学”课程教学改革试点工作的一个成果，本书试图把理科和工科的“理论力学”课程进行统一的编排。第1章介绍牛顿方程和非惯性参考系的基本内容，这是课程的基础理论部分。第2～4章分别介绍动量定理、角动量定理和动能定理，具体包括中心力场、两体问题、散射、刚体和变质量物体的运动五类典型的力学问题，以及处理这些问题的思想、方法和结论。第5章和第6章讲述经典力学拉格朗日方程和哈密顿原理，这是专门为后续理论物理课程的需要做准备的。第 7 章讨论刚体的平衡，它主要是为工程技术专业的学生学习材料力学和结构力学等课程做准备的。对于物理学专业的学生，可以学习第 1～6 章；对于工程技术专业的学生，可以学习第 1～5 章和第 7 章。

本书由王亚辉、王剑华、任亚杰、蒋红和付江涛共同编写，其中第 1、2 章由王剑华编写，第 3～5 章由王亚辉编写，第 6 章由任亚杰编写，第 7 章由蒋红和付江涛编写。全书由王剑华、王亚辉统稿，插图由王亚辉绘制。

本书的出版得到了陕西省精品资源共享课程建设经费和陕西理工大学教材建设专项经费的资助。为方便教师上课使用以及学生自学，本书另配电子课件及相关视频。

本书尽量体现以学生为本、以学生为中心的教育思想，不为教而教，突出培养学生自学能力和扩展、发展知识的能力，以便为学生今后持续创造性学习打下基础。当然，本书尽管主观上想以新思想、新体系、新面孔出现在读者面前，但由于这是一种新的探索以及其他可能尚未认识到的因素，难免存在缺点和不足，敬请广大读者不吝赐教，以便再版时修正和完善。

王亚辉

2019 年 4 月

目录

第1章 牛顿方程

力学的任务是研究宏观物体的机械运动。机械运动是指物体位置的变化。因此，确定物体的位置是力学的第一个课题。本章讲述速度、加速度、牛顿运动定律和相对性原理、牛顿方程的求解，以及非惯性系中的力学问题和相关的应用。

1.1 质点运动的描述

1.1.1 质点的运动方程

任何物体的位置都是相对于其他物体而言的。所以，要确定物体 A 的位置，必须事先选定另一个物体 B 作为描述的依据或参考。此时，物体 B 称为参考体。

为了定量地说明物体的运动，必须选定一个固定在参考体上的坐标系和计算时间的钟。只有指出了事件的空间坐标和时刻，才能着手去研究运动的特征。对于同一个运动而言，选取不同的坐标系将观测到不同的结果。因此，为了处理问题的简便，应该根据具体问题，选取最适当的坐标系。

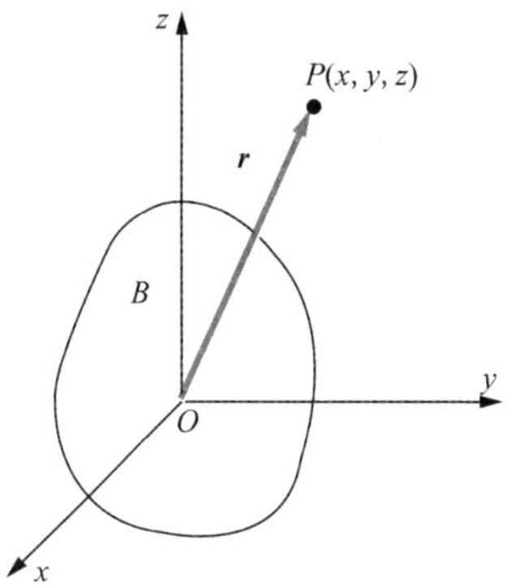

图 1-1

如图 1-1 所示，从参考体上某点 O 向运动质点 P 引一矢量 $\boldsymbol{r}$，矢量 $\boldsymbol{r}$ 称为质点 P 对于 O 点的位矢。实践表明，对于质点的运动来讲，$\boldsymbol{r}$ 是时间 t 的单值、连续函数，即

$$\boldsymbol{r}=\boldsymbol{r}(t) \tag{1-1-1}$$

只要给出上述函数关系，就能确定质点在任一时刻的位置，从而得知质点的运动特征。因此，式（1-1-1）称为质点的运动方程。

如果选定了坐标系，矢量方程式（1-1-1）就能投影到坐标轴上，得到等价的分量方程组。在图 1-2 所示的直角坐标系、柱坐标系、球坐标系下，质点分量形式的运动方程分别为

$$x=x(t),\ \ y=y(t),\ \ z=z(t) \tag{1-1-2}$$

$$\rho=\rho(t),\ \ \varphi=\varphi(t),\ \ z=z(t) \tag{1-1-3}$$

$$r=r(t),\ \ \theta=\theta(t),\ \ \varphi=\varphi(t) \tag{1-1-4}$$

质点运动时，位矢 $\boldsymbol{r}$ 的端点将描绘出一条矢端曲线。这条曲线称为质点的运动轨迹。显然，式（1-1-2）～式（1-1-4）都是轨道曲线的参数方程。如果消去方程组中的时间 t，

就得到了质点的轨迹方程。

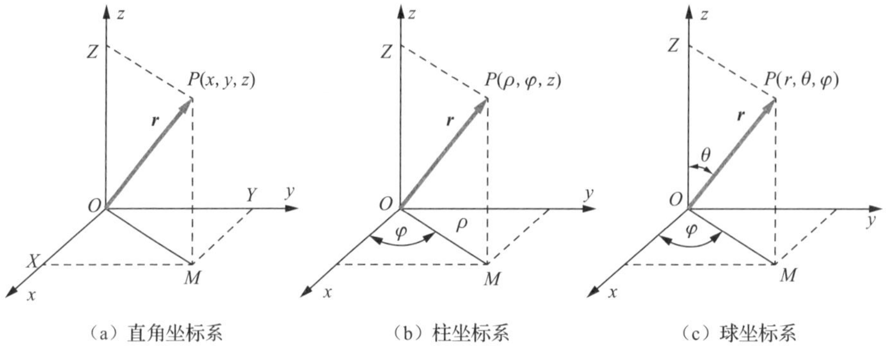

图 1-2

1.1.2 速度和加速度

如果质点在 Δt 时间内由 P 点运动到 Q 点，通过的路程是 Δs，则质点的位矢 $\boldsymbol{r}$ 就发生一个增量 $\Delta\boldsymbol{r}$，如图 1-3 所示。增量 $\Delta\boldsymbol{r}$ 称为质点在 Δt 时间内的位移。位移是由质点的初、末两个位置决定的，一般与路程无关。在曲线运动中，质点发生有限的位移时，$\Delta s \neq |\Delta\boldsymbol{r}|$，但是对于无限小位移，则有 $\mathrm{d}s = |\mathrm{d}\boldsymbol{r}|$。

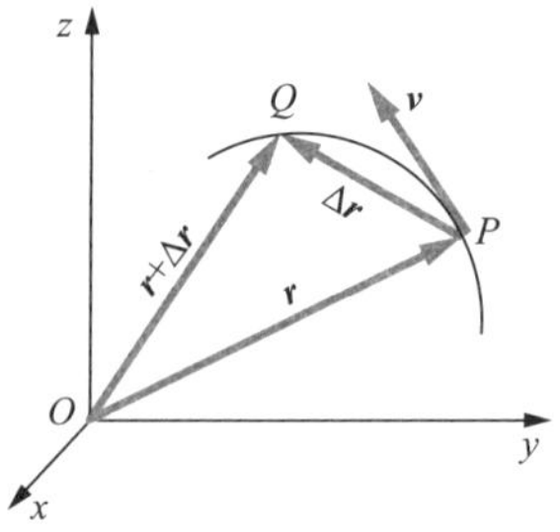

图 1-3

位矢 $\boldsymbol{r}$ 对时间的一阶导数定义为质点的速度，即

$$\boldsymbol{v} = \frac{\mathrm{d}\boldsymbol{r}}{\mathrm{d}t} = \dot{\boldsymbol{r}}(t) \tag{1-1-5}$$

变量顶上的一点表示对时间求一阶导数，两点表示对时间求二阶导数。由式（1-1-5）可知，$\boldsymbol{v}$ 总是沿轨道的切线，并指向质点的运动方向。$\boldsymbol{v}$ 的模称为速率，它能表征运动的快慢。由（1-1-5）式可得

$$|\boldsymbol{v}| = \left|\frac{\mathrm{d}\boldsymbol{r}}{\mathrm{d}t}\right| = \frac{\mathrm{d}s}{\mathrm{d}t} = \dot{s}(t) \tag{1-1-6}$$

速度 $\boldsymbol{v}$ 对时间的一阶导数定义为质点的加速度，即

$$\boldsymbol{a} = \frac{\mathrm{d}\boldsymbol{v}}{\mathrm{d}t} = \dot{\boldsymbol{v}}(t) = \ddot{\boldsymbol{r}}(t) \tag{1-1-7}$$

位移、速度、加速度都是时间 t 的矢性函数。定义这些量是为了描述机械运动，刻画各种运动的具体特征。

因为质点的位置是借助于参考系加以确定的，所以轨道、位移、速度、加速度都依赖于参考系的选择。因此，不指定参考系就无法描述质点的机械运动。如果参考系选择恰当，质点机械运动的描述就会简便明了，也能充分地显示出运动的特征。

1.1.3 角速度和角加速度

利用刚体的定轴转动来引入角速度和角加速度的概念。在定轴转动的刚体上选取一条

转动半径 OM，如图 1-4 所示。OM 转过的角度 θ 可以确定刚体的位置，称为角坐标。角位矢 $\boldsymbol{\theta}$ 定义为：$\boldsymbol{\theta}$ 的模是 θ 角的大小，$\boldsymbol{\theta}$ 的方向则根据 θ 角的旋向用右手螺旋法则确定。

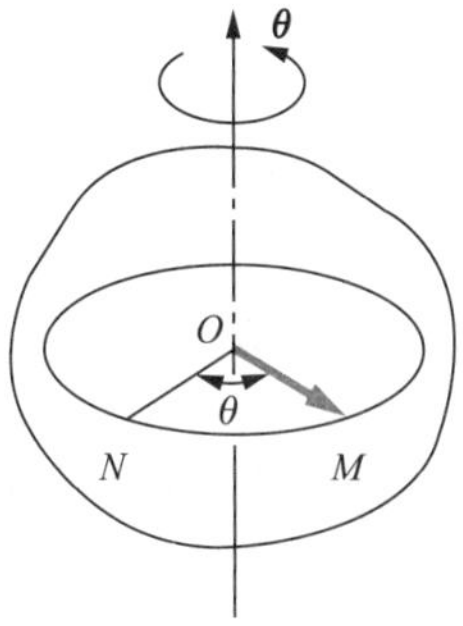

图 1-4

当刚体转动时，OM 随之转动，$\boldsymbol{\theta}$ 将是时间 t 的连续函数。把 $\boldsymbol{\theta}(t+\Delta t)$ 与 $\boldsymbol{\theta}(t)$ 的差定义为 Δt 时间内的角位移 $\Delta\boldsymbol{\theta}$，把 $\boldsymbol{\theta}$ 对 t 的一阶导数和二阶导数分别定义为转动的角速度和角加速度，即

$$\begin{cases}\boldsymbol{\omega}=\dfrac{\mathrm{d}\boldsymbol{\theta}}{\mathrm{d}t}\\ \boldsymbol{\beta}=\dfrac{\mathrm{d}\boldsymbol{\omega}}{\mathrm{d}t}=\dfrac{\mathrm{d}^2\boldsymbol{\theta}}{\mathrm{d}t^2}\end{cases} \tag{1-1-8}$$

上面定义的角速度和角加速度矢量既适用于刚体，也适用于刚体上的任意点 M。

根据角速度矢量的定义可以证明：质点做圆周运动时，其角速度 $\boldsymbol{\omega}$ 和线速度 $\boldsymbol{v}$ 之间的关系为

$$\boldsymbol{v}=\boldsymbol{\omega}\times\boldsymbol{r} \tag{1-1-9}$$

式中，$\boldsymbol{r}$ 为质点相对于圆心 O 的位矢。

如果 $\boldsymbol{r}$ 是从转轴上的任意点引至刚体上 M 点的位矢，则上式依然能够成立。这样，式（1-1-9）就可写为

$$\frac{\mathrm{d}\boldsymbol{r}}{\mathrm{d}t}=\boldsymbol{\omega}\times\boldsymbol{r} \tag{1-1-10}$$

如图 1-5 所示，假设直角坐标系的标架绕着通过原点的直线 AB 以角速度 $\boldsymbol{\omega}$ 旋转，这时若把 $\boldsymbol{i}$、$\boldsymbol{j}$、$\boldsymbol{k}$ 分别看成质点的位矢，则由式（1-1-10），可得

$$\begin{cases}\dfrac{\mathrm{d}\boldsymbol{i}}{\mathrm{d}t}=\boldsymbol{\omega}\times\boldsymbol{i}\\ \dfrac{\mathrm{d}\boldsymbol{j}}{\mathrm{d}t}=\boldsymbol{\omega}\times\boldsymbol{j}\\ \dfrac{\mathrm{d}\boldsymbol{k}}{\mathrm{d}t}=\boldsymbol{\omega}\times\boldsymbol{k}\end{cases} \tag{1-1-11}$$

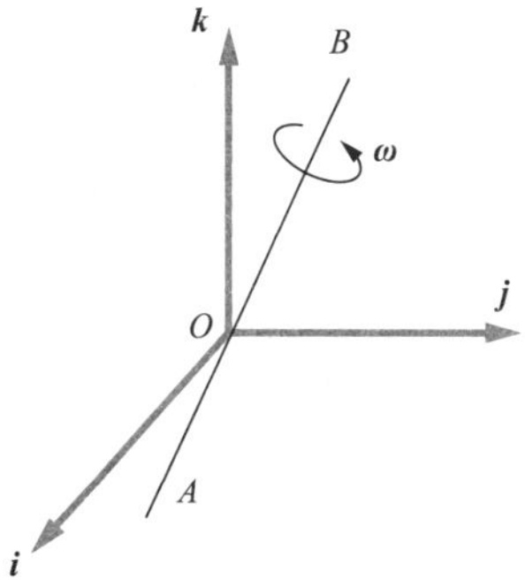

图 1-5

可见，直角坐标系的标架绕着通过原点的直线 AB 旋转时，单位矢量 $\boldsymbol{i}$、$\boldsymbol{j}$、$\boldsymbol{k}$ 的变化率等于转动的角速度 $\boldsymbol{\omega}$ 与它们的矢积。

1.1.4 速度合成定理

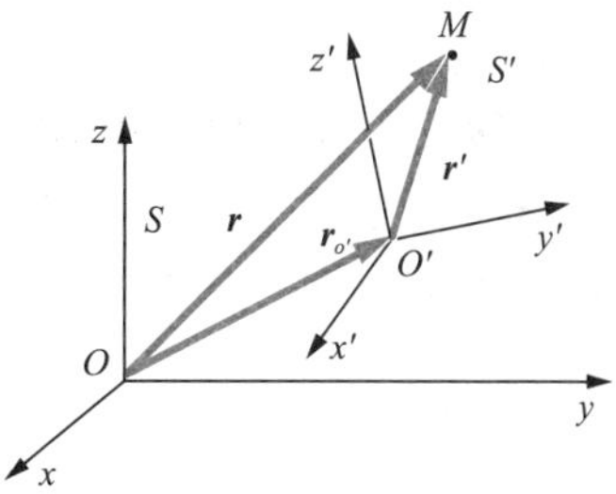

图 1-6

假定 S 是选取的固定坐标系，S' 是一个相对于坐标系 S 运动的坐标系，如图 1-6 所示。可以研究质点分别相对于这两个坐标系的速度。

质点相对于定坐标系 S 的运动称为绝对运动，相对于动坐标系 S' 的运动称为相对运动。当质点不做相对运动时，它

随坐标系 S' 一起相对于坐标系 S 所做的运动称为牵连运动。例如，一个人在行驶着的火车中行走，人对车（S'）的运动是相对运动，人对地（S）的运动是绝对运动。人若静止在车中，则由于车的行驶而引起人对地的运动便是牵连运动。

质点在相对运动中的速度称为相对速度，在绝对运动中的速度称为绝对速度，在牵连运动中的速度称为牵连速度。

由图 1-6 可知，相对运动是在坐标系 S' 中观测的，所以相对速度应是 $\boldsymbol{i}'$、$\boldsymbol{j}'$、$\boldsymbol{k}'$ 不变情况下 $\boldsymbol{r}'$ 对 t 的导数，即

$$\boldsymbol{v}_r = \frac{\mathrm{d}\boldsymbol{r}'}{\mathrm{d}t} = \dot{x}'\boldsymbol{i}' + \dot{y}'\boldsymbol{j}' + \dot{z}'\boldsymbol{k}' \tag{1-1-12}$$

现在再来考察牵连速度。当坐标系 S' 对坐标系 S 做平动时，M 点所获得的牵连速度应该和 O' 的速度一样，即

$$\boldsymbol{v}_e = \frac{\mathrm{d}\boldsymbol{r}_{o'}}{\mathrm{d}t} \tag{1-1-13}$$

当坐标系 S' 仅绕 O' 点以角速度 $\boldsymbol{\omega}$ 转动时，由式（1-1-10）可知，M 点的牵连速度是 $\boldsymbol{\omega}\times\boldsymbol{r}'$。如果坐标系 S' 既有平动又有转动，则 M 点的牵连速度应是

$$\boldsymbol{v}_e = \frac{\mathrm{d}\boldsymbol{r}_{o'}}{\mathrm{d}t} + \boldsymbol{\omega}\times\boldsymbol{r}' \tag{1-1-14}$$

质点 M 的绝对速度等于 $\boldsymbol{r}$ 对 t 的一阶导数。值得注意的是，绝对速度是在定坐标系 S 中观测的，所以对 $\boldsymbol{r}$ 求导数时，应将 $\boldsymbol{i}'$、$\boldsymbol{j}'$、$\boldsymbol{k}'$ 当作变矢量处理，而不能以常矢量对待，于是便不难写出 M 点的绝对速度，即

$$\begin{aligned}\boldsymbol{v} &= \frac{\mathrm{d}\boldsymbol{r}}{\mathrm{d}t} = \frac{\mathrm{d}}{\mathrm{d}t}(\boldsymbol{r}_o + \boldsymbol{r}') = \frac{\mathrm{d}\boldsymbol{r}_{o'}}{\mathrm{d}t} + \frac{\mathrm{d}}{\mathrm{d}t}(x'\boldsymbol{i}' + y'\boldsymbol{j}' + z'\boldsymbol{k}') \\ &= \frac{\mathrm{d}\boldsymbol{r}_{o'}}{\mathrm{d}t} + (\dot{x}'\boldsymbol{i}' + \dot{y}'\boldsymbol{j}' + \dot{z}'\boldsymbol{k}') + \left(x'\frac{\mathrm{d}\boldsymbol{i}'}{\mathrm{d}t} + y'\frac{\mathrm{d}\boldsymbol{j}'}{\mathrm{d}t} + z'\frac{\mathrm{d}\boldsymbol{k}'}{\mathrm{d}t}\right)\end{aligned}$$

利用式（1-1-11）、式（1-1-12）和式（1-1-14），可以得到一个十分重要的速度合成定理公式，即

$$\boldsymbol{v} = \boldsymbol{v}_r + \boldsymbol{v}_e \tag{1-1-15}$$

此式表明，质点的绝对速度等于其相对速度与牵连速度的矢量和。

例 1-1 宽度为 d 的河流，其流速与到河岸的距离成正比，在河岸处，水流速度为零，在河流中心处，流速为 c。一只小船以相对速度 u 沿垂直于水流的方向行驶，求船的轨迹和船在对岸靠拢的地点。

解 因为所求的是小船相对河岸的轨迹，故应求出它的绝对速度。在河岸上取静止坐标系 S，再取一个随水流的运动坐标系 S'，如图 1-7 所示，运动坐标系沿水平方向以水流速度运动，牵连速度为

$$\boldsymbol{v}_e = \begin{cases} \dfrac{2c}{d}y\boldsymbol{i} & \left(0 \leqslant y \leqslant \dfrac{d}{2}\right) \\ \dfrac{2c}{d}(d-y)\boldsymbol{i} & \left(\dfrac{d}{2} \leqslant y \leqslant d\right) \end{cases}$$

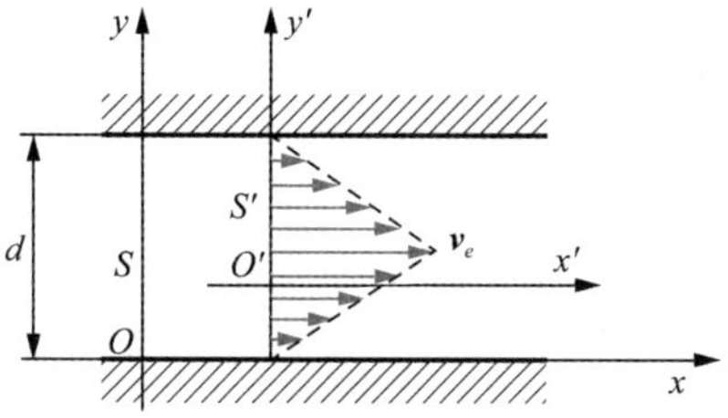

图 1-7

小船的相对速度为

$$\boldsymbol{v}_r = u\boldsymbol{j}' = u\boldsymbol{j}$$

根据速度合成定理公式，小船的绝对速度应为

$$\boldsymbol{v} = \boldsymbol{v}_e + \boldsymbol{v}_r = \begin{cases} \dfrac{2c}{d} y\boldsymbol{i} + u\boldsymbol{j} & \left(0 \leqslant y \leqslant \dfrac{d}{2}\right) \\ \dfrac{2c}{d}(d-y)\boldsymbol{i} + u\boldsymbol{j} & \left(\dfrac{d}{2} \leqslant y \leqslant d\right) \end{cases}$$

下面求小船的轨迹。把上式在静止坐标系中投影可得

$$\begin{cases} \dfrac{\mathrm{d}x}{\mathrm{d}t} = \dfrac{2c}{d} y \\ \dfrac{\mathrm{d}y}{\mathrm{d}t} = u \end{cases} \quad \left(0 \leqslant y \leqslant \dfrac{d}{2}\right)$$

$$\begin{cases} \dfrac{\mathrm{d}x}{\mathrm{d}t} = \dfrac{2c}{d}(d-y) \\ \dfrac{\mathrm{d}y}{\mathrm{d}t} = u \end{cases} \quad \left(\dfrac{d}{2} \leqslant y \leqslant d\right)$$

在上面两式中消去$\mathrm{d}t$，然后积分，得

$$\frac{\mathrm{d}x}{\mathrm{d}y} = \frac{2c}{ud} y, \quad \int \mathrm{d}x = \int \frac{2c}{ud} y \,\mathrm{d}y$$

于是有

$$x = \begin{cases} \dfrac{c}{ud} y^2 + A & \left(0 \leqslant y \leqslant \dfrac{d}{2}\right) \\ \dfrac{2c}{u} y - \dfrac{c}{ud} y^2 + B & \left(\dfrac{d}{2} \leqslant y \leqslant d\right) \end{cases}$$

根据初始条件$x=0, y=0$和$x=\dfrac{cd}{4u}, y=\dfrac{d}{2}$得$A=0$，$B=-\dfrac{cd}{2u}$。小船的轨迹方程为

$$x=\begin{cases}\dfrac{c}{ud}y^2 & \left(0\leqslant y\leqslant\dfrac{d}{2}\right)\\ \dfrac{2c}{u}y-\dfrac{c}{ud}y^2-\dfrac{cd}{2u} & \left(\dfrac{d}{2}\leqslant y\leqslant d\right)\end{cases}$$

当小船到达对岸时，$y=d$，由上式第二个方程可得到靠岸地点为

$$x_1=\frac{2c}{u}d-\frac{c}{ud}d^2-\frac{cd}{2u}=\frac{cd}{2u}$$

可见，小船从出发到靠岸的运动过程中，沿水流方向的位移是$\dfrac{cd}{2u}$。

1.2 加速度的分量表示

质点的速度是描写质点运动的快慢和方向的物理量。加速度则描写速度变化的快慢和方向。本节讨论速度和加速度在几种常用坐标系中的分量形式。

1.2.1 直角坐标系中加速度的分量

当质点在三维空间中运动时，可选取直角坐标系进行研究。如图 1-2(a)所示，用$\boldsymbol{i}$、$\boldsymbol{j}$、$\boldsymbol{k}$表示三个坐标轴上的单位矢量，可以把位矢$\boldsymbol{r}$、速度$\boldsymbol{v}$和加速度$\boldsymbol{a}$表示成为

$$\begin{cases}\boldsymbol{r}=x\boldsymbol{i}+y\boldsymbol{j}+z\boldsymbol{k}\\ \boldsymbol{v}=\dot{x}\boldsymbol{i}+\dot{y}\boldsymbol{j}+\dot{z}\boldsymbol{k}\\ \boldsymbol{a}=\ddot{x}\boldsymbol{i}+\ddot{y}\boldsymbol{j}+\ddot{z}\boldsymbol{k}\end{cases}\tag{1-2-1}$$

于是，速度的分量和模为

$$\begin{cases}v_x=\dot{x},v_y=\dot{y},v_z=\dot{z}\\ v=\sqrt{\dot{x}^2+\dot{y}^2+\dot{z}^2}\end{cases}\tag{1-2-2}$$

其方向余弦是

$$\begin{cases}\cos(\boldsymbol{v},\boldsymbol{i})=\dfrac{\dot{x}}{v}\\ \cos(\boldsymbol{v},\boldsymbol{j})=\dfrac{\dot{y}}{v}\\ \cos(\boldsymbol{v},\boldsymbol{k})=\dfrac{\dot{z}}{v}\end{cases}\tag{1-2-3}$$

加速度的分量、模和方向余弦则是

$$\begin{cases}a_x=\ddot{x},\quad a_y=\ddot{y},\quad a_z=\ddot{z}\\ a=\sqrt{\ddot{x}^2+\ddot{y}^2+\ddot{z}^2}\end{cases}\tag{1-2-4}$$

$$\begin{cases}\cos(\boldsymbol{a},\boldsymbol{i})=\dfrac{\ddot{x}}{a}\\[2mm]\cos(\boldsymbol{a},\boldsymbol{j})=\dfrac{\ddot{y}}{a}\\[2mm]\cos(\boldsymbol{a},\boldsymbol{k})=\dfrac{\ddot{z}}{a}\end{cases}\tag{1-2-5}$$

因为位矢是时间的连续函数，且通常是可导的，所以速度和加速度通常也是时间的函数。在位矢、速度和加速度这三个函数中，只要知道了其中一个，就可以利用微分法或积分法求出其余的两个。

例 1-2 设椭圆规尺 AB 的端点 A 与 B 沿直线导槽 Ox 及 Oy 滑动，而 B 以匀速度 c 运动，求椭圆规尺上 M 点的轨道方程、速度及加速度。设 $\overline{MA}=a$, $\overline{MB}=b$, $\angle OBA=\theta$。

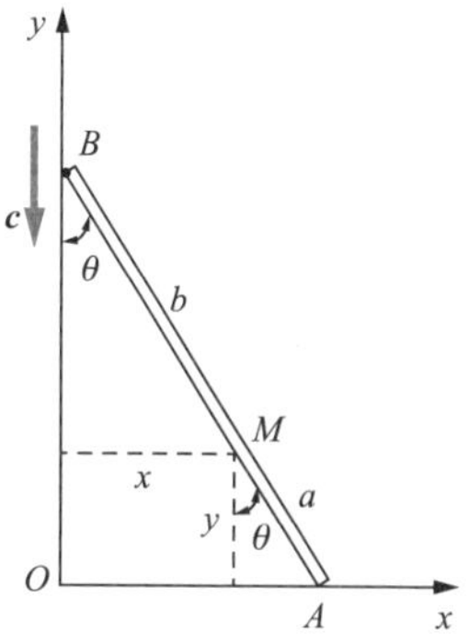

图 1-8

解 由图 1-8 知 M 点的坐标为

$$\begin{cases}x=b\sin\theta\\y=a\cos\theta\end{cases}$$

消去 θ 得轨道方程

$$\frac{x^2}{b^2}+\frac{y^2}{a^2}=1$$

速度分量为

$$\begin{cases}\dot{x}=b\dot{\theta}\cos\theta\\\dot{y}=-a\dot{\theta}\sin\theta\end{cases}$$

由 B 点坐标

$$\begin{cases}x_B=0\\y_B=(a+b)\cos\theta\end{cases}$$

得 B 点速度

$$v_B=\dot{y}_B=-(a+b)\dot{\theta}\sin\theta=-c$$

所以得

$$\dot{\theta}=\frac{c}{a+b}\frac{1}{\sin\theta}$$

所以得 M 点的速度分量为

$$\begin{cases}\dot{x}=\dfrac{bc}{a+b}\cot\theta\\[2mm]\dot{y}=-\dfrac{ac}{a+b}\end{cases}$$

所以 M 点的速度大小为

$$v=\frac{c}{a+b}\sqrt{a^2+b^2\cot\theta}$$

速度的方向由

$$\begin{cases}\cos(\boldsymbol{v},\boldsymbol{i})=\dfrac{\dot{x}}{v}=\dfrac{b\cot\theta}{\sqrt{a^2+b^2\cot\theta}}\\[2ex]\cos(\boldsymbol{v},\boldsymbol{j})=\dfrac{\dot{y}}{v}=-\dfrac{a}{\sqrt{a^2+b^2\cot\theta}}\end{cases}$$

来确定。

M 点的加速度分量为

$$\ddot{x}=-\frac{bc}{a+b}\dot{\theta}\csc^2\theta=-\frac{bc^2}{(a+b)^2}\csc^3\theta=-\frac{b^4c^2}{(a+b)^2}\frac{1}{x^3}$$

$$\ddot{y}=0$$

于是可以求得 M 点的加速度大小为

$$a=\sqrt{\ddot{x}^2+\ddot{y}^2}=\frac{b^4c^2}{(a+b)^2}\frac{1}{x^3}$$

由 $\ddot{x}$ 和 $\ddot{y}$ 可以看出，加速度 $\boldsymbol{a}$ 的方向沿 Ox 轴的负方向。

1.2.2 极坐标系中加速度的分量

平面极坐标系如图 1-9 所示，用 $\boldsymbol{i}$、$\boldsymbol{j}$ 表示径向和横向的单位矢量，则 $\boldsymbol{k}=\boldsymbol{i}\times\boldsymbol{j}$。质点 M 的位置由坐标 (r,θ) 确定，质点 M 的位矢 $\boldsymbol{r}=r\boldsymbol{i}$。当位矢随时间变化时，会使标架 $(\boldsymbol{i},\boldsymbol{j})$ 以角速度 $\boldsymbol{\omega}=\dot{\theta}\boldsymbol{k}$ 旋转。由式（1-1-11）可得

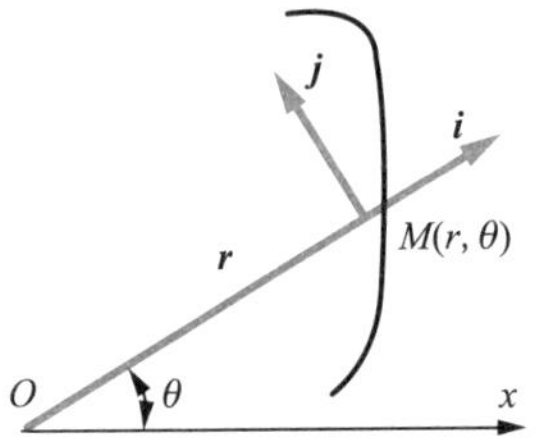

图 1-9

$$\begin{cases}\dfrac{\mathrm{d}\boldsymbol{i}}{\mathrm{d}t}=\boldsymbol{\omega}\times\boldsymbol{i}=\dot{\theta}\boldsymbol{j}\\[2ex]\dfrac{\mathrm{d}\boldsymbol{j}}{\mathrm{d}t}=\boldsymbol{\omega}\times\boldsymbol{j}=-\dot{\theta}\boldsymbol{i}\\[2ex]\dfrac{\mathrm{d}\boldsymbol{k}}{\mathrm{d}t}=\boldsymbol{\omega}\times\boldsymbol{k}=0\end{cases}\tag{1-2-6}$$

在平面极坐标系中，速度为

$$\boldsymbol{v}=v_r\boldsymbol{i}+v_\theta\boldsymbol{j}\tag{1-2-7}$$

把 $\boldsymbol{r}$ 对时间 t 求一阶导数

$$\boldsymbol{v}=\frac{\mathrm{d}\boldsymbol{r}}{\mathrm{d}t}=\dot{r}\boldsymbol{i}+r\dot{\theta}\boldsymbol{j}\tag{1-2-8}$$

比较上面两式，有

$$\begin{cases} v_r = \dot{r} \\ v_\theta = r\dot{\theta} \end{cases} \tag{1-2-9}$$

$$\begin{cases} v = \sqrt{v_r^2 + v_\theta^2} = \sqrt{\dot{r}^2 + (r\dot{\theta})^2} \\ \tan(\boldsymbol{v}, \boldsymbol{i}) = \dfrac{v_\theta}{v_r} = \dfrac{r\dot{\theta}}{\dot{r}} \end{cases} \tag{1-2-10}$$

式中，$(\boldsymbol{v},\boldsymbol{i})$为速度$\boldsymbol{v}$与径向单位矢量$\boldsymbol{i}$的夹角。

把速度$\boldsymbol{v}$对时间t求一阶导数，得加速度

$$\begin{aligned} \boldsymbol{a} &= \frac{\mathrm{d}\boldsymbol{v}}{\mathrm{d}t} = \frac{\mathrm{d}}{\mathrm{d}t}(\dot{r}\boldsymbol{i} + r\dot{\theta}\boldsymbol{j}) \\ &= \ddot{r}\boldsymbol{i} + \dot{r}\frac{\mathrm{d}\boldsymbol{i}}{\mathrm{d}t} + \dot{r}\dot{\theta}\boldsymbol{j} + r\ddot{\theta}\boldsymbol{j} + r\dot{\theta}\frac{\mathrm{d}\boldsymbol{j}}{\mathrm{d}t} \\ &= (\ddot{r} - r\dot{\theta}^2)\boldsymbol{i} + (r\ddot{\theta} + 2\dot{r}\dot{\theta})\boldsymbol{j} \end{aligned} \tag{1-2-11}$$

于是有

$$\begin{cases} a_r = \ddot{r} - r\dot{\theta}^2 \\ a_\theta = r\ddot{\theta} + 2\dot{r}\dot{\theta} \end{cases} \tag{1-2-12}$$

$$\begin{cases} a = \sqrt{(\ddot{r} - r\dot{\theta}^2)^2 + (r\ddot{\theta} + 2\dot{r}\dot{\theta})^2} \\ \tan(\boldsymbol{a}, \boldsymbol{i}) = \dfrac{a_\theta}{a_r} = \dfrac{r\ddot{\theta} + 2\dot{r}\dot{\theta}}{\ddot{r} - r\dot{\theta}^2} \end{cases} \tag{1-2-13}$$

下面讨论柱坐标系中的速度和加速度。对于空间问题，常用柱坐标(ρ,θ,z)描述质点的位置，z轴是垂直于(ρ,θ)平面的坐标轴，单位矢量为$\boldsymbol{k}$（$\boldsymbol{k} = \boldsymbol{i} \times \boldsymbol{j}$）。在质点的运动过程中，径向和横向的单位矢量$\boldsymbol{i}$和$\boldsymbol{j}$的方向发生变化，而竖向的单位矢量$\boldsymbol{k}$的方向却始终不变。也就是说，$\mathrm{d}\boldsymbol{k}/\mathrm{d}t = \dot{\theta}\boldsymbol{k} \times \boldsymbol{k} = 0$，于是有

$$\boldsymbol{r} = \rho\boldsymbol{i} + z\boldsymbol{k} \tag{1-2-14}$$

$$\boldsymbol{v} = \frac{\mathrm{d}\boldsymbol{r}}{\mathrm{d}t} = \dot{\rho}\boldsymbol{i} + \rho\dot{\theta}\boldsymbol{j} + \dot{z}\boldsymbol{k} \tag{1-2-15}$$

$$\boldsymbol{a} = \frac{\mathrm{d}\boldsymbol{v}}{\mathrm{d}t} = (\ddot{\rho} - \rho\dot{\theta}^2)\boldsymbol{i} + (\rho\ddot{\theta} + 2\dot{\rho}\dot{\theta})\boldsymbol{j} + \ddot{z}\boldsymbol{k} \tag{1-2-16}$$

速度的分量和模为

$$\begin{cases} v_\rho = \dot{\rho} \\ v_\theta = \rho\dot{\theta} \\ v_z = \dot{z} \end{cases} \tag{1-2-17}$$

$$|\boldsymbol{v}| = \sqrt{\dot{\rho}^2 + \rho^2\dot{\theta}^2 + \dot{z}^2}$$

加速度的分量和模为

$$
\begin{cases}
a_\rho = \ddot{\rho} - \rho\dot{\theta}^2 \\
a_\theta = \rho\ddot{\theta} + 2\dot{\rho}\dot{\theta} \\
a_z = \ddot{z}
\end{cases}
\tag{1-2-18}
$$

$$
|\boldsymbol{a}| = \sqrt{(\ddot{\rho} - \rho\dot{\theta}^2)^2 + (\rho\ddot{\theta} + 2\dot{\rho}\dot{\theta})^2 + \ddot{z}^2}
$$

1.2.3 自然坐标系中加速度的分量

在质点的平面运动中，曲线上任意一点 P 的切线和法线构成 P 点的正交坐标系，称为自然坐标系的标架。其切线上的单位矢量 $\boldsymbol{\tau}$ 的指向为速度的正向；法线上的单位矢量 $\boldsymbol{n}$ 的指向总指朝向曲线的凹侧，θ 是 $\boldsymbol{\tau}$ 和某一固定的 x 轴的夹角，如图 1-10 所示，从 M_0 到 P 的弧长 S 称为弧坐标。

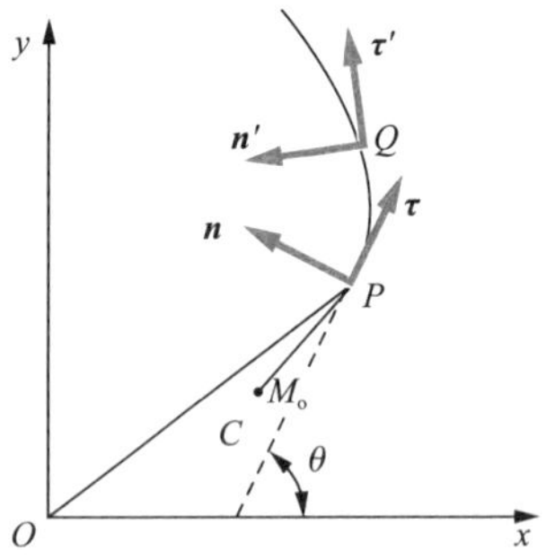

图 1-10

在自然坐标系中，由于质点的运动，自然坐标系的位置发生变化。定义单位矢量 $\boldsymbol{b} = \boldsymbol{\tau} \times \boldsymbol{n}$，则标架旋转的角速度 $\boldsymbol{\omega} = \dot{\theta}\boldsymbol{b}$。由式（1-1-11）得到单位矢量的变化率为

$$
\begin{cases}
\dfrac{\mathrm{d}\boldsymbol{\tau}}{\mathrm{d}t} = \boldsymbol{\omega} \times \boldsymbol{\tau} = \dot{\theta}\boldsymbol{n} \\
\dfrac{\mathrm{d}\boldsymbol{n}}{\mathrm{d}t} = \boldsymbol{\omega} \times \boldsymbol{n} = -\dot{\theta}\boldsymbol{\tau}
\end{cases}
\tag{1-2-19}
$$

由于速度 $\boldsymbol{v}$ 沿着轨道的切线并指向运动的方向，有

$$
\boldsymbol{v} = v\boldsymbol{\tau} = \dot{s}\boldsymbol{\tau} \tag{1-2-20}
$$

把上式对时间 t 求一阶导数，得

$$
\boldsymbol{a} = \frac{\mathrm{d}\boldsymbol{v}}{\mathrm{d}t} = \frac{\mathrm{d}v}{\mathrm{d}t}\boldsymbol{\tau} + v\frac{\mathrm{d}\boldsymbol{\tau}}{\mathrm{d}t} = \frac{\mathrm{d}v}{\mathrm{d}t}\boldsymbol{\tau} + v^2\frac{\mathrm{d}\theta}{\mathrm{d}s}\boldsymbol{n}
$$

在上式中利用了 $\mathrm{d}s/\mathrm{d}t = v$。另外，已知 $\mathrm{d}s/\mathrm{d}\theta$ 等于轨道的曲率半径 ρ，所以加速度 $\boldsymbol{a}$ 便可以写成

$$
\boldsymbol{a} = \frac{\mathrm{d}v}{\mathrm{d}t}\boldsymbol{\tau} + \frac{v^2}{\rho}\boldsymbol{n} \tag{1-2-21}
$$

由此可见，质点的切向加速度的大小 a_τ 和法向加速度的大小 a_n 应为

$$\begin{cases} a_\tau = \dfrac{\mathrm{d}v}{\mathrm{d}t} = \ddot{s} \\ a_n = \dfrac{v^2}{\rho} = \dfrac{\dot{s}^2}{\rho} \end{cases} \tag{1-2-22}$$

在给出曲线方程时，可以由 $\rho = \sqrt{(1+y'^2)^3}\Big/|y''|$ 计算曲线的曲率半径。式（1-2-22）表明：运动速率发生变化，质点就有切向加速度；运动方向发生变化，质点就有法向加速度。

当已知加速度的切向分量 a_τ 和法向分量 a_n 时，就可以求出加速度的大小和方向，即

$$a = \sqrt{a_\tau^{\ 2} + a_n^{\ 2}} = \sqrt{\ddot{s}^2 + \left(\frac{v^2}{\rho}\right)^2} \tag{1-2-23}$$

$$\tan(\boldsymbol{a}, \boldsymbol{\tau}) = \frac{a_n}{a_\tau} \tag{1-2-24}$$

式中，$(\boldsymbol{a},\boldsymbol{\tau})$ 为加速度 $\boldsymbol{a}$ 与切线方向单位矢量 $\boldsymbol{\tau}$ 的夹角。

下面讨论质点运动轨迹是空间曲线的情况。在空间曲线的 M 点和 M' 点作切线 $\boldsymbol{\tau}$ 和 $\boldsymbol{\tau}'$，当 M' 无限趋近 M 时，$\boldsymbol{\tau}$ 和 $\boldsymbol{\tau}'$ 确定的平面称为 M 点的密切面。在密切面内过 M 点垂直于切线的直线称为主法线，既垂直于切线又垂直于主法线的直线称为副法线，如图 1-11 所示。切线、主法线和副法线的单位矢量构成三维的自然坐标系的标架，副法线的单位矢量由 $\boldsymbol{b} = \boldsymbol{\tau} \times \boldsymbol{n}$ 确定。仿照平面情况的处理方法，可以得到

$$\begin{cases} a_\tau = \dfrac{\mathrm{d}v}{\mathrm{d}t} \\ a_n = \dfrac{v^2}{\rho} \\ a_b = 0 \end{cases} \tag{1-2-25}$$

上式表明，质点的运动轨迹是空间曲线时，加速度 $\boldsymbol{a}$ 总是在密切面内。

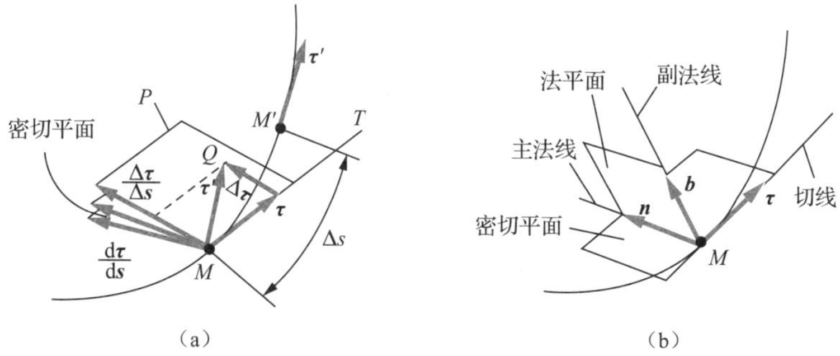

图 1-11 密切平面与主法线

例 1-3 如图 1-12 所示，一个质点沿着抛物线 $y^2 = 2px$ 运动，其切向加速度为法向加速度的 $-2k$ 倍。如果质点从正焦弦的一端 $(p/2, p)$ 以速率 u 出发，试求其达到正焦弦另一端时的速率。

解 由题意可知，质点运动的轨迹是抛物线 $y^2 = 2px$，即它的轨道是已知的。在这种情况下，选取自然坐标系求解比较方便。根据题意

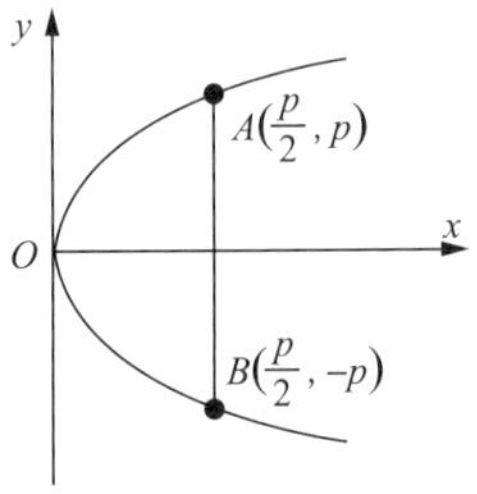

图 1-12

$$a_\tau = -2ka_n$$

利用式（1-2-22），可得

$$\frac{\mathrm{d}v}{\mathrm{d}t} = -2k\frac{v^2}{\rho}$$

考虑 $\frac{\mathrm{d}v}{\mathrm{d}t} = \frac{\mathrm{d}v}{\mathrm{d}s}\frac{\mathrm{d}s}{\mathrm{d}t} = v\frac{\mathrm{d}v}{\mathrm{d}s}$ 和 $\rho = \frac{\mathrm{d}s}{\mathrm{d}\theta}$，

有

$$\frac{\mathrm{d}v}{\mathrm{d}s} = -2kv\frac{\mathrm{d}\theta}{\mathrm{d}s}$$

分离变量积分

$$\int_u^{v_B} v^{-1}\,\mathrm{d}v = -\int_{\theta_1}^{\theta_2} 2k\,\mathrm{d}\theta$$

$$\ln\frac{v_B}{u} = -2k(\theta_2 - \theta_1)$$

下面计算（$\theta_2 - \theta_1$）。把质点的轨迹方程 $y^2 = 2px$ 两边对 x 求一阶导数

$$2yy' = 2p，\quad y' = \frac{p}{y}$$

于是可以求出 A、B 两点的斜率为

$$\begin{cases} \tan\theta_1 = y'\big|_{y=p} = 1 \\ \tan\theta_2 = y'\big|_{y=-p} = -1 \end{cases}$$

因此 $\tan\theta_1 = -\tan\theta_2$，即 $\tan\theta_2 = \tan\left(\frac{\pi}{2} + \theta_1\right)$，所以 $\theta_2 - \theta_1 = \frac{\pi}{2}$，那么

$$\ln\frac{v_B}{u} = -2k\cdot\frac{\pi}{2} = -k\pi$$

两边去对数，质点到达 B 点时的速率

$$v_B = u\mathrm{e}^{-k\pi}$$

可见，质点到达 $B(p/2, -p)$ 点的速率由 u 和 k 决定。

例 1-4 飞机 A 以等速 V 沿高度为 H 的水平直线飞行。在正上空时，由地面发射导弹 B，导弹始终瞄准飞机，且其速率为 $2V$。求导弹击中飞机所用的时间。

解 由题意可知，导弹的轨道与飞机水平航线的交点即为击中点。如图 1-13 所示，以导弹的发射点为坐标原点取一平面直角坐标系进行求解。当 $t = 0$ 时，导弹坐标为 $(0,0)$，飞机坐标为 $(0,H)$；在任意时刻 t，导弹坐标为 $B(x,y)$，飞机坐标为 $A(S,H)$。

由于飞机在水平直线上飞行，且导弹始终瞄准飞机，可以列出如下方程

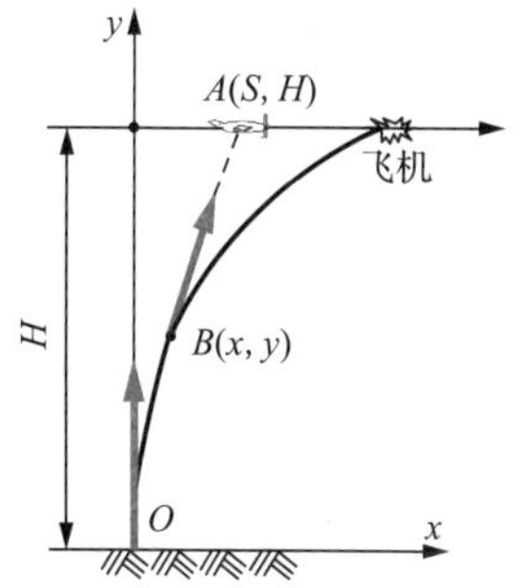

图 1-13

$$\begin{cases} S = Vt \\ x - S = (y - H)\dfrac{\mathrm{d}x}{\mathrm{d}y} \end{cases}$$

根据题意，导弹的速率为飞机速率的 2 倍，即

$$v^2 = \dot{x}^2 + \dot{y}^2 = (2V)^2 = 4\dot{S}^2$$

亦即

$$\left(\frac{\mathrm{d}S}{\mathrm{d}y}\right)^2 = \frac{1}{4}\left[1 + \left(\frac{\mathrm{d}x}{\mathrm{d}y}\right)^2\right]$$

把方程的第二式两边对 y 求导并代入上式，有

$$\left(\frac{\mathrm{d}^2 x}{\mathrm{d}y^2}\right)^2 (y - H)^2 = \frac{1}{4}\left[1 + \left(\frac{\mathrm{d}x}{\mathrm{d}y}\right)^2\right]$$

令 $Q = \dfrac{\mathrm{d}x}{\mathrm{d}y}$，则

$$\left(\frac{\mathrm{d}Q}{\mathrm{d}y}\right)^2 (y - H)^2 = \frac{1}{4}(1 + Q^2)$$

两边开方，并分离变量，有

$$\frac{2\,\mathrm{d}Q}{\sqrt{1 + Q^2}} = \frac{\mathrm{d}y}{H - y}$$

积分得

$$\left(Q + \sqrt{1 + Q^2}\right)^2 (H - y) = C$$

由题意可知，当 $y = 0$ 时，$Q = \dfrac{\mathrm{d}x}{\mathrm{d}y} = 0$，得 $C = H$。再由上式解之得

$$\frac{\mathrm{d}x}{\mathrm{d}y} = Q = \frac{1}{2\sqrt{H}} \frac{y}{\sqrt{H - y}}$$

分离变量积分，并考虑 $t = 0$ 时，$x = 0, y = 0$，可得导弹的轨迹方程为

$$x = -\frac{2H + y}{3\sqrt{H}}\sqrt{H - y} + \frac{2}{3}H$$

当飞机被击中时，$y = H$，由上式得 $x = 2H/3$，击中飞机的时间为 $2H/3V$。

1.3 经典力学的基本原理

牛顿运动定律和相对性原理构成了经典力学的基础。

1.3.1 牛顿运动定律

前面对机械运动进行了描述，属于运动学范畴。力学决不只限于刻画机械运动的特征，它的主要任务是研究物体的运动特征与相互作用的关系。只有这样，才能揭示运动的本质，并根据物体所处的具体环境判断它的运动特征。力学的这一部分内容称为动力学。

牛顿运动定律是经典力学的基础。它包括：

1）第一定律——任何物体在不受外力作用时保持其速度不变；

2）第二定律——物体的加速度与外力成正比，加速度的方向与外力方向相同；

3）第三定律——两个物体的相互作用力大小相等，方向相反。

需要指出的是，上述定律中所讲的物体指的是平动物体，或者理解为质点。牛顿运动定律不但给出了经典力学的基本概念，提出了经典力学的基本原理，而且以此为出发点，借助于形式逻辑和数学分析的方法构造了一个系统的、严谨的、与自然界相吻合的理论体系。所以说牛顿运动定律是经典力学的基础。

由牛顿运动定律可知，经典力学的基本概念是时间、空间、质量和力。从整个理论结构来看，这些概念被赋予了“绝对化”的假定，即认为时间、空间、质量和力既不相互影响，也不与物体的运动状态发生联系。这种假定与日常的生活经验十分切合，成功地描述了宏观物体的低速运动。

到 19 世纪末期，在深入研究电磁现象和物质结构的时候，物理学遇到了严重的困难。一些现象无法再用经典力学圆满解释，于是新的理论就应运而生了。爱因斯坦否定了绝对的时空观，修改了经典力学的基本概念，于 1905 年创立了狭义相对论。相对论揭示了高速运动的客观规律，对经典力学做了重大的修正和发展。相对论否定了传统的时空观、革新了整个物理学的面貌，把物理学的基本理论和实际应用推进到了一个崭新的阶段。此外，由于要以绝对时空为依据，经典力学必然要求物体的运动遵循决定论的因果规律。这在宏观范围是符合实际的，但是到了微观领域就不再适用了。经典力学的这种局限性导致了量子力学的诞生。量子力学不但成功地描述了微观粒子的运动，而且还把经典力学作为某种极限情况包括在内。

虽然经典力学立足于简单的、绝对化的时空观，不适用于微观的和高速的运动，但是用来处理宏观物体的低速运动，它还是极为有效而方便的。

牛顿定律的核心是第二定律。它确定了力、质量和加速度三者之间的定量关系，表述了机械运动的基本规律。如果说第一定律指出了惯性系的存在，是一条独立的定律，那么就必须找到这种特殊的参照系。迄今为止的各种测量都表明，地球、太阳和其他星体只是在不同程度上近似于惯性系，也就是说在自然界还没有找到严格的、绝对的惯性系。第三定律指出了力的本源。力来源于物体，是物体之间存在的相互作用。在质点组力学中，第三定律起着重要的作用。

牛顿定律是实验结果的高度概括，内容极为丰富。可是在定律中使用的力、质量、惯性系等概念并未事先严格定义，因而也产生了一些含糊不清、令人费解的问题。这也说明，人们对经典物理的基础还需要做进一步的探讨。

由牛顿第二定律，可以得到质点运动的微分方程

$$\frac{\mathrm{d}^2 \boldsymbol{r}}{\mathrm{d}t^2}=\frac{1}{m}\boldsymbol{F}(\boldsymbol{r},\dot{\boldsymbol{r}},t) \tag{1-3-1}$$

式中，$\boldsymbol{F}$ 为质点所受的合力，一般来说它是位矢、速度和时间的函数。

式（1-3-1）是经典力学的基本方程。由这个方程可以解决动力学的两类问题。第一类问题是由质点的运动方程 $\boldsymbol{r}=\boldsymbol{r}(t)$ 求出作用于质点上的力 $\boldsymbol{F}$；第二类问题是根据给定的力 $\boldsymbol{F}$，求出质点的运动规律 $\boldsymbol{r}=\boldsymbol{r}(t)$。

求解第一类问题要使用微分法，是较为容易的。第二类问题可归结为对式（1-3-1）的积分或者求解微分方程组，一般情况比较困难；只当函数 $\boldsymbol{F}(\boldsymbol{r},\dot{\boldsymbol{r}},t)$ 是一些特殊的形式时，才能得到精确的解。因而在许多情况只能采用某种近似的方法，求出它的近似解。

如果作用在质点上的力是恒力，则牛顿方程将是代数方程。可是这种情况并不常见。实际遇到的大多数情况是质点在变力作用下的运动，所以牛顿方程常常是二阶微分方程。

从物理方面看，当给定 $\boldsymbol{F}$ 时，式（1-3-1）只能确定质点的加速度，因而只能确定一类运动，并不能表示一个具体的力学问题。只有给定作用力而且给定运动的初始条件时，式（1-3-1）才表示一个确定的力学问题。

给定质点的位矢 $\boldsymbol{r}$ 和速度 $\boldsymbol{v}$ 称为给定了质点的力学状态。因此，已知质点的初始力学状态和周围物体对它的作用力，便可以通过牛顿方程确定质点在任何时刻的力学状态。力学问题的这个特点称为力学的决定论原理。决定论表明：质点的初态和质点所受的作用力是以后力学态的唯一原因。物理现象的相互联系是非常丰富的，所以决定论在哲学上和实际运用上都有明显的局限性。

1.3.2 相对性原理

前面已经指出，牛顿定律只适用于惯性系。尽管惯性系在自然界是否存在还不能定论，人们还是有理由提出这样一个问题：如果一个参考系已经被确认为惯性系，那么能否由它来判断其他的参考系是不是惯性系呢？为了回答这个问题，需要对两个坐标系中的观测结果做进一步的分析。

如图 1-14 所示，设坐标系 S 是一个惯性的笛卡儿直角坐标系，S' 是相对于 S 做匀速直线运动的另一个坐标系。假定坐标系 S' 的坐标轴 x'、y'、z' 与坐标系 S 的坐标轴 x、y、z 相平行，速度 $\boldsymbol{v}$ 沿着 x 轴的正方向。研究这两个坐标系中所观测到的长度和时间，假定在两个坐标系中所使用的钟和尺子是完全相同的。起先坐标系 S 的观测者把他的钟放在 x 轴上的 0、1、2 等位置，并且使它们同时，然后再测坐标系 S' 中的钟分别通过 1、2、3 等处时的读数。当坐标系 S' 的速度远远小于光速时，观测的结果是如果坐标系 S' 的钟在 1 处已经和坐标系 S 中的钟对准，则当它运动到 2、3 等处时也恰好与坐标系 S 中的钟同时。由此可见，对于

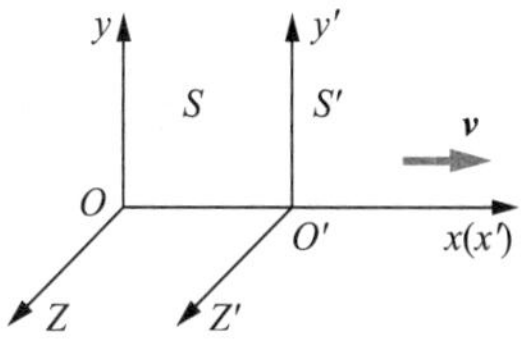

图 1-14

同一事件，在坐标系 S' 和坐标系 S 中测得的时间间隔是相等的，即

$$t' = t \tag{1-3-2}$$

还可以测量一根直尺在坐标系 S 和坐标系 S' 中的长度。例如静止在坐标系 S' 中的一根长为 L 的尺，在坐标系 S 中测出的长度是多少？最简单的方法仍然是利用时钟。当直尺两端的钟为同一读数时记录直尺两端的位置，从而得到长度 L'。在 $v \ll c$ 的情况下，测量的结果是

$$L' = L \tag{1-3-3}$$

式（1-3-2）和式（1-3-3）表明，低速情况下的观测必然使人们形成绝对的时空观。所以说，经典力学中的绝对时空观是人类在日常生活中的经验总结，是一定条件下的真理。

归纳起来，可以得到质点在坐标系 S 和坐标系 S' 的时空坐标的变换关系。设坐标系 S' 相对坐标系 S 做匀速运动，而且当两个坐标系的原点重合时，$t = t' = 0$。如果选用同一长度单位，则有

$$\begin{cases} x' = x - vt \\ y' = y \\ z' = z \\ t' = t \end{cases} \tag{1-3-4}$$

这就是在两个互相做匀速直线运动的坐标系中时空坐标的变换关系式，通常称为伽利略变换。伽利略变换是绝对时空的变换。它也可以写成矢量形式

$$\begin{cases} \boldsymbol{r}' = \boldsymbol{r} - \boldsymbol{v}t \\ t' = t \end{cases} \tag{1-3-5}$$

将式（1-3-4）对时间求一阶导数，便可得到这两个坐标系之间的速度变换式

$$\begin{cases} \dot{x}' = \dot{x} - v \\ \dot{y}' = \dot{y} \\ \dot{z}' = \dot{z} \end{cases} \tag{1-3-6}$$

速度再对时间求导数，又得到加速度的变换式

$$\begin{cases} \ddot{x}' = \ddot{x} \\ \ddot{y}' = \ddot{y} \\ \ddot{z}' = \ddot{z} \end{cases} \tag{1-3-7}$$

上式表明，在两个相互做匀速直线运动的坐标系中，质点具有相等的加速度。或者说，加速度是伽利略变换的不变量。另外，测量表明：当 $v \ll c$ 时，质点的质量和所受的外力也是不变量。

既然坐标系 S 是惯性系，应有

$$m\ddot{\boldsymbol{r}} = \boldsymbol{F} \tag{1-3-8}$$

又因为

$$\boldsymbol{F}' = \boldsymbol{F}, \quad m' = m, \quad \ddot{\boldsymbol{r}}' = \ddot{\boldsymbol{r}}$$

所以在坐标系 S' 中牛顿第二定律也是成立的，即

$$m\ddot{\boldsymbol{r}}' = \boldsymbol{F}' \tag{1-3-9}$$

由此可见，一切相对于某个惯性系做匀速直线运动的坐标系都是惯性系。或者说，牛顿方程是伽利略变换的不变式。这个论断称为经典力学的相对性原理。

上面的论述并不意味相对性原理是伽利略变换的一个推论。事实上，相对性原理是一条独立于牛顿定律和伽利略变换的经验性原理。例如，考察在一个匀速直线运动的列车上所发生的一切力学现象，不难发现它们所遵循的力学规律和地面上的情况是完全一样的。

总结起来可以看出：第一，牛顿方程、伽利略变换、相对性原理三者和谐一致地奠定了经典力学的基础；第二，时间、空间、质量和力的绝对性是经典力学的基本假定。这些假定从根本上决定了经典力学的局限性。

但是，伽利略变换式（1-3-4）在其他的一些物理规律中是不正确的，主要表现在对光的传播规律的描述上。这是因为，描述光的传播规律的麦克斯韦方程组在伽利略变换式（1-3-4）下并不是协变的。在相对论中，代替式（1-3-4）的是著名的洛伦茨变换式，即

$$\begin{cases} x' = \dfrac{x - vt}{\sqrt{1 - \dfrac{v^2}{c^2}}} \\ y' = y \\ z' = z \\ t' = \dfrac{t - \dfrac{vx}{c^2}}{\sqrt{1 - \dfrac{v^2}{c^2}}} \end{cases} \tag{1-3-10}$$

在相对论中，爱因斯坦放弃了牛顿方程和伽利略变换，但是他并没有放弃相对性原理。爱因斯坦保留并且推广了相对性原理。他的相对性原理指出：一切物理学方程在洛伦茨变换下都是协变的。相对论的惊人成功，说明相对性原理是自然界的一条极其深刻的原理。相对性原理的局限性至今尚未被人察觉，仍然是物理学的重要支柱。

1.4 牛顿方程及其求解

在 1.3 节已经指出了牛顿方程的作用。本节将首先介绍牛顿方程在几种常用坐标系中的分量形式，然后举例说明如何使用牛顿方程处理质点的自由运动和约束运动。

1.4.1 牛顿方程的分量形式

牛顿方程式（1-3-1）是个矢量方程。矢量方程的优点是具有鲜明直观的物理意义，缺点是不便于进行定量计算。为了求出具体问题的定量结果，必须使用分量方程式。分量方程的形式则依赖于坐标系的选择。

如果将牛顿方程式(1-3-1)投影到直角坐标系中去，利用式(1-2-4)便可得到与式(1-3-1)等价的分量方程组。

$$\begin{cases} m\ddot{x} = F_x\left(x, y, z; \dot{x}, \dot{y}, \dot{z}; t\right) \\ m\ddot{y} = F_y\left(x, y, z; \dot{x}, \dot{y}, \dot{z}; t\right) \\ m\ddot{z} = F_z\left(x, y, z; \dot{x}, \dot{y}, \dot{z}; t\right) \end{cases} \tag{1-4-1}$$

式（1-4-1）是二阶常微分方程组。从原则上说，式（1-4-1）经一次积分就可以求出质点速度的三个分量 $\dot{x}$、$\dot{y}$、$\dot{z}$ 。两次积分则可求出质点位矢的三个分量 x、y、z ；它们都是时间的函数。这些函数式表征质点的运动特征，称为质点的运动方程。另外，由于两次积分，运动方程中必然包含 6 个任意常数。这 6 个任意常数可以由给定的初始条件来确定。

精心选择坐标系是为了解算问题的简明和方便。在研究质点的二维运动时，除了常用平面直角坐标系外，有时使用平面极坐标系更为便捷。例如，处理质点在中心力场中的运动，极坐标系就比直角坐标系好得多。

利用式（1-2-12），可以把式（1-3-1）投影到极坐标系中去，得到等价的分量方程组

$$\begin{cases} m(\ddot{r} - r\dot{\theta}^2) = F_r(r, \theta, \dot{r}, \dot{\theta}, t) \\ m(r\ddot{\theta} + 2\dot{r}\dot{\theta}) = F_\theta(r, \theta, \dot{r}, \dot{\theta}, t) \end{cases} \tag{1-4-2}$$

式中，F_r 、F_θ 分别为质点所受合力的径向分量、横向分量。

如果以质点的位置为坐标原点，以轨道的切线、主法线、副法线为坐标轴，便可以构成自然坐标系的标架。对于质点的平面运动，不需要副法线上的坐标轴。把质点的加速度和所受的合力向二维自然坐标系中投影，就可以得到如下的分量方程

$$\begin{cases} m\dfrac{\mathrm{d}v}{\mathrm{d}t} = F_\tau \\ m\dfrac{v^2}{\rho} = F_n \end{cases} \tag{1-4-3}$$

在空间自然坐标系中，副法线的单位矢量定义为 $\boldsymbol{b} = \boldsymbol{\tau} \times \boldsymbol{n}$ ，利用式（1-2-25），牛顿方程可以写成

$$\begin{cases} m\dfrac{\mathrm{d}v}{\mathrm{d}t} = F_\tau \\ m\dfrac{v^2}{\rho} = F_n \\ 0 = F_b \end{cases} \tag{1-4-4}$$

其中，等号右边是合力在空间自然坐标系中的分量。

1.4.2 质点的自由运动

质点的运动如果不受到限制，则称为自由运动。一个自由质点的位置需要用三个独立的坐标来确定，所以它有三个自由度。可是，有时质点会被限制在一个曲面或曲线上运动，而不能离开，因而质点的坐标必须满足曲面或曲线的方程。这时质点的自由度就只有两个或一个了。质点的这类运动称为约束运动。

从数学的角度来看，像式（1-4-1）那样的二阶常微分方程，只要给定初始条件，就有

唯一的连续解。不过，对于各种具体问题，由于力的特征各不相同，求解的难易程度差别较大。下面仅就一维运动说明几种求解的方法。

（1）力只依赖时间

若 $F=F(t)$，则有

$$m\ddot{x}=F(t)$$

对 t 积分便可得到质点的速度

$$\dot{x}=\frac{1}{m}\int F(t)\,\mathrm{d}t=\frac{1}{m}\varphi(t)+c_1$$

再积分便得到质点的坐标

$$x=\frac{1}{m}\int\varphi(t)\,\mathrm{d}t+c_1t+c_2$$

式中的积分常数可用运动的初始条件加以确定。

（2）力只依赖于坐标

若 $F=F(x)$，则应该对坐标积分求解。这时利用

$$\frac{\mathrm{d}}{\mathrm{d}t}\dot{x}=\frac{\mathrm{d}\dot{x}}{\mathrm{d}x}\frac{\mathrm{d}x}{\mathrm{d}t}=\dot{x}\frac{\mathrm{d}}{\mathrm{d}x}\dot{x}$$

可将牛顿方程写为

$$m\dot{x}\frac{\mathrm{d}}{\mathrm{d}x}\dot{x}=F(x)$$

分离变量后再积分，即得

$$\frac{m\dot{x}^2}{2}=\int F(x)\,\mathrm{d}x=\varphi(x)+c_1$$

解出 $\dot{x}$，得

$$\dot{x}=\pm\sqrt{\frac{2\left[\varphi(x)+c_1\right]}{m}}$$

将上式再次分离变量，进行积分，就可得到质点的运动方程

$$x=x(t,c_1,c_2)$$

式中的积分常数依然是用初始条件去确定。

（3）力只依赖速度

若 $F=F(\dot{x})$，则有

$$m\frac{\mathrm{d}\dot{x}}{\mathrm{d}t}=F(\dot{x})$$

分离 $\dot{x}$ 和 t，积分之后可得

$$t=\int m\frac{\mathrm{d}\dot{x}}{F(\dot{x})}=m\varphi_1(\dot{x})+c_1$$

另外，若将原方程按 $\dot{x}$ 和 x 分离变量，积分后可得到 x 与 $\dot{x}$ 的关系

$$x = m\int \frac{\dot{x}}{F(\dot{x})}\mathrm{d}\dot{x} = m\varphi_2(\dot{x}) + c_2$$

再由上面两式消去 $\dot{x}$，便可得到质点的运动方程。

如果质点的运动是三维的，则式（1-4-1）的通解中应含有 6 个积分常数。这些常数可用初始条件$(x_0, y_0, z_0;\ \dot{x}_0, \dot{y}_0, \dot{z}_0)$加以确定。满足初始状态的解称为特解。特解是对一个具体运动的确切描述。

例 1-5 质量为 m 的物体，在不考虑物体转动的前提下，以初速度 v_0 抛出，速度与水平方向的夹角为 θ，物体在运动时，还受到和速度一次方成正比的空气阻力，求其运动的轨道方程。

解 不考虑物体的转动，便可把它当作质点处理。质点除受重力 $\boldsymbol{P}$ 外，还受和速度一次方成正比的空气阻力，即

$$f = -m\beta v$$

式中，负号表示阻力 f 与速度 v 的方向相反；β 为单位质量的阻力系数。

对于质点的这种运动，牛顿方程是

$$m\ddot{r} = mg - m\beta v \tag{1-4-5}$$

如果把上式投影到水平轴和竖直轴上去，则得到等价的分量方程组

$$\begin{cases} \dfrac{\mathrm{d}\dot{x}}{\mathrm{d}t} = -\beta\dot{x} \\ \dfrac{\mathrm{d}\dot{y}}{\mathrm{d}t} = -g - \beta\dot{y} \end{cases}$$

上式经分离变量可得

$$\begin{cases} \dfrac{\mathrm{d}\dot{x}}{\dot{x}} = -\beta\,\mathrm{d}t \\ \dfrac{\beta\,\mathrm{d}\dot{y}}{g + \beta\dot{y}} = -\beta\,\mathrm{d}t \end{cases}$$

设初始条件是 $x_0 = y_0 = 0$，$\dot{x}_0 = v_0\cos\theta$，$\dot{y}_0 = v_0\sin\theta$，则将上式积分一次便得到质点的速度

$$\begin{cases} \dot{x} = (v_0\cos\theta)\mathrm{e}^{-\beta t} \\ \dot{y} = \left(v_0\sin\theta + \dfrac{g}{\beta}\right)\mathrm{e}^{-\beta t} - \dfrac{g}{\beta} \end{cases} \tag{1-4-6}$$

再积分一次则得到质点的运动方程

$$\begin{cases} x = \dfrac{v_0\cos\theta}{\beta}(1 - \mathrm{e}^{-\beta t}) \\ y = \left(\dfrac{v_0\sin\theta}{\beta} + \dfrac{g}{\beta^2}\right)\left(1 - \mathrm{e}^{-\beta t}\right) - \dfrac{g}{\beta}t \end{cases} \tag{1-4-7}$$

从上式中消去t，不难求出质点的轨道方程

$$y=\left(\tan\theta+\frac{g}{\beta v_0\cos\theta}\right)x+\frac{g}{\beta^2}\ln\left(1-\frac{\beta}{v_0\cos\theta}x\right) \tag{1-4-8}$$

下面对这类抛体运动特征做进一步的讨论。

1）轨道方程式（1-4-8）不是抛物线方程。这说明，由于空气阻力对抛体运动的影响，质点的轨道不再是抛物线了。

2）由式（1-4-6）的第一式得知，空气的阻力使抛体的水平速度按指数律衰减。由此可见，经过有限长的时间质点的水平速度是不会减小到零的。

3）由式（1-4-6）的第二式得知，当$t\to\infty$时质点的铅直速度接近g/β。因此，当$t\to\infty$时抛体将以收尾速度g/β沿铅直方向下落。

4）由式（1-4-7）的第一式得知，$t\to\infty$时$x=v_0\cos\theta/\beta$，由此可见$x=v_0\cos\theta/\beta$是轨道曲线的一条铅直方向的渐近线。

例 1-6 一个质量为m、电荷为q的质点在稳定而均匀的磁场$\boldsymbol{B}$中运动，求质点的运动方程。

解 此时质点受到磁场的作用力$\boldsymbol{F}=q(\boldsymbol{v}\times\boldsymbol{B})$，式中的$\boldsymbol{v}$是质点的速度。由牛顿方程得

$$m\dot{\boldsymbol{v}}=q(\boldsymbol{v}\times\boldsymbol{B}) \tag{1-4-9}$$

如果选用直角坐标系，并令z轴沿$\boldsymbol{B}$的方向，即

$$\boldsymbol{B}=B\boldsymbol{k}$$

则式（1-4-9）不难写成分量形式

$$\begin{cases}\dot{v}_x=\dfrac{Bq}{m}v_y\\ \dot{v}_y=-\dfrac{Bq}{m}v_x\\ \dot{v}_z=0\end{cases} \tag{1-4-10}$$

将式（1-4-10）的第一式对t求导，并利用第二式消去$\dot{v}_y$，便可得到关于v_x的二阶常微分方程

$$\ddot{v}_x+\left(\frac{Bq}{m}\right)^2v_x=0$$

令

$$\omega=\frac{Bq}{m}$$

有

$$\ddot{v}_x+\omega^2v_x=0$$

解之得

$$v_x=A\sin\omega t+B\cos\omega t$$

假设初始条件为 $x_0 = y_0 = z_0 = 0, \quad \dot{x}_0 = 0, \dot{y}_0 = c_1, \dot{z}_0 = c_2$，代入上式并利用式（1-4-10）可以确定常数 $A = c_1, B = 0$。所求出的速度分量是

$$\begin{cases} v_x = c_1 \sin \omega t \\ v_y = c_1 \cos \omega t \\ v_z = c_2 \end{cases} \tag{1-4-11}$$

接着再把式（1-4-11）积分一次，便可求出质点的运动方程

$$\begin{cases} x = \dfrac{c_1}{\omega}\left(1 - \cos \omega t\right) \\ y = \dfrac{c_1}{\omega} \sin \omega t \\ z = c_2 t \end{cases} \tag{1-4-12}$$

下面分析质点的运动特征。

1）由式（1-4-12）的第三式可知，粒子在 $\boldsymbol{B}$（即 z 轴）方向上做匀速运动。这是因为洛伦茨力在 $\boldsymbol{B}$ 方向上的分量为零。

2）由式（1-4-12）的前两式可知，质点在 $O\text{-}xy$ 平面上做匀速圆周运动。圆周的中心在 $(c_1/\omega, 0)$，半径为 mc_1/qB。质点的线速度在 $O\text{-}xy$ 平面的分量是 c_1，角速度为 $\omega = qB/m$。ω 称为回转频率。

3）由上述两条结果得知，带电粒子在稳定而均匀的磁场中做螺旋线运动。螺旋线的轴线与 $\boldsymbol{B}$ 平行。

4）由式（1-4-11）可知，粒子的动能守恒，其值为 $m(c_1^2 + c_2^2)/2$。动能守恒的原因是 $\boldsymbol{F} \perp \boldsymbol{v}$，洛伦茨力始终不对粒子做功。

5）磁感应强度与回转半径的乘积是

$$B\,r = \frac{m\,c_1}{q}$$

这是一个很重要的关系式。不论是低速或高速运动的带电粒子，都能用它测定粒子的动量。

1.4.3 质点的约束运动

一个自由质点有 3 个独立坐标。如果质点在运动中受到其他物体的限制，使其坐标不能独立变化，从而不能在空间占据任意位置，则质点的运动称为约束运动。

约束运动是由约束物体造成的。例如，火车在钢轨上行驶，钢轨是约束体，它迫使火车做约束运动。如图 1-15 所示，工程技术和日常生活中常见的约束有柔索约束、光滑接触面约束、光滑铰链约束、球铰约束和辊轴支座约束等。

从几何的角度来看，约束无非是把质点限制在一个曲面或一条曲线上运动，不允许它离开给定的曲面或曲线。

由解析几何得知，曲面可以用一个方程表示，即

$$f\left(x, y, z\right) = 0 \tag{1-4-13}$$

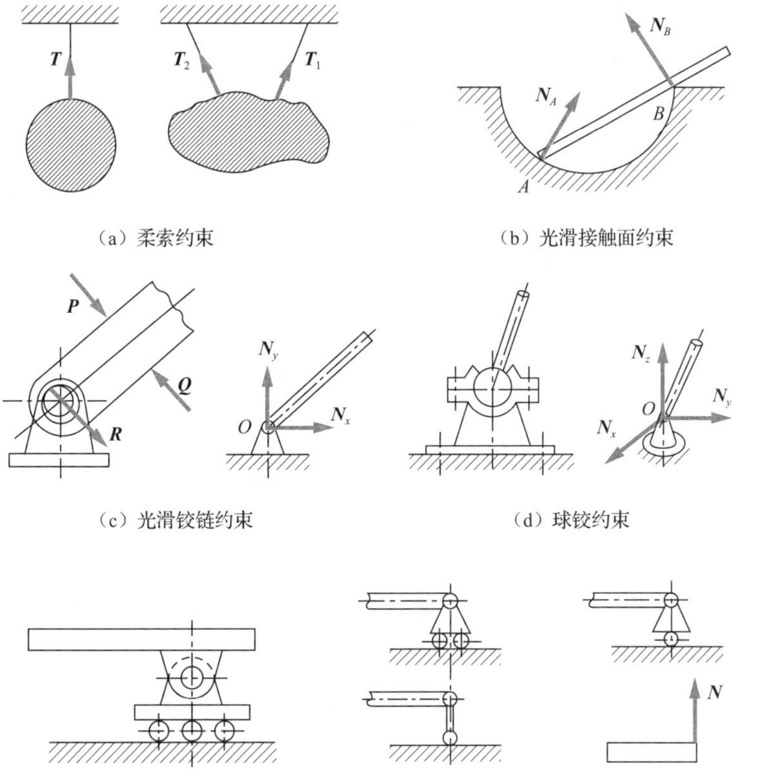

（a）柔索约束

（b）光滑接触面约束

（c）光滑铰链约束

（d）球铰约束

（e）辊轴支座约束

图 1-15

而曲线可以用两个联立的方程表示，亦即

$$\begin{cases} f_1(x,y,z)=0 \\ f_2(x,y,z)=0 \end{cases} \tag{1-4-14}$$

这些方程称为约束方程。因此，从解析方面看，对于运动质点的约束，意味着质点的坐标必须满足给定的约束方程。从力学的角度来看，约束的本质是约束体对运动物体施加了一个特定的接触作用力，称为约束力。约束力与物体的运动状态和所受的其他力有关。因此常称为被动力，而普通的力则称为主动力。

对于面约束来讲，如果约束面是光滑的，则约束力恒在曲面的法线上。如果约束面不光滑，则约束力有法向和切向两个分量。切向分量常称为摩擦力。摩擦力与法向约束力有关。二者的关系很复杂，只能用实验去确定。

既然约束的实质是约束体对运动体的作用力，那么只要在这个物体所受的主动力 $\boldsymbol{F}$ 之外再加上一个约束力 $\boldsymbol{N}$，就可以把约束运动当成自由运动来处理了。也就是说，物体在 $\boldsymbol{F}$ 作用下的约束运动和物体在 $\boldsymbol{F}+\boldsymbol{N}$ 作用下的自由运动是等价的。这种处理方法叫作约束的解除。不过需要注意，由于约束力依赖于质点的运动，在运动解除之前，约束力一般是未知的。由于这种原因，约束运动比自由运动的求解要困难。本节讲述两种常用的求解方法，第 5 章再系统地论述另外一种重要的方法——广义坐标法。

如果质点被约束在给定的光滑曲线上运动，就等于事先确定了质点的轨道。在这类情况下，由于质点的速度恒沿轨道的切线，约束力恒沿轨道的法线，选用自然坐标系是较为方便的。如果质点做平面运动，则把牛顿方程投影到自然坐标系中得

$$\begin{cases} m\dfrac{\mathrm{d}v}{\mathrm{d}t} = F_\tau \\ m\dfrac{v^2}{\rho} = F_n + N \end{cases} \tag{1-4-15}$$

可用上式的第一个方程求出运动规律。另外，可由约束方程求出轨道的曲率半径 ρ，然后再用上式的第二个方程求出约束力 N。由此可见，用自然坐标系求解光滑曲线的约束运动时，不但有足够的方程，而且运动规律和约束力还能分别求出。

如果质点的轨道是空间曲线，则自然坐标系在曲线的副法线方向还有一个坐标轴，式（1-4-15）中要增加一个副法线上的方程。

如果约束曲线是不光滑的，则应在式（1-4-15）中第一式的右侧加上摩擦力 f。由摩擦定律得知，$f = \mu N$，μ 为滑动摩擦系数。

例 1-7 质点在球壳中的运动。一个半径为 r 的半球壳，开口向上放置。一个质点无初速地从半球壳的水平直径的一端点开始沿其内表面滑下。求在下面两种情况下小球到达半球壳最低点时的速度：①球壳内表面光滑；②球壳内表面粗糙。设摩擦系数为 μ。

解 1）球壳内表面光滑。以质点为研究对象，如图 1-16（a）所示，质点受重力 $\boldsymbol{mg}$ 和支承力 $\boldsymbol{N}$，选取自然坐标系，列方程

$$\begin{cases} m\dfrac{\mathrm{d}v}{\mathrm{d}t} = mg\cos\theta \\ m\dfrac{v^2}{r} = N - mg\sin\theta \end{cases}$$

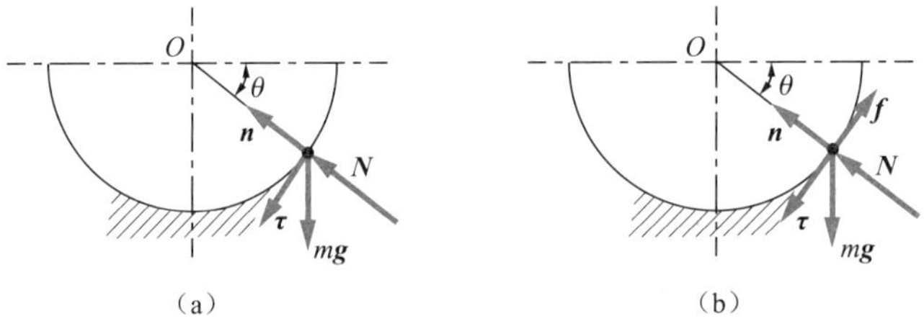

图 1-16

利用 $\dfrac{\mathrm{d}v}{\mathrm{d}t} = v\dfrac{\mathrm{d}v}{\mathrm{d}s}$，$\mathrm{d}s = r\,\mathrm{d}\theta$，计算积分

$$\int_0^V v\,\mathrm{d}v = \int_0^{\pi/2} gr\cos\theta\,\mathrm{d}\theta$$

得

$$\frac{1}{2}V^2 = gr\sin\theta\Big|_0^{\pi/2} = gr$$

解得 $V=\sqrt{2gr}$。这一结果，亦可由机械能守恒定律求出，即 $\frac{1}{2}mV^2-mgr=0$，从而有 $V=\sqrt{2gr}$。

2）球壳内表面粗糙。根据题意，摩擦系数为 μ，以质点 m 为研究对象，选取自然坐标系，如图 1-16（b）所示，列方程

$$\begin{cases} m\dfrac{\mathrm{d}v}{\mathrm{d}t}=mg\cos\theta-f \\ m\dfrac{v^2}{r}=N-mg\sin\theta \\ f=\mu N \end{cases}$$

利用前面的方法，把上式第二、第三方程代入第一方程，有

$$v\,\mathrm{d}v=gr\cos\theta\,\mathrm{d}\theta-\mu r\left(g\sin\theta+\frac{v^2}{r}\right)\mathrm{d}\theta$$

即

$$\frac{1}{2}\frac{\mathrm{d}(v^2)}{\mathrm{d}\theta}+v^2\mu+\mu gr\sin\theta-gr\cos\theta=0$$

令 $v^2=y$，得

$$\frac{\mathrm{d}y}{\mathrm{d}\theta}+2\mu y=2gr\cos\theta-2\mu gr\sin\theta$$

这是一阶非齐次常微分方程，与 $y'+p(x)y=Q(x)$ 的解具有相同的结构，即

$$\begin{aligned} y&=\mathrm{e}^{-\int 2\mu\mathrm{d}\theta}\left[\int 2gr(\cos\theta-\mu\sin\theta)\mathrm{e}^{\int 2\mu\mathrm{d}\theta}\,\mathrm{d}\theta+c_1\right] \\ &=\mathrm{e}^{-2\mu\theta}\left[\int 2gr(\cos\theta-\mu\sin\theta)\mathrm{e}^{2\mu\theta}\,\mathrm{d}\theta+c_1\right] \\ &=2gr\left[\frac{2\mu\cos\theta+\sin\theta}{1+4\mu^2}-\mu\frac{2\mu\sin\theta-\cos\theta}{1+4\mu^2}\right]+c_1\,\mathrm{e}^{-2\mu\theta} \\ &=\frac{2gr}{1+4\mu^2}[\sin\theta(1-2\mu^2)+3\mu\cos\theta]+c_1\,\mathrm{e}^{-2\mu\theta} \end{aligned}$$

当 $\theta=0$ 时，$v=0$，则 $c_1=-6gr\mu/(1+4\mu^2)$，因此有

$$v^2=\frac{2gr}{1+4\mu^2}[(1-2\mu^2)\sin\theta+3\mu\cos\theta-3\mu\,\mathrm{e}^{-2\mu\theta})]$$

当 $\theta=\frac{\pi}{2}$ 时，$v=V$，代入上式得

$$V=\left[\frac{2gr}{1+4\mu^2}(1-2\mu^2-3\mu\,\mathrm{e}^{-\mu\pi})\right]^{\frac{1}{2}}$$

上式表明，速度和摩擦系数有关，当 $\mu=0$ 时，就回到了光滑约束的结果。

下面讨论约束力的另一种求解方法——拉格朗日不定乘子法。求解质点的约束运动时，如果令 $\boldsymbol{F}$ 代表主动力、$\boldsymbol{N}$ 代表约束力，则牛顿方程为

$$m\ddot{\boldsymbol{r}}=\boldsymbol{F}+\boldsymbol{N} \tag{1-4-16}$$

上式在直角坐标系中的分量形式是

$$\begin{cases} m\ddot{x}=F_x+N_x \\ m\ddot{y}=F_y+N_y \\ m\ddot{z}=F_z+N_z \end{cases} \tag{1-4-17}$$

假定约束是由式（1-4-13）表示的光滑曲面，则 $\boldsymbol{N}$ 恒沿曲面的法线，并有

$$N_x:N_y:N_z=\frac{\partial f}{\partial x}:\frac{\partial f}{\partial y}:\frac{\partial f}{\partial z} \tag{1-4-18}$$

如果令 λ 为上式中的比例常数（λ 称为拉格朗日不定乘子），则有

$$\begin{cases} N_x=\lambda\dfrac{\partial f}{\partial x} \\ N_y=\lambda\dfrac{\partial f}{\partial y} \\ N_z=\lambda\dfrac{\partial f}{\partial z} \end{cases} \tag{1-4-19}$$

从而有

$$\boldsymbol{N}=\lambda\nabla f \tag{1-4-20}$$

另外，将 N_x、N_y、N_z 的表达式代入式（1-4-17）中，便可得到

$$\begin{cases} m\ddot{x}=F_x+\lambda\dfrac{\partial f}{\partial x} \\ m\ddot{y}=F_y+\lambda\dfrac{\partial f}{\partial y} \\ m\ddot{z}=F_z+\lambda\dfrac{\partial f}{\partial z} \end{cases} \tag{1-4-21}$$

由于质点的坐标 x、y、z 除了满足式（1-4-21）的 3 个方程，还须满足给定的约束方程式（1-4-13），可以把式（1-4-13）和式（1-4-21）联立，解出 $x(t)$、$y(t)$、$z(t)$ 及 λ，然后再把 λ 值代入式（1-4-19），求出约束力。

因为曲线是两个曲面的交线，所以质点受到曲线约束时，可以仿照上面的方法求解，此时牛顿方程为

$$m\ddot{\boldsymbol{r}}=\boldsymbol{F}+\boldsymbol{N}_1+\boldsymbol{N}_2 \tag{1-4-22}$$

式中，$\boldsymbol{N}_1$、$\boldsymbol{N}_2$ 分别为两个曲面 f_1 及 f_2 对质点的约束力。

曲线对质点的约束力 $\boldsymbol{N}$ 是 $\boldsymbol{N}_1$ 和 $\boldsymbol{N}_2$ 的矢量和。如果引入两个拉格朗日不定乘子 λ_1 及

λ_2，则得

$$\begin{cases} m\ddot{x} = F_x + \lambda_1 \dfrac{\partial f_1}{\partial x} + \lambda_2 \dfrac{\partial f_2}{\partial x} \\ m\ddot{y} = F_y + \lambda_1 \dfrac{\partial f_1}{\partial y} + \lambda_2 \dfrac{\partial f_2}{\partial y} \\ m\ddot{z} = F_z + \lambda_1 \dfrac{\partial f_1}{\partial z} + \lambda_2 \dfrac{\partial f_2}{\partial z} \end{cases} \tag{1-4-23}$$

把这 3 个二阶微分方程和 2 个约束方程式（1-4-14）联立起来，就得到 5 个方程，可以用来决定 $x(t)$、$y(t)$、$z(t)$、$\lambda_1(t)$、$\lambda_2(t)$。又因为

$$\begin{cases} \boldsymbol{N}_1 = \lambda_1 \nabla f_1 \\ \boldsymbol{N}_2 = \lambda_2 \nabla f_2 \end{cases} \tag{1-4-24}$$

所以求出 λ_1 和 λ_2 之后，就可以利用上式求出约束反力 $\boldsymbol{N}_1$ 和 $\boldsymbol{N}_2$。

上述求解约束运动的方法称为拉格朗日不定乘子法。不定乘子法的好处是可以同时求出运动规律和约束反力。但是这种方法也有明显的缺点。从求解的过程可以看出：当约束的数目增多时，虽然质点的独立坐标减少，但是方程式的数目反而会增多，求解也就愈加困难。例如，在面约束的情况，1 个质点有 2 个独立的坐标，求解时要用 4 个方程；在线约束情况，质点虽然只有 1 个独立坐标，但是却要用 5 个联立起来的方程求解。对于多质点、多约束的力学系统而言，这种方法的缺点就更为突出了。

1.5 惯 性 力

由于牛顿定律只对惯性系成立，处理一切动力学问题时，都只能采用惯性坐标系。不过，这种理论原则在实际应用中是很难贯彻的。迄今为止，人们并没有找到惯性系。实际所使用的坐标系，如地球坐标系、太阳坐标系等都是非惯性坐标系。因此，就需要认真地研究一下非惯性系中的力学规律。

处理非惯性系中的力学问题，可以有两种方案：第一种是把惯性系中的力学理论稍加修改，移植到非惯性系中去；第二种是建立一套崭新的非惯性系力学。第一种方法早已被人采用，并且取得了很大的成功，而第二种方法还是很不成熟、很不完善的。

1.5.1 加速平动坐标系

如果坐标系 S' 是相对于某固定坐标系 S 做加速的平移运动，则将速度合成定理式（1-1-15）对 t 求导数，便可得到加速度的合成定理

$$\boldsymbol{a} = \boldsymbol{a}_r + \boldsymbol{a}_e \tag{1-5-1}$$

这就是说，质点的绝对加速度等于相对加速度和牵连加速度的矢量和。

现在假设坐标系 S 是个惯性系，则由牛顿方程和式（1-5-1）便得

$$\boldsymbol{F} = m\boldsymbol{a}_r + m\boldsymbol{a}_e \tag{1-5-2}$$

由上式可知 $\boldsymbol{F} \neq m\boldsymbol{a}_r$，即牛顿方程在加速系 S' 中不能成立。

如果把式（1-5-2）中的 $m\boldsymbol{a}_e$ 移到 $\boldsymbol{F}$ 一侧，则得

$$m\boldsymbol{a}_r = \boldsymbol{F} + (-m\boldsymbol{a}_e)$$

上式中的 $\boldsymbol{F}$ 是物体受到的作用力，但 $-m\boldsymbol{a}_e$ 这一项来源于坐标系 S' 相对惯性系 S 的加速运动，并不是真实的力。但是它的量纲与力相同，可以当成力来计算，所以称其为惯性力。惯性力依赖于 $\boldsymbol{a}_e$，也就是说依赖于坐标系 S' 的运动方式。从经典力学的角度来看，惯性力只有几何上的意义，而没有物理上的意义，它不遵从牛顿第三定律。

由上述的分析可以得到如下结论。

1）如果引入惯性力，则牛顿方程便可在形式上适用于非惯性系，因而就可以用经典力学的理论去处理非惯性系中的运动问题。这是一个极大的方便。

2）由于惯性力不具有物理上的实在性，引入惯性力虽然成全了牛顿第二定律的实际应用，可是却违背了第三定律。爱因斯坦在广义相对论中探索了这一原则性问题。他企图将力的概念加以扩张和刷新。这种基本概念上的变革可能会有重大而深刻的意义。

1.5.2 空间旋转坐标系

假设运动坐标系 S' 和固定坐标系 S 具有共同的坐标原点 O，而且坐标系 S' 绕原点 O 以角速度 $\boldsymbol{\omega}$ 旋转。令 $\boldsymbol{i}'$、$\boldsymbol{j}'$、$\boldsymbol{k}'$ 是坐标系 S' 的基矢，则任一矢量 $\boldsymbol{G}$ 可写成

$$\boldsymbol{G} = G_{x'}\boldsymbol{i}' + G_{y'}\boldsymbol{j}' + G_{z'}\boldsymbol{k}'$$

对于定坐标系 S 来讲，$\boldsymbol{i}'$、$\boldsymbol{j}'$、$\boldsymbol{k}'$ 均为变化矢量，所以 $\boldsymbol{G}$ 对时间的导数是

$$\frac{\mathrm{d}\boldsymbol{G}}{\mathrm{d}t} = \frac{\mathrm{d}G_{x'}}{\mathrm{d}t}\boldsymbol{i}' + \frac{\mathrm{d}G_{y'}}{\mathrm{d}t}\boldsymbol{j}' + \frac{\mathrm{d}G_{z'}}{\mathrm{d}t}\boldsymbol{k}' + G_{x'}\frac{\mathrm{d}\boldsymbol{i}'}{\mathrm{d}t} + G_{y'}\frac{\mathrm{d}\boldsymbol{j}'}{\mathrm{d}t} + G_{z'}\frac{\mathrm{d}\boldsymbol{k}'}{\mathrm{d}t}$$

$\boldsymbol{G}$ 的这种变化率称为绝对变化率。据式（1-1-11），绝对变化率可写为

$$\frac{\mathrm{d}\boldsymbol{G}}{\mathrm{d}t} = \frac{\mathrm{d}^*\boldsymbol{G}}{\mathrm{d}t} + \boldsymbol{\omega}\times\boldsymbol{G} \tag{1-5-3}$$

式中，

$$\frac{\mathrm{d}^*\boldsymbol{G}}{\mathrm{d}t} = \frac{\mathrm{d}G_{x'}}{\mathrm{d}t}\boldsymbol{i}' + \frac{\mathrm{d}G_{y'}}{\mathrm{d}t}\boldsymbol{j}' + \frac{\mathrm{d}G_{z'}}{\mathrm{d}t}\boldsymbol{k}'$$

它是在动坐标系 S' 中观测到的变化率，称为相对变化率。式（1-5-3）中的 $\boldsymbol{\omega}\times\boldsymbol{G}$ 是 $\boldsymbol{G}$ 的另一种变化率。它是由于动坐标系 S' 绕 O 点转动从而带动 $\boldsymbol{G}$ 一同转动所产生的，称为 $\boldsymbol{G}$ 的牵连变化率。

总而言之，式（1-5-3）表明，对于转动坐标系，一个矢量的绝对变化率等于相对变化率和牵连变化率的矢量和。

如果式（1-5-3）中的 $\boldsymbol{G}$ 代表质点的位矢 $\boldsymbol{r}$，则立即得出前面讲过的速度合成定理式（1-1-15）。如果 $\boldsymbol{G}$ 代表质点的速度 $\boldsymbol{v}$，可由式（1-5-3）求出绝对加速度的表达式

$$\boldsymbol{a} = \frac{\mathrm{d}\boldsymbol{v}}{\mathrm{d}t} = \frac{\mathrm{d}^*\boldsymbol{v}}{\mathrm{d}t} + \boldsymbol{\omega}\times\boldsymbol{v} \tag{1-5-4}$$

在式（1-5-3）中，把 $\boldsymbol{G}$ 换成 $\boldsymbol{v}$ 代入上式，则得

$$\boldsymbol{a}=\frac{\mathrm{d}^{2*}\boldsymbol{r}}{\mathrm{d}t^2}+\frac{\mathrm{d}^*\boldsymbol{\omega}}{\mathrm{d}t}\times\boldsymbol{r}+\boldsymbol{\omega}\times\frac{\mathrm{d}^*\boldsymbol{r}}{\mathrm{d}t}+\boldsymbol{\omega}\times\left(\frac{\mathrm{d}^*\boldsymbol{r}}{\mathrm{d}t}+\boldsymbol{\omega}\times\boldsymbol{r}\right)$$

$$=\frac{\mathrm{d}^{2*}\boldsymbol{r}}{\mathrm{d}t^2}+\frac{\mathrm{d}^*\boldsymbol{\omega}}{\mathrm{d}t}\times\boldsymbol{r}+\boldsymbol{\omega}\times(\boldsymbol{\omega}\times\boldsymbol{r})+2\boldsymbol{\omega}\times\frac{\mathrm{d}^*\boldsymbol{r}}{\mathrm{d}t} \tag{1-5-5}$$

但因

$$\frac{\mathrm{d}\boldsymbol{\omega}}{\mathrm{d}t}=\frac{\mathrm{d}^*\boldsymbol{\omega}}{\mathrm{d}t}+\boldsymbol{\omega}\times\boldsymbol{\omega}=\frac{\mathrm{d}^*\boldsymbol{\omega}}{\mathrm{d}t} \tag{1-5-6}$$

$$\boldsymbol{\omega}\times(\boldsymbol{\omega}\times\boldsymbol{r})=\boldsymbol{\omega}(\boldsymbol{\omega}\cdot\boldsymbol{r})-\omega^2\boldsymbol{r} \tag{1-5-7}$$

所以式（1-5-3）可以再加改写。如果引入符号

$$\begin{cases}\boldsymbol{a}_r=\dfrac{\mathrm{d}^{2*}\boldsymbol{r}}{\mathrm{d}t^2}\\ \boldsymbol{a}_e=\dfrac{\mathrm{d}\boldsymbol{\omega}}{\mathrm{d}t}\times\boldsymbol{r}+\boldsymbol{\omega}(\boldsymbol{\omega}\cdot\boldsymbol{r})-\omega^2\boldsymbol{r}\\ \boldsymbol{a}_k=2\boldsymbol{\omega}\times\dfrac{\mathrm{d}^*\boldsymbol{r}}{\mathrm{d}t}=2\boldsymbol{\omega}\times\boldsymbol{v}_r\end{cases} \tag{1-5-8}$$

则式（1-5-5）便简写为

$$\boldsymbol{a}=\boldsymbol{a}_r+\boldsymbol{a}_e+\boldsymbol{a}_k \tag{1-5-9}$$

式中，$\boldsymbol{a}_r$ 为质点的相对加速度。

如果质点与动坐标系 S' 固结，则 $\boldsymbol{a}_r=0,\boldsymbol{a}_k=0$，于是 $\boldsymbol{a}=\boldsymbol{a}_e$。可见 $\boldsymbol{a}_e$ 只与动坐标系 S' 的旋转有关，故称为牵连加速度。$\boldsymbol{a}_e$ 中的后两项与 $\boldsymbol{\omega}$ 有关，是动坐标系 S' 的转动造成的；第一项则与 $\mathrm{d}\boldsymbol{\omega}/\mathrm{d}t$ 有关，是动坐标系 S' 转动的不稳定性形成的。至于 $\boldsymbol{a}_k$，是由 $\boldsymbol{\omega}$ 和 $\boldsymbol{v}_r$ 的相互影响产生的，称为科里奥利加速度（以下简称科氏加速度）。

式（1-5-9）称为加速度的合成定理。它表明，绝对加速度是相对加速度、牵连加速度和科氏加速度的矢量和。

如果固定坐标系 S 是一个惯性系，则牛顿定律在其中成立。因而把式（1-5-9）代入牛顿方程，即得

$$\boldsymbol{F}=m\boldsymbol{a}_r+m\boldsymbol{a}_e+m\boldsymbol{a}_k$$

由于 $\boldsymbol{a}_r$ 是在加速系 S' 中观测到的质点的加速度，上式经简单地移项便可看成是加速系中的牛顿方程，即

$$m\boldsymbol{a}_r=\boldsymbol{F}+(-m\boldsymbol{a}_e)+(-m\boldsymbol{a}_k) \tag{1-5-10}$$

式中，$-m\boldsymbol{a}_e$、$-m\boldsymbol{a}_k$ 分别为牵连惯性力和科里奥利惯性力（以下简称科氏力，$-m\boldsymbol{a}_e=\boldsymbol{Q}_e$ 和 $-m\boldsymbol{a}_k=\boldsymbol{Q}_k$）。

1.5.3 平面旋转坐标系

如果动坐标系 S' 和定坐标系不但原点重合，而且有一个坐标轴（如 Z 和 Z'）是重合的，则称动坐标系 S' 为平面旋转坐标系。这时，动坐标系 S' 的运动是绕固定的 Z 轴的转动。设

$\boldsymbol{i}'$、$\boldsymbol{j}'$、$\boldsymbol{k}'$ 是动坐标系 S' 的基矢，$\boldsymbol{\omega}$ 是动坐标系 S' 的旋转角速度。下面研究一个质点 P 在 $O\text{-}xy$ 坐标平面上的运动。

由于 P 点恒在 $O\text{-}xy$ 平面上，P 的位矢和相对速度可写为

$$\boldsymbol{r}' = x'\boldsymbol{i}' + y'\boldsymbol{j}'$$

$$\boldsymbol{v}_r = \frac{\mathrm{d}^* \boldsymbol{r}'}{\mathrm{d}t} = \dot{x}'\boldsymbol{i} + \dot{y}'\boldsymbol{j}'$$

因为 $\boldsymbol{\omega}$ 沿 Z 轴，所以

$$\boldsymbol{\omega} = \omega \boldsymbol{k}'$$

将 $\boldsymbol{r}$、$\boldsymbol{v}_r$ 和 $\boldsymbol{\omega}$ 代入绝对速度的表达式，则得

$$\boldsymbol{v} = \boldsymbol{v}_r + \boldsymbol{\omega} \times \boldsymbol{r}' = (\dot{x}' - \omega y')\boldsymbol{i}' + (\dot{y}' + \omega x')\boldsymbol{j}'$$

再利用式（1-5-4），又可求出质点的绝对加速度

$$\boldsymbol{a} = \frac{\mathrm{d}^{2*} \boldsymbol{r}'}{\mathrm{d}t^2} + \frac{\mathrm{d}\boldsymbol{\omega}}{\mathrm{d}t} \times \boldsymbol{r}' - \omega^2 \boldsymbol{r}' + 2\boldsymbol{\omega} \times \boldsymbol{v}_r$$

由上式可知，质点的相对加速度是

$$\boldsymbol{a}_r = \frac{\mathrm{d}^{2*} \boldsymbol{r}'}{\mathrm{d}t^2} = \ddot{x}'\boldsymbol{i}' + \ddot{y}'\boldsymbol{j}'$$

牵连加速度是

$$\boldsymbol{a}_e = \frac{\mathrm{d}\boldsymbol{\omega}}{\mathrm{d}t} \times \boldsymbol{r}' - \omega^2 \boldsymbol{r}' \tag{1-5-11}$$

式（1-5-11）中第一项称为横向分量，是由坐标系 S' 转速的不稳定性引起的。式（1-5-11）中的第二项是径向分量，与 $\boldsymbol{r}'$ 反向，所以称为向心加速度。只要质点不在转动轴上，径向分量就一定存在。

质点的科里奥利加速度（以下简称科氏加速度）为

$$\boldsymbol{a}_k = 2\boldsymbol{\omega} \times \boldsymbol{v}_r \tag{1-5-12}$$

它显然位于转动平面 $O\text{-}xy$ 上，而且与 $\boldsymbol{v}_r$ 垂直。科氏加速度是由 $\boldsymbol{\omega}$ 和 $\boldsymbol{v}_r$ 的相互影响所产生的。由于在平面旋转坐标系中 $\boldsymbol{\omega}$ 绝不会和 $\boldsymbol{v}_r$ 平行，只要质点有相对运动，就一定具有科氏加速度。

如果固定坐标系是一个惯性系，则转动的坐标系 S' 当然是加速坐标系。式（1-5-5）是转动坐标系中动力学方程的一般形式，对平面旋转坐标系当然成立。因此，将式（1-5-6）与式（1-5-7）代入式（1-5-5）中，便得到平面旋转系中的动力学方程

$$m\boldsymbol{a}_r = \boldsymbol{F} + (-m\dot{\boldsymbol{\omega}} \times \boldsymbol{r}') + (m\omega^2 \boldsymbol{r}') + (-2m\boldsymbol{\omega} \times \boldsymbol{v}_r) \tag{1-5-13}$$

实际上，这就是含有惯性力的牛顿方程。惯性力 $-m\dot{\boldsymbol{\omega}} \times \boldsymbol{r}'$ 沿横向。$m\omega^2\boldsymbol{r}'$ 则沿矢径的正向，称为惯性离心力。$-2m\boldsymbol{\omega} \times \boldsymbol{v}_r$ 称为科氏力；如果 $\boldsymbol{v}_r$ 指向前方，则科氏力是指向右方的。科氏惯性力的大小取决于运动坐标系旋转的角速度和质点相对速度的大小及方向。

1.6 相对于地球的运动

由于地球有自转运动和公转运动，不是惯性参照系。但是，由于自转的角速度很小，公转的角速度更小，常常可以把它当作惯性系看待。不过也有一些问题是必须考虑到地球的自转才能圆满解决的。本节就几个典型问题来研究地球自转所产生的影响。

假定地球自转的角速度是恒定的，则地球坐标系便是一个平面旋转坐标系。于是可知，静止在地球上的质点应受到惯性离心力的作用；地球表面上的运动物体不仅受到惯性离心力的影响，还要受到科氏力的影响。现在不去详细研究惯性离心力，专门分析一下科氏力所产生的效应。

1.6.1 地球坐标系中的动力学方程

设一个自由质点在北半球的 P 点，以速度 $\boldsymbol{v}_r$ 相对地面运动。以 P 为原点，建立一个和地球固结的直角坐标系。如图 1-17 所示，基矢 $\boldsymbol{i}$ 水平指南，$\boldsymbol{j}$ 水平指东，$\boldsymbol{k}$ 竖直指天。这时略去公转，并设自转的角速度 $\boldsymbol{\omega}$ 为常矢，则由式（1-5-8）可知，在只考虑地心引力的情况下，质点的动力学方程为

$$m\boldsymbol{a}_r = \boldsymbol{F} + m\omega^2\boldsymbol{R} - 2m\boldsymbol{\omega}\times\boldsymbol{v}_r \qquad (1\text{-}6\text{-}1)$$

式中，$\boldsymbol{F}$ 为质点所受到的地球引力；$m\omega^2\boldsymbol{R}$ 为惯性离心力。

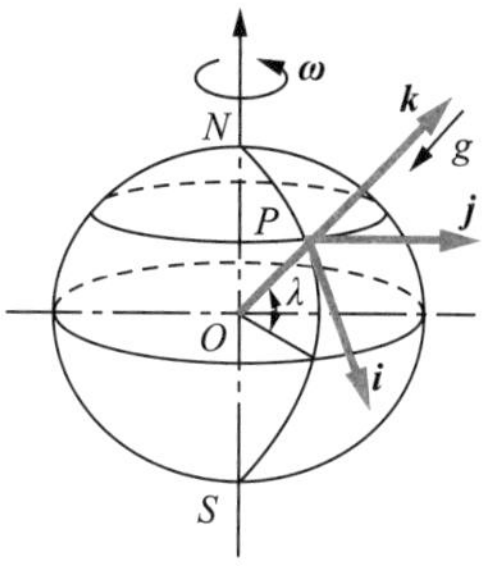

图 1-17

$\boldsymbol{F}$ 和 $m\omega^2\boldsymbol{R}$ 之和常称为重力。严格地讲，重力的大小和方向不同于引力，而且还随纬度变化。可是由于 $\boldsymbol{\omega}$ 很小，R 也不大，可以认为

$$\boldsymbol{F} + m\omega^2\boldsymbol{R} = -mg\boldsymbol{k}$$

将上式代入式（1-6-1）便得

$$m\boldsymbol{a}_r = -mg\boldsymbol{k} - 2m\boldsymbol{\omega}\times\boldsymbol{v}_r$$

由于 $\boldsymbol{\omega}$ 沿着地轴，指北极的上空，由图 1-17 得知

$$\boldsymbol{\omega} = (-\omega\cos\lambda)\boldsymbol{i} + (\omega\sin\lambda)\boldsymbol{k} \qquad (1\text{-}6\text{-}2)$$

质点的相对速度则可写为

$$\boldsymbol{v}_r = \dot{x}\boldsymbol{i} + \dot{y}\boldsymbol{j} + \dot{z}\boldsymbol{k} \qquad (1\text{-}6\text{-}3)$$

将式（1-6-2）、式（1-6-3）代入式（1-6-1）中，便可得到

$$\begin{cases}\ddot{x} = 2\omega\dot{y}\sin\lambda \\ \ddot{y} = -2\omega(\dot{x}\sin\lambda + \dot{z}\cos\lambda) \\ \ddot{z} = -g + 2\omega\dot{y}\cos\lambda\end{cases} \qquad (1\text{-}6\text{-}4)$$

下面就用这个方程组讨论质点对于地球坐标系的运动特征。

1.6.2 科氏力对水平运动的影响

质点在地面上运动时，$\dot{z}=0$，如果运动发生在北半球，则 $\sin\lambda>0$。假定质点的速度矢量在第一象限，即 $\dot{x}>0$，$\dot{y}>0$，则由方程式（1-6-4）的前两个式便可得知 $\ddot{x}>0$，$\ddot{y}<0$。这表明质点的加速度矢量在第四象限。由此可以断定，速度的方向 $\boldsymbol{v}$ 必向右偏转，即质点的轨道向右弯曲。

用上述方法，不难导出一个普遍性的结论：由于科氏力的作用，北半球上的一切运动均向右转，南半球上的一切运动均向左转。

在地球表面上，信风的形成，抛体的轨道偏斜，河流的一岸受到较多的冲刷，复轨单行铁路的一条钢轨受到较大的磨损等。这些现象反映了科氏力对水平运动的影响，都可以用上面所得的普遍结论加以解释。

贸易风又叫信风，如图 1-18 所示，在赤道两边（0°～25°）的低层大气中，北半球吹东北风（$\sin\lambda>0$，气流偏西），南半球吹东南风（$\sin\lambda<0$，气流偏西）。这种风的方向很少改变，它们年年如此，稳定出现，很讲信用，故称为信风。

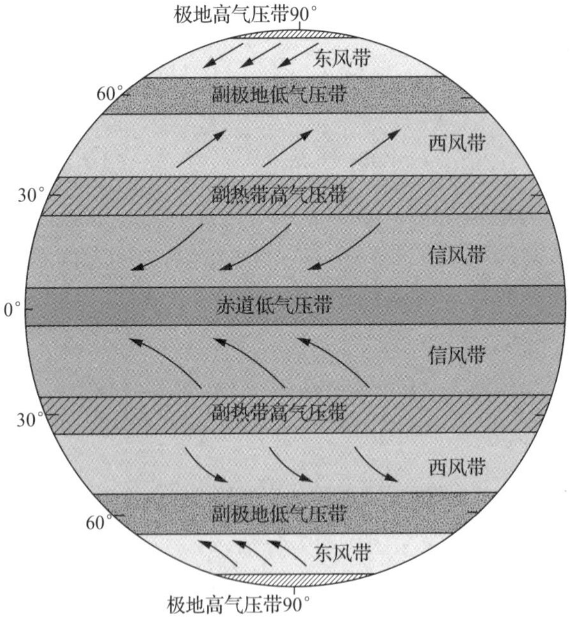

图 1-18

信风的形成与地球三圈环流有关，在太阳长期照射下，赤道受热最多，赤道近地面空气受热上升，在近地面形成赤道低气压带，在高空形成相对高气压，高空高气压向南北方高空低气压方向移动，由于受到科氏力的影响，在南纬 30° 和北纬 30° 附近偏转成与等压线平行的“西风墙”。大气在此处堆积，后来的气流被迫下沉，在地面附近形成副热带高气压带。在气压差作用下，气流从“副热带高气压带”流向“赤道低气压带”。该气流在科氏力作用下向西偏转（南北半球均向西偏转），因此在北半球形成东北信风；在南半球，出现东南信风。

1.6.3 科氏力对铅直运动的影响

在地球坐标系中，铅直方向的运动也要受到科氏力的影响。下面以地球附近的自由落体为例，说明这种影响。由于ω很小，可以略去方程中的ω^2项。设物体从高度为h的Q点由静止开始下落。其初始条件是

$$\begin{cases} x_0 = y_0 = 0 \\ z_0 = h \\ \dot{x}_0 = \dot{y}_0 = \dot{z}_0 = 0 \end{cases} \tag{1-6-5}$$

如果不计空气的阻力，则物体只受到重力和科氏力的作用。利用条件式（1-6-5）可求出式（1-6-4）的第一积分

$$\begin{cases} \dot{x} = 2\omega y \sin\lambda \\ \dot{y} = -2\omega\left[x\sin\lambda + (z-h)\cos\lambda\right] \\ \dot{z} = -gt + 2\omega\cos\lambda \cdot y \end{cases} \tag{1-6-6}$$

再把式（1-6-6）代入式（1-6-4），便得

$$\begin{cases} \ddot{x} = 0 \\ \ddot{y} = 2gt\omega\cos\lambda \\ \ddot{z} = -g \end{cases}$$

将上式积分两次，并利用初始条件式（1-6-5），则求得自由落体的运动方程

$$\begin{cases} x = 0 \\ y = \dfrac{1}{3}gt^3\omega\cos\lambda \\ z = h - \dfrac{gt^2}{2} \end{cases} \tag{1-6-7}$$

下面来说明落体的运动特征。

1）由式（1-6-7）的第三式可知，物体在铅直方向以加速度g落向地面。这是重力造成的。

2）由式（1-6-7）第二式可知，落体不断地向东方偏斜。偏斜量与纬度λ反变化，与t^3成正比。落地时$(z=0)$的偏东量为

$$y = \frac{1}{3}\sqrt{\frac{8h^3}{g}}\omega\cos\lambda \tag{1-6-8}$$

例如，自北京（$\lambda = 40°$）上空100m落下的物体，落地时有1.67cm的偏东量。

3）式（1-6-7）的第一式表明，落体在南北方向不发生偏斜。可是，如果早先的方程中不略去含ω^2的项，就会得到偏南的结果。北半球的落体在偏东的同时还向南偏离。不过偏南量是与ω^2成正比的二阶小量。落体的偏东与偏南都是科氏力引起的。

4）消去式（1-6-7）中的t可得知，落体的轨道方程为

$$y^2 = -\frac{8}{9}\frac{\omega^2\cos^2\lambda}{g}(z-h)^3 \tag{1-6-9}$$

单摆振动时，振动面似乎应保持不变。可是经过长期的观察，人们发现摆的振动面是在缓慢地旋转。从力学的观点来看，这是由于地球的自转使摆受到科氏力的缘故。这种显示地球自转的摆是佛克首先在巴黎制成的，所以称为佛克摆。1851 年，佛克在巴黎（$\lambda \approx 49°$，$\sin\lambda \approx 0.75$）第一次做这种实验时，$l = 67\text{m}$，摆锤的质量为 28kg，直径约 30cm 的铁球，摆所画出的椭圆长轴等于 3m，振动周期τ是 16s；而椭圆旋转的周期τ'则为 32h。

习　题

1-1　曲柄$\overline{OA} = r$，以匀角速度ω绕定点O转动，如图所示。此曲柄借连杆AB使滑块B沿直线Ox运动。求连杆上C点的轨道方程及速度。设$\overline{AC} = \overline{CB} = a$，$\angle AOB = \varphi$，$\angle ABO = \psi$。

1-2　牵引车A自O点匀速沿水平方向开出，速度$v_A = 0.4\text{m/s}$，用绳索拉动B车，若B车高于A车，h=1.5 m。如图所示，当A车驶出距离$\overline{OA} = 2\text{m}$时，求$B$车的速度和加速度。

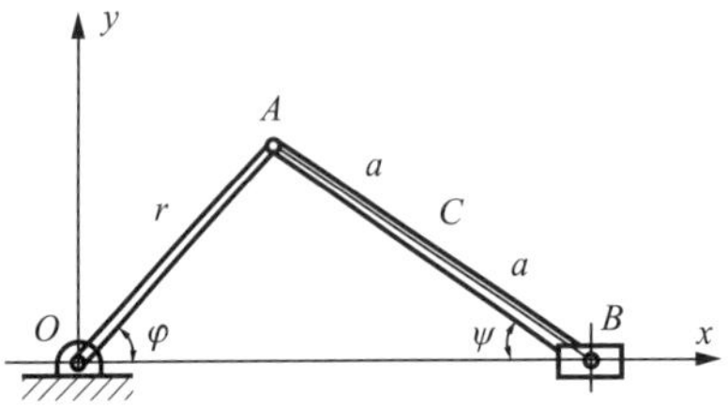

题 1-1 图

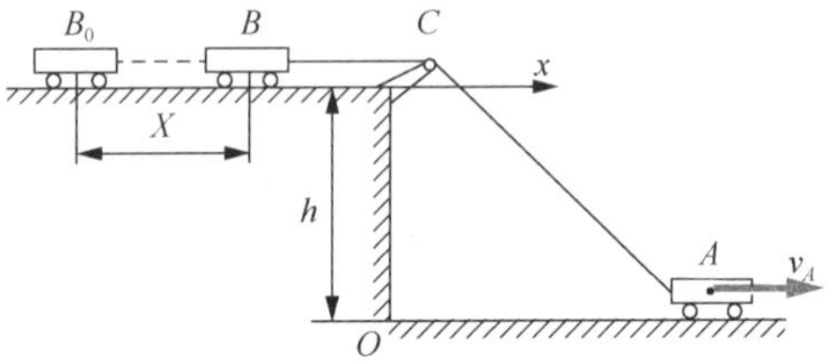

题 1-2 图

1-3　在水流速度各处都相等的河内，有一只小船M被水冲走，划船人在之后以不变的相对速度（相对水流）$\boldsymbol{u}$朝岸上点O划行。求船的轨迹。设水流速度为v_0。

1-4　已知质点M的运动方程为$x = a\cos\omega t$，$y = a\sin\omega t$，$z = b\omega t/2\pi$，其中a、b、ω均为常数。试求质点的运动轨迹、速度和加速度。

1-5　一个质点沿位矢及垂直位矢方向的速度分别为λr及$\mu\theta$，式中λ及μ是常数。试证明沿位矢及垂直位矢方向的加速度为$\lambda^2 r - \dfrac{\mu^2\theta^2}{r}$，$\mu\theta\left(\lambda + \dfrac{\mu}{F}\right)$。

1-6　设一个质点的运动方程为$\boldsymbol{r} = \boldsymbol{q}_1\cos t + \boldsymbol{q}_2\sin t + \boldsymbol{q}_3 t$，式中$\boldsymbol{q}_1$、$\boldsymbol{q}_2$和$\boldsymbol{q}_3$为不为零的恒矢量，而且满足关系式$q_1^2 = q_2^2$，$\boldsymbol{q}_1\cdot\boldsymbol{q}_2 = \boldsymbol{q}_2\cdot\boldsymbol{q}_3 = \boldsymbol{q}_3\cdot\boldsymbol{q}_1 = 0$。试求质点运动的速度、加速度和轨道的曲率半径。

1-7　已知一点的运动方程为$x = at$，$y = \dfrac{a}{2}\left(\mathrm{e}^t + \mathrm{e}^{-t}\right) = a\cdot\mathrm{ch}\,t$。求点的轨迹及轨迹之曲率半径与纵坐标$y$的关系。

1-8 一点沿一半径为R的圆周，按$S=V_0t-\frac{1}{2}at^2$的规律运动。求：①此点加速度的大小是多少？②什么时候加速度大小等于a，而此时该点一共运动了多少圈？

1-9 一点从静止状态开始以等切向加速度a沿半径为R的圆周运动。求运动开始后经过几秒，点的切向与法向加速度的大小相等。

1-10 根据径向和横向加速度的普遍公式，证明无加速存在的运动为匀速直线运动。

1-11 已知点的运动方程为$x=f_1(t)$，$y=f_2(t)$。试证明切向、法向加速度及轨道半径可分别表示为$a_\tau=\frac{\dot{x}\ddot{x}+\dot{y}\ddot{y}}{\sqrt{\dot{x}^2+\dot{y}^2}}$，$a_n=\frac{\dot{x}\ddot{y}-\dot{y}\ddot{x}}{\sqrt{\dot{x}^2+\dot{y}^2}}$，$\rho=\frac{(\dot{x}^2+\dot{y}^2)^{\frac{3}{2}}}{|\dot{x}\ddot{y}-\dot{y}\ddot{x}|}$。

1-12 已知动点的运动方程为$x=50t, y=500-5t^2$，式中x、y以m计，t以s计。求：①点运动的轨迹；②当$t=0$时，动点的切向、法向加速度及轨道的曲率半径。

1-13 潜水艇铅直下沉时，其速度表达式为$v=c(1-\mathrm{e}^{bt})$，式中b、c均为常数。试求潜水艇下沉距离随时间变化的规律及其加速度和速度之间的关系。

1-14 已知质点的运动方程为$y=bt$，$\theta=at$。求在极坐标和直角坐标中的轨道方程。

1-15 飞机A以等速V沿高度为H的水平直线飞行。在正上空时，由地面发射导弹B，导弹始终瞄准飞机，且其速率为nV。求导弹击中飞机所用的时间。

1-16 质点沿着半径为r的圆周以速度v_0运动，其加速度矢量与速度矢量的夹角α保持不变。①试求质点的速度随时间变化的规律。②当t=0时，$\theta=\theta_0$，试证其速度可表示为$v=v_0\mathrm{e}^{(\theta-\theta_0)\cot\alpha}$，其中$\theta$为速度矢量与$x$轴间的夹角。

1-17 点M的运动方程为$x=a(\sin kt+\cos kt), y=b(\sin kt-\cos kt)$，式中$a$、$b$、$k$都是常量。试求$M$的轨迹、速度和加速度。

1-18 光滑楔子以匀加速度$\boldsymbol{a}_0$沿水平面运动。质量为m的质点沿楔子的光滑斜面滑下。求质点的相对加速度$\boldsymbol{a}_r$和质点对楔子的压力$\boldsymbol{P}$。

1-19 将质量为m的质点竖直上抛于有阻力的媒质中。设阻力与速度平方成正比，即$R=mk^2gv^2$。试证明此质点落回投掷点时的速度为$v_1=\frac{v_0}{\sqrt{1+k^2v_0^2}}$。设上掷时的速度为$\boldsymbol{v}_0$。

1-20 质量为m的质点M，在有阻尼的介质中铅垂降落，其运动方程为$x=\frac{g}{k}t-\frac{g}{k^2}(1-\mathrm{e}^{-kt})$，$k$=常数。求介质对质点$M$的阻力，并表示为速度的函数。

1-21 质量为m的小圆球，在静止的水中缓慢下沉，其初速度为$\boldsymbol{v}_0$沿水平方向。已知水的阻力$\boldsymbol{R}$的大小与小球速度的大小成正比，其方向与速度方向相反，即$R=-\mu\boldsymbol{v}$，μ为比例系数，称为黏滞阻力系数。若水的浮力忽略不计，试求小球在重力和阻力共同作用下的运动速度和运动规律。

1-22 质点被x轴所吸引。引力与此轴垂直，此力的大小与点到轴的距离和质点的质量m成正比，其比例常数为k^2，若开始时$x_0=0$，$y_0=h$，质点的初速度为v_0，方向与x轴平行。求点在轨迹上何处时的速度最大？

1-23 质量为8g的质点在斥力作用下在水平面O-xy内运动，斥力的方向背离固定中心O，其大小与到中心的距离成正比，这个斥力在距中心为1m处，大小为9mN。设初时刻x=2cm，y=2cm，$v_x=\frac{3}{2}\sqrt{2}\,\text{cm/s}$，$v_y=-\frac{3}{2}\sqrt{2}\,\text{cm/s}$。求点的轨迹方程。

1-24 向相互垂直的匀强电磁场$\boldsymbol{E}$、$\boldsymbol{B}$中发射一个电子，并设电子的初速度$\boldsymbol{V}$与$\boldsymbol{E}$及$\boldsymbol{B}$垂直，试求电子的运动规律。已知此电子所受的力为$e(\boldsymbol{E}+\boldsymbol{v}\times\boldsymbol{B})$。其中，$\boldsymbol{E}$为电场强度，$\boldsymbol{B}$为磁感应强度，$e$为电子所带的电荷，$\boldsymbol{v}$为任一瞬时电子运动的速度。

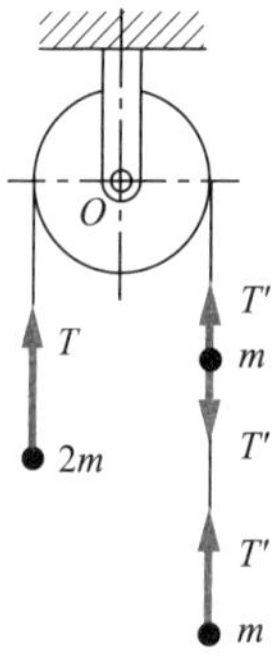

题 1-25 图

1-25 如图所示，质量为m与$2m$的两个质点，被一条不可伸长的轻绳所连接，绳挂在光滑的滑轮上。在m下端又用固定长度为a、劲度系数k为mg/a的弹性绳挂上另外一个质量为m的质点。在开始时，全体保持竖直，原来的非弹性绳拉紧，而有弹性的绳则处在固有长度上。由静止状态释放后，求证这个运动是简谐振动，并求其振动周期τ及任何时刻两端绳中的张力$\boldsymbol{T}$与$\boldsymbol{T}'$。

1-26 一个质点自半径为r水平放置的光滑固定圆柱面凸面的最高点自由下滑。求滑到何处时，此质点将离开圆柱面？

1-27 重为W的小球不受摩擦而沿半长轴为a、半短轴为b的椭圆弧滑下，此椭圆的短轴是竖直的，如小球自长轴的端点开始运动时，其初速度为零。试求小球到达椭圆最低点时它对椭圆的压力。

1-28 在等腰直角三角形ABC的斜边AC=2a的顶点C处，有一个初速度为0、质量为m的质点M，三角形的每个顶点以大小为$F=k^2mr$的力吸引此质点M，其中r为M点到相应三角形顶点的距离。求M点的轨迹和速度。

1-29 重量为P的小环，穿在位于铅直平面内半径为r的光滑圆线圈上，并可沿此圆线圈自由移动，开始时小环有一初速度v_0沿线圈切线方向运动。求小环的速度与其在圆线圈上的位置关系，以及圆线圈的反作用力$\boldsymbol{N}$。

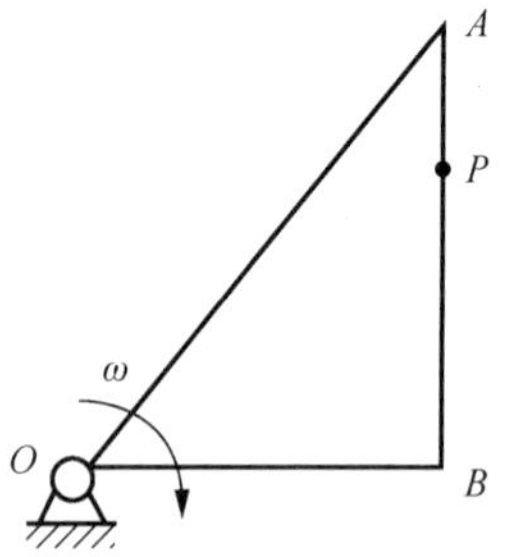

题 1-30 图

1-30 如图所示，等腰直角三角形OAB在其自身平面内以匀速ω绕顶点O转动。某一点P以匀相对速度沿AB边运动。当三角形转了一周时，P点走过了AB。如果已知$\overline{AB}=b$，试求P点在A时的绝对速度与绝对加速度。

1-31 小环重W，穿在曲线形$y=f(x)$的光滑钢丝上，此曲线通过坐标原点，并绕竖直轴Oy以匀角速ω转动。如欲使小环在曲线上任何位置都能处于相对平衡的状态，求此曲线的形状及曲线对小环的约束反作用力。

1-32 一个光滑细管可在竖直平面内绕通过其一端的水平轴以匀角速度ω转动。管中有一质量为m的质点。开始时，细管取水平方向，质点距转动轴的距离为a，质点相对于管的速度为v_0。试求质点相对于细管的运动规律。

1-33 一个质点以初速度v_0在纬度为λ的地方竖直向上射出，达到h高度后，复落至地面。试求落至地面的偏差。假定空气阻力可以忽略不计。

第2章 动量定理

牛顿方程是经典力学的基本方程，具有普遍的意义。但是，在求解力学问题时并不是处处都要用牛顿方程。对于许多具体问题，使用力学的一些定理或守恒定律去处理则更为快捷、方便。

此外，对于大量质点构成的质点组，如果用牛顿方程去解算，则更显得困难。因为每个质点都要列三个二阶微分方程，对质点组就势必要解一个庞大的微分方程组。但是，如果使用动力学的基本定理，就可以不必追究每个质点的具体情况，而能直接求得质点组的整体运动特征，使问题得以解决。

以上两点表明，动力学的基本定理是力学中的重要组成部分。本章将详细地研究质点组的力学量与内力的性质、质点组的动量定理、变质量物体的运动、两种散射角，以及它们之间的关系。

2.1 质点组的力学量与内力的性质

2.1.1 质点组的力学量

由相互作用的质点所构成的集合称为质点组。这里需要强调，组内的质点间存在着相互作用。因为，倘若质点间没有相互作用的话，则每个质点的运动便与其他的质点无关，就没有必要把它们作为一个特定的组做整体性的研究了。

研究质点的运动，实际上是研究一些物理量之间的关系。研究质点组也仍然是这样。因此，在考查质点组之前必须先对质点组定义一些基本的物理量。

由于质量具有可加性，质点组的质量就自然地定义为组内所有质点的质量和。设质点组由 n 个质点组成，则其质量可写为

$$M=\sum_{i=1}^{n}m_i \tag{2-1-1}$$

对组内所有质点的动量取矢量和便是质点组的动量。若以 $\boldsymbol{p}$ 表示质点组的动量，则有

$$\boldsymbol{p}=\sum_{i=1}^{n}m_i\boldsymbol{v}_i \tag{2-1-2}$$

对于给定的坐标系 $O\text{-}xyz$，一个质点对 O 点的角动量是 $\boldsymbol{r}_i\times m_i\boldsymbol{v}_i$。组内所有质点角动量的矢量和称为质点组对 O 点的角动量，也称为动量矩，即

$$\boldsymbol{J}=\sum_{i=1}^{n}\boldsymbol{r}_i\times m_i\boldsymbol{v}_i \tag{2-1-3}$$

同样，质点组的动能定义为

$$T=\sum_{i=1}^{n}\frac{1}{2}m_i v_i^2 \tag{2-1-4}$$

质点组中任意一个质点i都会受到作用力。其中来自组内质点的作用力称为内力，来自组外的作用力则称为外力。质点i受到的合力以$\boldsymbol{F}_i$表示，则

$$\boldsymbol{F}=\sum_{i=1}^{n}\boldsymbol{F}_i \tag{2-1-5}$$

定义为质点组所受的合力。

第i个质点上所受的合力$\boldsymbol{F}_i$对于O点的力矩是$\boldsymbol{r}_i\times\boldsymbol{F}_i$。把质点组所有质点上的力矩取矢量和便是质点组受到的合力矩，即

$$\boldsymbol{M}=\sum_{i=1}^{n}\boldsymbol{M}_i=\sum_{i=1}^{n}\boldsymbol{r}_i\times\boldsymbol{F}_i \tag{2-1-6}$$

当第i个质点发生元位移$\mathrm{d}\boldsymbol{r}_i$时，$\boldsymbol{F}_i$便做了元功 $\mathrm{d}A_i=\boldsymbol{F}_i\cdot\mathrm{d}\boldsymbol{r}_i$。把

$$\mathrm{d}A=\sum_{i=1}^{n}\mathrm{d}A_i=\sum_{i=1}^{n}\boldsymbol{F}_i\cdot\mathrm{d}\boldsymbol{r}_i \tag{2-1-7}$$

定义为作用在质点组上的合力（包括内力和外力）对质点组所做的元功。

为了研究质点组的整体运动，需要引入质心的概念。由式（2-1-2）知，质点组的动量可写为

$$\boldsymbol{p}=\sum_{i=1}^{n}m_i\boldsymbol{v}_i=\sum_{i=1}^{n}m_i\frac{\mathrm{d}\boldsymbol{r}_i}{\mathrm{d}t}=\frac{\mathrm{d}}{\mathrm{d}t}\sum_{i=1}^{n}m_i\boldsymbol{r}_i$$

式中的$\sum\limits_{i=1}^{n}m_i\boldsymbol{r}_i$是由整个质点组所确定的一个矢量。这个矢量对时间的导数是质点组的动量。如果用质点组的质量去除这个矢量，就能得到一个矢量$\boldsymbol{r}_c$，即

$$\boldsymbol{r}_c=\frac{\sum\limits_{i=1}^{n}m_i\boldsymbol{r}_i}{\sum\limits_{i=1}^{n}m_i} \tag{2-1-8}$$

如果以$\boldsymbol{r}_c$为位矢，便能确定一个几何点C，点C称为质点组的质心。由式（2-1-8）可知，质心C的笛卡儿直角坐标为

$$\begin{cases} x_c = \dfrac{\sum\limits_{i=1}^{n} m_i x_i}{\sum\limits_{i=1}^{n} m_i} \\ y_c = \dfrac{\sum\limits_{i=1}^{n} m_i y_i}{\sum\limits_{i=1}^{n} m_i} \\ z_c = \dfrac{\sum\limits_{i=1}^{n} m_i z_i}{\sum\limits_{i=1}^{n} m_i} \end{cases} \tag{2-1-9}$$

关于质心，应该注意下面几个问题。

1）质心的定义具有普遍性，不论对离散质点组还是对连续质点组它都适用。对于连续质点组，只需将式（2-1-9）中的求和改为定积分就行了。

2）由定义知，质心是个几何点，并不是组中的某个质点的位置。例如，一个质量均匀的球壳，它的质心在球心，可是球心处却没有任何质点。

3）质心、重心和几何中心是三个不同的概念。质心刻画了质点组中质量的分布特征，重心表示物体所受重力的作用点，几何中心则纯粹表示物体的几何学特征，与物质无关。当然，一个物体的几何形状、物质分布和重力的作用点有时是会发生联系的，所以在特殊情况下，它们有可能重合。

2.1.2 内力的性质

由于作用在任一质点i上的力可分为内力和外力，由式（2-1-5）可知，作用在质点组上的合力$\boldsymbol{F}$也可分成内力和外力两部分。

如果以$\boldsymbol{F}_i^{(i)}$表示质点i受的内力，以$\boldsymbol{F}_i^{(e)}$表示受到的外力，则

$$\boldsymbol{F}_i = \boldsymbol{F}_i^{(i)} + \boldsymbol{F}_i^{(e)} \tag{2-1-10}$$

于是，按式（2-1-5）可得

$$\boldsymbol{F}_i = \sum_{i=1}^{n} \boldsymbol{F}_i^{(i)} + \sum_{i=1}^{n} \boldsymbol{F}_i^{(e)} \tag{2-1-11}$$

式（2-1-11）中的第一项是作用在质点组上的合内力。由牛顿第三定律可知

$$\sum_{i=1}^{n} \boldsymbol{F}_i^{(i)} = 0 \tag{2-1-12}$$

因此，质点组所受的合力等于合外力。

因为质点组的内力成对出现，等值反向，所以任意一对内力对O点的力矩也等于零。因此，质点组内力矩的矢量和也必定等于零，即

$$\sum_{i=1}^{n} \boldsymbol{r}_i \times \boldsymbol{F}_i^{(i)} = 0 \tag{2-1-13}$$

下面来研究内力的元功。功与质点的位移有关，不可能单由力的性质决定，因而质点组内力所做的总元功一般是不等于零的。

但是，刚体却另当别论。对刚体而言，内力的总元功是永远为零的。下面证明这个结论。

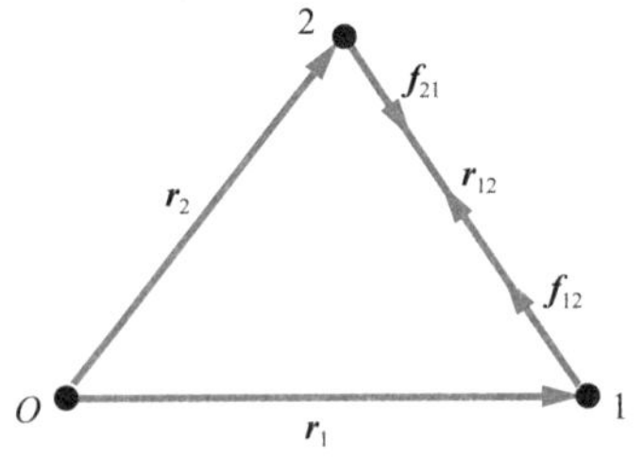

图 2-1

先考察任意两个质点间内力所做的元功。如图 2-1 所示，$\boldsymbol{f}_{12}$和$\boldsymbol{f}_{21}$所做的元功之和应是

$$\begin{aligned}\mathrm{d}A &= \boldsymbol{f}_{12}\cdot\mathrm{d}\boldsymbol{r}_1+\boldsymbol{f}_{21}\cdot\mathrm{d}\boldsymbol{r}_2\\ &=\boldsymbol{f}_{12}\cdot(\mathrm{d}\boldsymbol{r}_1-\mathrm{d}\boldsymbol{r}_2)\\ &=\boldsymbol{f}_{12}\cdot\mathrm{d}\boldsymbol{r}_{12}\end{aligned} \tag{2-1-14}$$

由于刚体中任意两个质点之间的距离都是不变的，$|\boldsymbol{r}_{12}|^2=$常量。然而任何长度不变的矢量，其微分矢量与自身垂直，所以可得$\mathrm{d}\boldsymbol{r}_{12}\perp\boldsymbol{r}_{12}$。又由牛顿第三定律可知，$\boldsymbol{f}_{12}$与$\boldsymbol{r}_{12}$共线。所以$\mathrm{d}\boldsymbol{r}_{12}\perp\boldsymbol{f}_{12}$，于是得$\mathrm{d}A=0$。因为这一结果适用于刚体中任意一对内力，故知刚体中内力的总功恒为零。

2.1.3 柯尼希定理

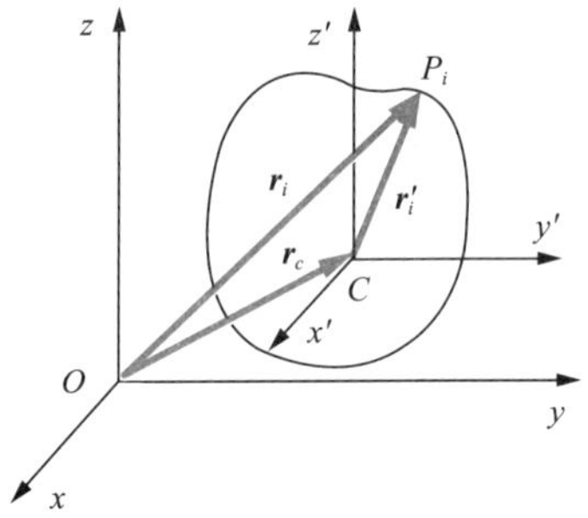

图 2-2

如图 2-2 所示，$C\text{-}x'y'z'$ 系是平动的质心系，$O\text{-}xyz$ 是固定坐标系。任一质点 P_i 相对 O 点的位矢是$\boldsymbol{r}_i$，相对 c 点的位矢是$\boldsymbol{r}_i'$，因此

$$\boldsymbol{r}_i=\boldsymbol{r}_c+\boldsymbol{r}_i'$$

上式对 t 求导便得

$$\boldsymbol{v}_i=\boldsymbol{v}_c+\boldsymbol{v}_i'$$

于是质点组对固定坐标系的动能为

$$T=\frac{1}{2}\sum_{i=1}^{n}m_i\left(\boldsymbol{v}_c+\boldsymbol{v}_i'\right)^2=\frac{1}{2}mv_c^2+\frac{1}{2}\sum_{i=1}^{n}m_i\boldsymbol{v}_i'^2+\boldsymbol{v}_c\cdot\sum_{i=1}^{n}m_i\boldsymbol{v}_i' \tag{2-1-15}$$

因为$\boldsymbol{r}_i'$是 P_i 相对质心 c 的位矢，故$\sum\limits_{i=1}^{n}m_i\boldsymbol{v}_i'=\dfrac{\mathrm{d}}{\mathrm{d}t}\sum\limits_{i=1}^{n}m_i\boldsymbol{v}_i'=0$，所以上式变为

$$T=\frac{1}{2}mv_c^2+\frac{1}{2}\sum_{i=1}^{n}m_i\boldsymbol{v}_i'^2 \tag{2-1-16}$$

式中，$\dfrac{1}{2}mv_c^2$为质点组的全部质量集中于质心时的动能，可称为质心的动能；$\dfrac{1}{2}\sum\limits_{i=1}^{n}m_i\boldsymbol{v}_i'^2$为质点组对质心系的动能。

因此，式（2-1-16）表明，质点组对固定系的动能是质心的动能与质点组对质心系的动能之和。这个结论称为柯尼希定理。

2.2 质点组的动量定理

2.2.1 动量定理的推导

现在研究 n 个质点构成的质点组。对组中每个质点均有牛顿方程

$$m_i \frac{\mathrm{d}^2 \boldsymbol{r}_i}{\mathrm{d}t^2} = \boldsymbol{F}_i^{(i)} + \boldsymbol{F}_i^{(e)} \qquad (i = 1, 2, \cdots, n) \tag{2-2-1}$$

将这 n 个方程相加，便得

$$\sum_{i=1}^{n} m_i \frac{\mathrm{d}^2 \boldsymbol{r}_i}{\mathrm{d}t^2} = \sum_{i=1}^{n} \boldsymbol{F}_i^{(i)} + \sum_{i=1}^{n} \boldsymbol{F}_i^{(e)} \tag{2-2-2}$$

由式（2-1-12）知 $\sum\limits_{i=1}^{n} \boldsymbol{F}_i^{(i)}$ 为零，于是式（2-2-2）变为

$$\sum_{i=1}^{n} m_i \frac{\mathrm{d}^2 \boldsymbol{r}_i}{\mathrm{d}t^2} = \sum_{i=1}^{n} \boldsymbol{F}_i^{(e)} \tag{2-2-3}$$

又由于 $\dfrac{\mathrm{d}\boldsymbol{r}_i}{\mathrm{d}t} = \boldsymbol{v}_i$，且 m_i 是常量，式（2-2-3）又可写为

$$\frac{\mathrm{d}}{\mathrm{d}t} \sum_{i=1}^{n} m_i \boldsymbol{v}_i = \frac{\mathrm{d}\boldsymbol{p}}{\mathrm{d}t} = \sum_{i=1}^{n} \boldsymbol{F}_i^{(e)} \tag{2-2-4}$$

这是微分形式的质点组动量定理。它表示，质点组动量对时间的导数等于质点组所受的合外力。

将式（2-2-4）对 t 积分，便得质点组动量定理的积分形式

$$\boldsymbol{p}_2 - \boldsymbol{p}_1 = \int_{t_1}^{t_2} \left(\sum_{i=1}^{n} \boldsymbol{F}_i^{(e)} \right) \mathrm{d}t \tag{2-2-5}$$

如果使用直角坐标系，可将式（2-2-4）和式（2-2-5）写成分量方程组

$$\begin{cases} \dfrac{\mathrm{d}p_x}{\mathrm{d}t} = \sum\limits_{i=1}^{n} F_{ix}^{(e)} \\ \dfrac{\mathrm{d}p_y}{\mathrm{d}t} = \sum\limits_{i=1}^{n} F_{iy}^{(e)} \\ \dfrac{\mathrm{d}p_z}{\mathrm{d}t} = \sum\limits_{i=1}^{n} F_{iz}^{(e)} \end{cases} \tag{2-2-6}$$

和

$$\begin{cases} p_{2x} - p_{1x} = \int_{t_1}^{t_2} \left(\sum\limits_{i=1}^{n} F_{ix}^{(e)} \right) \mathrm{d}t \\ p_{2y} - p_{1y} = \int_{t_1}^{t_2} \left(\sum\limits_{i=1}^{n} F_{iy}^{(e)} \right) \mathrm{d}t \\ p_{2z} - p_{1z} = \int_{t_1}^{t_2} \left(\sum\limits_{i=1}^{n} F_{iz}^{(e)} \right) \mathrm{d}t \end{cases} \tag{2-2-7}$$

式（2-2-4）和式（2-2-5）也可以在其他坐标系中投影。

2.2.2 动量守恒定律

如果质点组在某瞬时受到的合外力为零，则由式（2-2-4）可知，此时刻质点组动量的变化率为零，即动量达到极值。如果质点组在某段时间内始终不受外力，或合外力为零，则质点组的动量在这段时间内是个不变的恒量。这便是所谓的动量守恒定律。

由动量守恒定律的分量方程式（2-2-6）可知：当合外力的某个分量持续为零时，对应的动量分量必定守恒。例如，火炮在光滑的水平面上发射炮弹，炮身和炮弹构成质点组。由于这个质点组在水平方向不受外力，它在水平方向上动量守恒，然而在铅直方向上受到不为零的合外力，所以质点组动量的铅直分量是变化的。

由质点组的动量守恒定律可知，内力虽然可以影响组中质点的运动，使其动量发生变化，可是却不能使质点组的动量发生变化。只有外力的作用才能改变质点组的动量。

例 2-1 质量为 $m=3\text{kg}$ 的炮弹以 $v_0=150\text{m/s}$ 的初速度与地面成 $\alpha=60°$ 的夹角在铅直平面内射出。炮弹在顶点爆炸，分为两块弹片，如图 2-3 所示。其中 $m_1=1\text{kg}$ 的弹片在 $t=35\text{s}$ 时打到 $x=50\text{m}, y=2500\text{m}$ 的地面。求 $m_2=2\text{kg}$ 的弹片落地的位置。

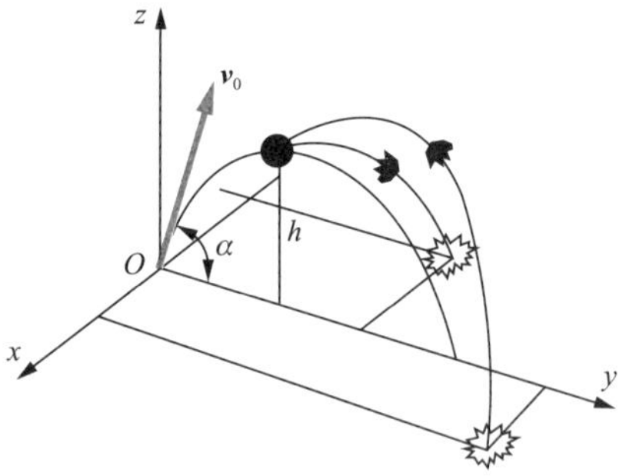

图 2-3

解 从炮弹打出到它到达最高点（爆炸点）的时间为

$$t_0=\frac{v_0\sin\alpha}{g}=13.25\text{s}$$

高度为

$$h=\frac{(v_0\sin\alpha)^2}{2g}=860.97\text{m}$$

由题意可知，弹片 m_1 从最高点到落地经过的时间为

$$t_1=35\text{s}-13.25\text{s}=21.75\text{s}$$

从爆炸点开始，弹片 m_1 以初速度 $\boldsymbol{v}_1$ 再次做抛体运动，在铅直方向上，m_1 的运动方程为

$$z_1=h+v_{1z}t-\frac{1}{2}gt^2$$

当弹片 m_1 落地时 $t=t_1$、$z_1=0$，即 $h+v_{1z}t_1-0.5gt_1^{\ 2}=0$，于是有

$$v_{1z}=\frac{0.5gt_1^{\ 2}-h}{t_1}=66.99\text{m/s}$$

由运动学关系可以计算出弹片 m_1 在爆炸结束时的速度为

$$\boldsymbol{v}_1=\frac{50}{21.75}\boldsymbol{i}+\frac{2500-150\cos 60^\circ\times 13.25}{21.75}\boldsymbol{j}+66.99\boldsymbol{k}$$
$$=2.30\boldsymbol{i}+69.25\boldsymbol{j}+66.99\boldsymbol{k}$$

显然，爆炸结束时弹片 m_2 的速度为 $\boldsymbol{v}_2=v_{2x}\boldsymbol{i}+v_{2y}\boldsymbol{j}+v_{2z}\boldsymbol{k}$ 是未知待求的。

因为炮弹的爆炸力远远大于重力，所以可以略去重力不计。因此，在爆炸前和爆炸后的动量在 x、y、z 方向均守恒。由 x 方向动量守恒可得

$$m_1v_{1x}+m_2v_{2x}=0,\quad 2.30+2v_{2x}=0$$

即

$$v_{2x}=-1.15\,\text{m/s}$$

同理

$$m_1v_{1y}+m_2v_{2y}=mv_0\cos 60^\circ,\quad 69.25+2v_{2y}=3\times 150\times\cos 60^\circ$$

$$v_{2y}=77.88\,\text{m/s}$$

$$m_1v_{1z}+m_2v_{2z}=0,\quad 66.99+2v_{2z}=0$$

$$v_{2z}=-33.50\,\text{m/s}$$

现在写出弹片 m_2 在铅直方向上的运动方程

$$z_2=h+v_{2z}t-\frac{1}{2}gt^2$$

当弹片 m_2 落地时 $t=t_2$、$z_2=0$，即 $h+v_{2z}t_2-0.5gt_2{}^2=0$，代入相应数值，解得 $t_2=10.27\,\text{s}$。进一步计算后得

$$x_2=v_{2x}t_2=-1.15\times 10.27\,\text{m}=-11.80\,\text{m}$$

$$y_2=v_{2y}t_2+150\times\cos 60^\circ\times 13.25=1793.58\,\text{m}$$

上面两式的结果确定了弹片 m_2 落地的位置。

例 2-2 一个重为 p 的人，手拿一个重为 Q 的物体，以与水平线成 α 角的速度 v_0 向前跳。当他跳到最高点时，将物体以相对于自己的速度 u 水平向后抛出。试计算由于物体向后抛出使人的跳远增加的距离。

解 忽略空气阻力，当人跳到最高点时，向后以水平速度抛出重物，则人和重物所组成的质点组在水平方向所受的合外力为零，所以水平方向动量守恒。

设 Δv 是人在抛出重物的过程中所增加的速度，则重物抛出后人相对地面的水平速度为 $v_0\cos\alpha+\Delta v$，物体相对地面的水平速度为 $v_0\cos\alpha+\Delta v-u$。根据质点组动量守恒定律

$$\frac{P+Q}{g}v_0\cos\alpha=\frac{P}{g}(v_0\cos\alpha+\Delta v)+\frac{Q}{g}(v_0\cos\alpha+\Delta v-u)$$

即

$$(P+Q)\cdot\Delta v=Qu$$

所以

$$\Delta v = \frac{Q}{P+Q}u$$

在抛射运动中，人从最高点落到地面所经历的时间为

$$t = \frac{v_0 \sin\alpha}{g}$$

由于向后抛出物体使得人的跳远增加的距离为

$$\Delta x = \Delta v \cdot t = \frac{Qu}{(P+Q)g} v_0 \sin\alpha$$

在这里要特别注意，相对速度是指二者刚刚离开时的速度。人抛出物体的过程是一个产生加速度的短暂过程。

2.2.3 质心运动定理

由质心的定义式（2-1-8）可得 $\sum_{i=1}^{n} m_i \boldsymbol{r}_i = m\boldsymbol{r}_c$，其中 m 是质点组的质量。将其对 t 求两阶导数，并注意 m_i、m 是常量，$\frac{\mathrm{d}\boldsymbol{r}_c}{\mathrm{d}t} = \boldsymbol{v}_c$，则得

$$\frac{\mathrm{d}}{\mathrm{d}t}\sum_{i=1}^{n} m_i \boldsymbol{v}_i = m\frac{\mathrm{d}^2 \boldsymbol{r}_c}{\mathrm{d}t^2} = m\frac{\mathrm{d}\boldsymbol{v}_c}{\mathrm{d}t} \tag{2-2-8}$$

将此式代入质点组的动量定理式（2-2-4），便得

$$m\frac{\mathrm{d}\boldsymbol{v}_c}{\mathrm{d}t} = \sum_{i=1}^{n} \boldsymbol{F}_i^{(e)} \tag{2-2-9}$$

或

$$m\boldsymbol{a}_c = \sum_{i=1}^{n} \boldsymbol{F}_i^{(e)} \tag{2-2-10}$$

式（2-2-9）具有牛顿方程的形状。如果已知质点组的质量和受到的合力，尽管不能确定质点组中每个质点的具体运动情况，但是却完全可以利用式（2-2-10）求出质心的运动。所以式（2-2-10）称为质心运动定理。

把式（2-2-10）在直角坐标系中投影，可得出质心运动定理的分量方程组，即

$$\begin{cases} m\ddot{x}_c = \sum_{i=1}^{n} F_{ix}^{(e)} \\ m\ddot{y}_c = \sum_{i=1}^{n} F_{iy}^{(e)} \\ m\ddot{z}_c = \sum_{i=1}^{n} F_{iz}^{(e)} \end{cases} \tag{2-2-11}$$

2.1.1 节中已经指出，质心是个几何点，而不是物质点。但是，如果设想质心处集中了质点组的全部质量并承受了质点组的全部外力，则质心运动定理式（2-2-10）表明，质心的运动就像质点一样服从牛顿方程。从上述意义上讲，质心具有代表性，它反映出质点组运动

的整体特征。

质心在很多方面都可以代表质点组。质心的动量就是质点组的动量。因此，从动量守恒定律得知：如果质点组的动量守恒，质心一定做惯性运动；反之亦然。

2.3 变质量物体的运动

2.3.1 变质量物体运动的基本动力学方程

在力学中，有时也会考虑到运动物体质量的增加和减少。例如，火箭、传送带、雨滴等都是一边运动一边改变质量的。在本节，先来分析变质量运动的特征，并导出其动力学方程。

设一物体在t时刻的质量为m，速度为$\boldsymbol{v}$；同时还有一微小物体，质量为Δm，以速度$\boldsymbol{u}$运动，并在$t+\Delta t$时与m相合并；合并以后的共同速度是$\boldsymbol{v}+\Delta\boldsymbol{v}$。如果在这段时间里作用在系统上的合外力是$\boldsymbol{F}$，则由动量定理得

$$(m+\Delta m)(\boldsymbol{v}+\Delta\boldsymbol{v})-m\boldsymbol{v}-(\Delta m)\boldsymbol{u}=\boldsymbol{F}\Delta t \tag{2-3-1}$$

将上式除以Δt，并使$\Delta t\to 0$。如果略去式中的二级小量，便得到变质量物体的动力学方程

$$\frac{\mathrm{d}}{\mathrm{d}t}(m\boldsymbol{v})-\frac{\mathrm{d}m}{\mathrm{d}t}\boldsymbol{u}=\boldsymbol{F} \tag{2-3-2}$$

式中，$\dfrac{\mathrm{d}m}{\mathrm{d}t}$为质量的时间变化率，可以取正值或负值。

式（2-3-2）中的$\boldsymbol{u}$代表微质量Δm与m合并以前或分出以后的速度。如果$\boldsymbol{u}=0$，则式（2-3-2）可简化为

$$\frac{\mathrm{d}}{\mathrm{d}t}(m\boldsymbol{v})=\boldsymbol{F} \tag{2-3-3}$$

如$\boldsymbol{u}=\boldsymbol{v}$，则式（2-3-2）便简化为

$$m\frac{\mathrm{d}\boldsymbol{v}}{\mathrm{d}t}=\boldsymbol{F} \tag{2-3-4}$$

这个方程与质量为定值时的运动方程式的形状一样，但实质却不相同。在这个式中，m是变量，是时间t的函数。

例 2-3 雨点开始自由下落时的质量为M。在下落过程中，单位时间内凝结在它上面的水汽质量为λ。略去空气阻力，试求雨点在t s后落下的距离。

解 本题中的$\boldsymbol{u}=0$，由题意可知

$$m=M+\lambda t$$

由式（2-3-3）得

$$\frac{\mathrm{d}}{\mathrm{d}t}[(M+\lambda t)v]=(M+\lambda t)g$$

积分得

$$(M+\lambda t)v=\left(Mt+\frac{1}{2}\lambda t^2\right)g+C_1$$

因为$t=0$时，$v=0$，所以$C_1=0$。于是有

$$v=\frac{\mathrm{d}s}{\mathrm{d}t}=\frac{Mt+\frac{1}{2}\lambda t^2}{M+\lambda t}g$$

即

$$\frac{\mathrm{d}s}{\mathrm{d}t}=\frac{1}{2}gt+\frac{Mg}{2\lambda}-\frac{\frac{M^2g}{2\lambda}}{M+\lambda t}$$

再积分得

$$s=\frac{g}{2}\left(\frac{t^2}{2}\right)+\frac{Mg}{2\lambda}t-\frac{M^2g}{2\lambda^2}\ln(M+\lambda t)+C_2$$

因$t=0$时，$s=0$，故$C_2=\dfrac{M^2g}{2\lambda^2}\ln M$。把$C_2$的值代入上式，得

$$s=\frac{1}{2}g\left[\frac{t^2}{2}+\frac{M}{\lambda}t-\frac{M^2}{\lambda^2}\ln\left(1+\frac{\lambda}{M}t\right)\right]$$

这就是雨点在时间t后所下落的距离。

2.3.2 火箭的动力学方程

式（2-3-2）是研究变质量运动的基本方程，因此也是研究火箭运动的基本方程。近代火箭的运行过程如图 2-4 所示，它是通过把燃烧后的气体向外喷射来增加火箭本身的运行速度。

火箭的喷气速度$\boldsymbol{v}_r=\boldsymbol{u}-\boldsymbol{v}$是喷出的气体相对于火箭的速度。$\mathrm{d}m/\mathrm{d}t$是火箭每秒钟喷出的气体质量。使用$\boldsymbol{v}_r$，可将式（2-3-2）改写为

$$m\frac{\mathrm{d}\boldsymbol{v}}{\mathrm{d}t}=\boldsymbol{F}+\frac{\mathrm{d}m}{\mathrm{d}t}\boldsymbol{v}_r \tag{2-3-5}$$

而

$$\frac{\mathrm{d}m}{\mathrm{d}t}\boldsymbol{v}_r=\boldsymbol{F}_r \tag{2-3-6}$$

是喷出气体所引起的反作用力，称为反推力。于是，式（2-3-5）又可写为

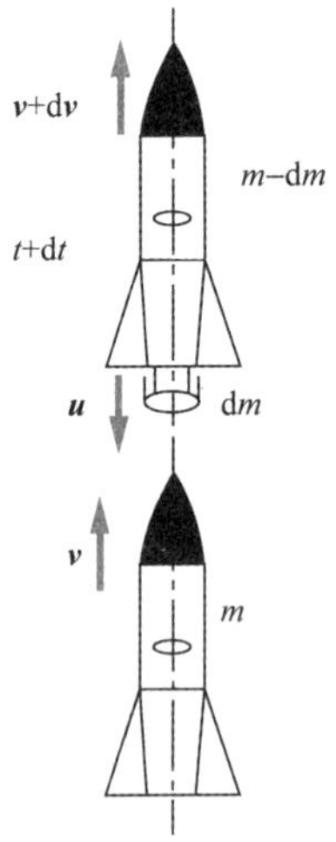

图 2-4

$$m\frac{\mathrm{d}\boldsymbol{v}}{\mathrm{d}t}=\boldsymbol{F}+\boldsymbol{F}_r \tag{2-3-7}$$

在现代火箭中可以把喷气的速度$\boldsymbol{v}_r$看成是沿轨道切线的负方向。若以$\boldsymbol{i}$表示轨道切线上的单位矢，则

$$\boldsymbol{u}-\boldsymbol{v}=-v_r\boldsymbol{i} \tag{2-3-8}$$

于是，式（2-3-5）又可写为

$$m\frac{\mathrm{d}\boldsymbol{v}}{\mathrm{d}t}=\boldsymbol{F}-\frac{\mathrm{d}m}{\mathrm{d}t}v_r\boldsymbol{i} \tag{2-3-9}$$

现在研究一种很有意义的特殊情况。设火箭所受的外力一律忽略不计，且喷气速度是恒定的，与箭身的速度反向。这时，式（2-3-9）便简化为

$$m\frac{\mathrm{d}\boldsymbol{v}}{\mathrm{d}t}=-v_r\frac{\mathrm{d}m}{\mathrm{d}t}\boldsymbol{i}$$

或

$$\frac{\mathrm{d}v}{v_r}=-\frac{\mathrm{d}m}{m} \tag{2-3-10}$$

由于火箭的质量是变化的，可写为$m=m_0f(t)$，式中m_0是初始质量，$f(t)$是由喷气过程所决定的时间函数，称为火箭的质量变化规律，且$f(0)=1$。于是，式（2-3-10）又可写为

$$\frac{\mathrm{d}v}{v_r}=-\frac{\mathrm{d}f}{f}$$

积分上式，得

$$v=-v_r\ln f+C_1$$

设$t=0$时$v=v_0$，则上式变为

$$v=v_0-v_r\ln f=v_0+v_r\ln\frac{m_0}{m} \tag{2-3-11}$$

这是研究火箭运动的一个重要关系式。

令m_s代表空火箭的质量，m'代表喷气的质量，则在$v_0=0$的条件下，由式（2-3-11）可以求出燃烧终止时火箭所达到的速度。

$$v=v_r\ln\frac{m_s+m'}{m_s}=2.3v_r\lg\left(1+\frac{m'}{m_s}\right) \tag{2-3-12}$$

由式（2-3-12）可见，v与v_r成正比。这就是说，火箭所能达到的最大飞行速度是与喷气速度成正比的。此外，当火箭的总质量m_s+m'与其空质量m_s的比值按照几何级数增加时，火箭的最大飞行速度是按算术级数增加的。由此可见，增大喷气速度比增大燃料的数量更能提高火箭的最大飞行速度。

如果$v_r=2\mathrm{km/s}$，则要使火箭的速度v超过第一宇宙速度，以便用来发射人造卫星，则质量比约在100左右。这就是说，燃料的质量应比空火箭的质量大100倍。如果计入地球的引力和空气的阻力，这个比值还要大。为了提高质量比，目前都采用多级火箭来发射人造卫星。根据理论计算和实际应用，使用三级火箭发射人造卫星是比较理想的。

设多级火箭的质量比（第i级火箭点火时的质量与该级火箭燃料烧完时的质量比）为

$$N_i=\frac{m_{i0}}{m_i}\quad(i=1,2,\cdots,n) \tag{2-3-13}$$

各级火箭的喷气速度分别为$v_{K1},v_{K2},\cdots,v_{Kn}$，由式（2-3-11），对于第 i+1 级火箭，有

$$\int_{v_i}^{v_{i+1}} \mathrm{d}v = -v_{K(i+1)}\int_{m_i}^{m_{i+1}} \frac{\mathrm{d}m}{m} \quad (i=0,1,2,\cdots,n-1)$$

积分得

$$v_{i+1}-v_i = v_{K(i+1)} \ln N_{i+1} \quad (i=0,1,2,\cdots,n-1)$$

考虑$v_0=0$，有

$$v_n = \sum_i v_{Ki} \ln N_i \tag{2-3-14}$$

上式称为齐奥尔科夫斯基公式。

如果各级火箭的喷气速度相等，即

$$v_{K1}=v_{K2}=\cdots=v_{Kn}, \tag{2-3-15}$$

则有

$$v_n = v_K \ln(N_1 N_2 \cdots N_n) \tag{2-3-16}$$

由于质量比大于 1，当火箭级数增加时，就可获得较高的速度。例如，一个三级火箭（CZ-2E 火箭），当$N_1=N_2=N_3=5$，$v_K=2000\,\mathrm{m/s}$，则火箭的最终速度可达到 10.6km/s。

下面求火箭的飞行距离。当v_r等于常数时，由式（2-3-11）便可得

$$\mathrm{d}s = v_0\,\mathrm{d}t - v_r \ln f\,\mathrm{d}t$$

积分上式便得到火箭飞行距离的公式

$$s = s_0 + v_0 t - v_r \int_0^t \ln f\,\mathrm{d}t \tag{2-3-17}$$

由式（2-3-17）可知，为了求s，必须先知道$f(t)$的函数形式，即给出火箭质量随时间的变化规律。

例 2-4 现代火箭技术中常采用的质量变化规律是直线律f=1−αt 和指数律$f=\mathrm{e}^{-\alpha t}$两种函数形式，试计算火箭的飞行距离。

解 （1）直线律

对于直线律，f=1−αt，其中α是常数。在这种情况下，火箭每秒钟喷出的质量为

$$\frac{\mathrm{d}m}{\mathrm{d}t} = \frac{\mathrm{d}}{\mathrm{d}t}[m_0(1-\alpha t)] = -\alpha m_0 = \text{常数}$$

而反推力为

$$F_r = v_r \frac{\mathrm{d}m}{\mathrm{d}t} = -\alpha m_0 v_r$$

在v_r等于常数的情况下，F_r是常数。故质量变化的直线律就是每秒钟喷出的质量，是常数。

把$f=1-\alpha t$代入式（2-3-17）可得

$$s = s_0 + v_0 t + \frac{v_r}{\alpha}[(1-\alpha t)\ln(1-\alpha t)+\alpha t]$$

（2）指数律

对于指数律，$f = \mathrm{e}^{-\alpha t}$，其中$\alpha$是常数。此时火箭每秒钟喷出的质量为

$$\frac{\mathrm{d}m}{\mathrm{d}t} = -\alpha m_0 \mathrm{e}^{-\alpha t}$$

反推力为

$$F_r = v_r \frac{\mathrm{d}m}{\mathrm{d}t} = -\alpha m_0 v_r \mathrm{e}^{-\alpha t}$$

这两个量都不是常量。

由反作用力引起的附加加速度是

$$a_r = \frac{F_r}{m} = -\frac{\alpha m_0 v_r \mathrm{e}^{-\alpha t}}{m_0 \mathrm{e}^{-\alpha t}} = -\alpha v_r$$

在v_r为常量时，a_r必是常量。

把$f = \mathrm{e}^{-\alpha t}$代入式（2-3-17），便可得出这种情况的距离公式

$$s = s_0 + v_0 t + \frac{1}{2}\alpha v_r t^2$$

如果把重力考虑进去，则在速度表达式［式（2-3-12）］中还应增加一项$-gt$；距离表达式［式（2-3-17）］中应增加一项$-gt^2/2$。若是再考虑空气的阻力，则问题就更加复杂。

火箭在喷气时的路程称为喷射行程，所用的时间t_s称为喷射时间。由上述的讨论可知，火箭因受重力而损失的速度与gt_s成正比。因此，最好使携带的燃料尽快烧光，以减小t_s，从而减小速度的损失。

由上面的讨论还可看出，火箭的速度与排气的性能有密切的关系。排气速度v_r越大，喷出的质量越多，则火箭得到的速度就越大。另外，质量比m'/m_s虽然不如v_r那样重要，但也能影响到火箭的速度。因此，最佳的设计方案是除了减小t_s而外，还要使v_r和m'/m_s两者都尽可能地增大。这对材料的要求就显得特别严格，除了要使用能产生高温的燃料，还要使用耐高温的合金来制造火箭的外壳。

在以上的讨论中，是把火箭当成一个可变质量的质点对待的。如果把火箭当成刚体对待，那么除了研究它质心的运动外，还要用动量矩定理研究它绕质心的转动问题。

2.4 两种散射角

2.4.1 实验室坐标系与质心坐标系

在研究散射问题时，人们常常定义两种不同的散射角。第一种散射角是被散射的质点（如α粒子）在散射前后运动方向的偏转角，如图2-5所示的θ_r。第二种散射角则是两质点在散射前后相对位矢$\boldsymbol{r}$的偏转角，如图2-5中的θ_c。之所以如此，是因为使用了两种不同的坐标系：实验室坐标系和质心坐标系。实验室坐标系固结在静止的实验室上，是实验工

作者常用的。质心坐标系则是取在系统的质心上的，常为理论工作者所使用。图 2-5 中的 θ_r 是在实验室坐标系中所观测到的散射角。而 θ_c 则是在质心坐标系中使用的散射角。由于 θ_c 无法观测，只能由计算得出。

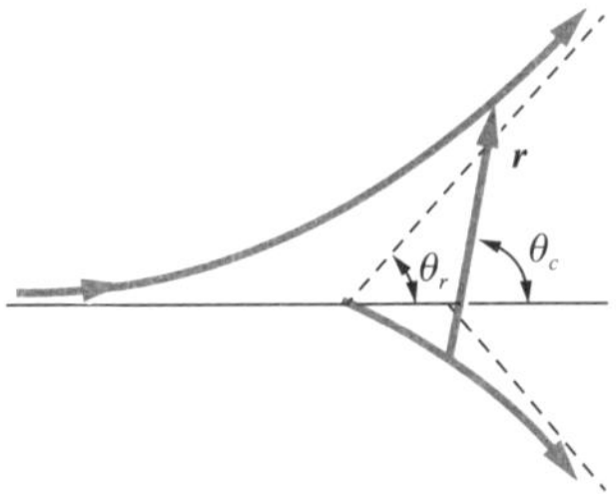

图 2-5

设质量为 m_1 的质点以速度 $\boldsymbol{v}_1$ 与质量为 m_2 的静止质点相碰。如图 2-6 所示，由于系统的动量守恒，其质心在散射的前后均沿 $\boldsymbol{v}_1$ 的方向以速度 $\boldsymbol{V}$ 运动。在散射之前有

$$(m_1+m_2)\boldsymbol{V}=m_1\boldsymbol{v}_1$$

故得

$$\boldsymbol{V}=\frac{m_1\boldsymbol{v}_1}{m_1+m_2} \tag{2-4-1}$$

此时，质点 1 相对质心的速度 $\boldsymbol{V}_1$ 为

$$\boldsymbol{V}_1=\boldsymbol{v}_1-\boldsymbol{V}=\frac{m_2\boldsymbol{v}_1}{m_1+m_2} \tag{2-4-2}$$

而质点 2 相对于质心的速度 $\boldsymbol{V}_2$ 是

$$\boldsymbol{V}_2=-\boldsymbol{V}=-\frac{m_1\boldsymbol{v}_1}{m_1+m_2} \tag{2-4-3}$$

即

$$m_1\boldsymbol{V}_1+m_2\boldsymbol{V}_2=0 \tag{2-4-4}$$

从质心坐标系来看，根据动量守恒定律，质点散射后的速度 $\boldsymbol{V}_1'$ 与散射前速度 $\boldsymbol{V}_1$ 的夹角 θ_c，称为质心坐标系中的散射角，如图 2-6（a）所示。

如果在实验室坐标系中进行观测，则质点 1 散射后的速度 $\boldsymbol{v}_1'$ 与散射前速度 $\boldsymbol{v}_1$ 的夹角是 θ_r，称为实验室坐标系中的散射角，如图 2-6（b）所示。

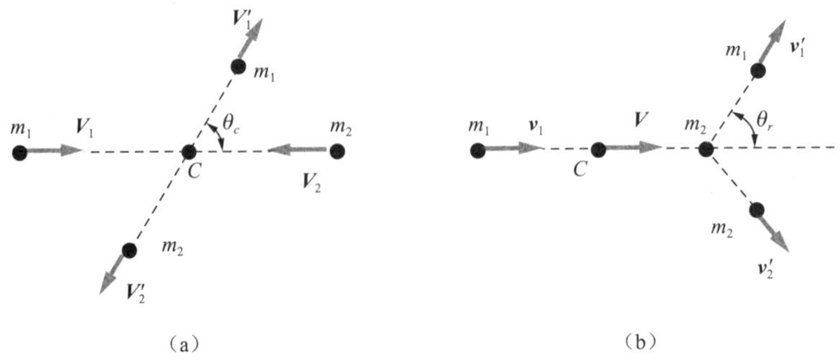

图 2-6

2.4.2 两种散射角的关系

现在来求 θ_r 和 θ_c 之间的关系。如图 2-7 所示，由相对运动关系，可得

$$\boldsymbol{V}_1' + \boldsymbol{V} = \boldsymbol{v}_1' \tag{2-4-5}$$

上式的分量形式是

$$\begin{cases} V_1'\cos\theta_c + V = v_1'\cos\theta_r \\ V_1'\sin\theta_c = v_1'\sin\theta_r \end{cases} \tag{2-4-6}$$

两式相除，便得

$$\tan\theta_r = \frac{V_1'\sin\theta_c}{V_1'\cos\theta_c + V} \tag{2-4-7}$$

在图 2-8 中，C 为系统的质心。它对实验室坐标系原点 O 的位矢为 $\boldsymbol{r}_c$；而质点 1 及质点 2 对 C 点的位矢分别为 $\boldsymbol{r}_1'$ 与 $\boldsymbol{r}_2'$。质点 2 相对质点 1 的位矢则为 $\boldsymbol{r}$。

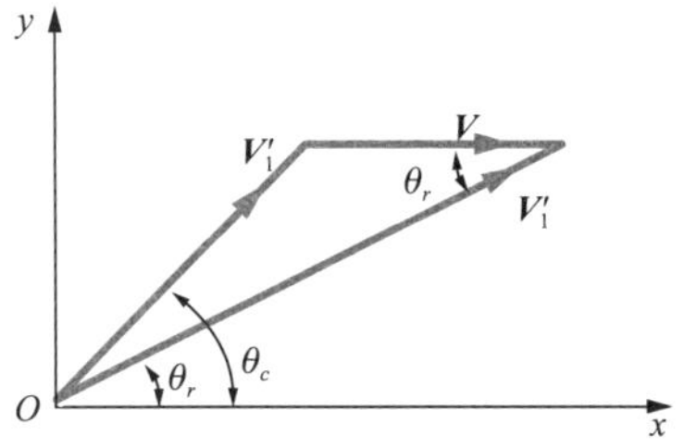

图 2-7

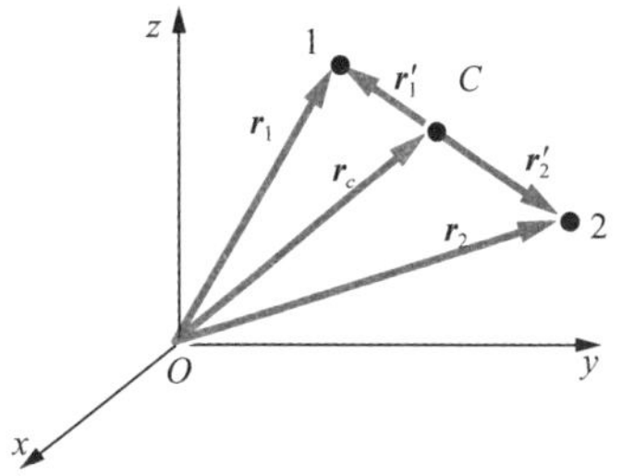

图 2-8

由质心的定义可知

$$\boldsymbol{r}_1' = -\frac{m_2}{m_1 + m_2}\boldsymbol{r} \tag{2-4-8}$$

将上式对时间求导，则得

$$\boldsymbol{V}_1' = -\frac{m_2}{m_1 + m_2}\dot{\boldsymbol{r}} \tag{2-4-9}$$

散射以后，两个粒子远离时，由系统的保守性可知，两个粒子相对速度的量值与其碰撞前相对速度 $\boldsymbol{v}_1$ 的量值是相等的，即

$$V_1' = \frac{m_2}{m_1 + m_2}v_1 \tag{2-4-10}$$

又由式（2-4-1）知

$$V = \frac{m_1}{m_1 + m_2}v_1 \tag{2-4-11}$$

把式（2-4-10）与式（2-4-11）代入式（2-4-7）中，得

$$\tan\theta_r = \frac{\sin\theta_c}{\cos\theta_c + \dfrac{m_1}{m_2}} \tag{2-4-12}$$

当 $m_1 \ll m_2$ 时，$\theta_r \approx \theta_c$。可见，散射主 m_2 的运动甚微，几乎是静止不动的。卢瑟福散射就近似地属于这一类。这时 α 粒子的质量 m_1 为 4 个原子单位，而原子核的质量 m_2 则在 100

个原子单位以上。

对于中子与质子的散射，情况则完全不同了。因为两者的质量相等，故式（2-4-12）则为

$$\tan\theta_r = \frac{\sin\theta_c}{\cos\theta_c + 1} = \tan\frac{\theta_c}{2} \tag{2-4-13}$$

可见

$$\theta_c = 2\theta_r \tag{2-4-14}$$

上面讨论的是完全弹性散射，即散射时系统的动能守恒。在实验室坐标系中，散射质点 2 原来是静止的，散射时将发生反冲，因而获得一定的速率和动能。因而被散射的质点 1 必须减小其速率和动能。可见，动能是由散射子向散射主转移了。在图 2-8 中，根据余弦定理可得

$$V_1'^2 = v_1'^2 + V^2 - 2Vv_1'\cos\theta_r \tag{2-4-15}$$

把式（2-4-10）和式（2-4-11）代入式（2-4-15），可得

$$\left(\frac{v_1'}{v_1}\right)^2 - \frac{2m_1}{m_1+m_2}\left(\frac{v_1'}{v_1}\right)\cos\theta_r + \frac{m_1-m_2}{m_1+m_2} = 0 \tag{2-4-16}$$

这是 v_1'/v_1 的二次式。在特殊情况下，当 $m_1 = m_2$ 时则有 $v_1'/v_1 = \cos\theta_r$，这时若 $\theta_r = \pi/2$，则 $v_1' = 0$。这相当于在质心坐标系中的反向散射，即 $\theta_c = \pi$。这种散射的动能转移最大，反冲质点将获得全部的入射动能。在非弹性散射中，动能不守恒，这种情况下需要用弹性恢复系数来描述碰撞前后速度之间的关系。在普通物理学中有公式

$$e = \frac{v_2 - v_1}{v_{10} - v_{20}} \tag{2-4-17}$$

利用式（2-4-17）和动量守恒定律可以讨论非弹性散射中两种散射角的关系。

散射时动能发生转移，这是在反应堆中使中子得以减速的理论依据。在反应堆中，用以使中子减速的材料称为减速剂。从上述讨论可知，氢、氘、碳等轻元素都可用作减速剂。不过，氢吸收中子的能力很强，因而常用重水（含氘）或石墨（含碳）等作为减速剂。氘与碳不但减速能力强，而且吸收中子的能力较小。

习　题

2-1 求均匀扇形薄片的质心。设扇形的半径为 a，所对的圆心角为 2θ。并证明半圆片的质心离圆心的距离为 $\frac{4a}{3\pi}$。

2-2 在自半径为 a 的均匀球上，用一个与球心相距为 b 的平面切出一球冠。求此球冠的质心。

2-3 一个质量为 0.125kg 的网球，飞来的速度为 $\boldsymbol{v}_0 = (2.5\boldsymbol{j} - 2\boldsymbol{k})\text{m/s}$，球拍施加的变力为 $\boldsymbol{F} = 0.5t\boldsymbol{i}\text{N}$，作用时间 0.5s。求网球飞回时的速度。

2-4 浮动起重机举起重 $W_1 = 2\text{t}$ 的重物，当起重杆转到与铅垂位置成 30° 夹角时，求起重机的位移。设起重机重 $W_2 = 20\text{t}$，起重杆长 8m，开始时杆与铅垂位置成 60° 角，水的阻力不计，杆的重量忽略不计。

2-5 一块均匀木板放在光滑水平面上，板的一端站着一个人，在某时刻，人开始以不变的相对速度 $\boldsymbol{u}$ 沿此板行走。试求在 t 之后，人的绝对速度 $\boldsymbol{v}$ 与位移 x，板的绝对速度 $\boldsymbol{V}$ 与位移 X。设板的质量为 M，人的质量为 m。

2-6 一门大炮停在铁轨上，炮弹质量为 m，炮身及跑车质量为 M，炮车可以无摩擦地在铁轨上运动。如果炮身与地面成一角度 α，炮身的相对速度为 $\boldsymbol{v}_r$。试求炮弹离开炮身时对地面的速度 $\boldsymbol{v}$ 及炮身的反冲速度 $\boldsymbol{u}$。

2-7 在静止的小船上，一人自船头走到船尾，设船的质量为 m_1，人的质量为 m_2，船长 l，水的阻力不计。求船的位移。

2-8 一个炮弹的质量为 M_1+M_2，射出时的水平及竖直分速度分别为 $\boldsymbol{u}$ 和 $\boldsymbol{v}$。当炮弹达到最高点时，其内部的炸药产生能量 E，使此炸弹分为 M_1 及 M_2 两部分。在开始时，两者仍沿原方向飞行。试求它们落地时相隔的距离，不计空气阻力。

2-9 一个光滑小球与一个静止的小球相互碰撞。在碰撞前，第一个小球运动的方向与碰撞时两球的连心线成 α 角。求碰撞后第一个小球偏过的角度 β，以及在各种 α 值下 β 角的最大值，设恢复系数 e 为已知。

2-10 三个刚性球，质量分别为 m_1、m_2 和 m_3，静止于一条水平直线上，沿此直线方向给第一个球以速度 $\boldsymbol{v}_1$。试求第二个球的质量 m_2 为何值时，才能使第三球经过一次碰撞后所得速度最大？设 m_1、m_3 和 $\boldsymbol{v}_1$ 为已知。

2-11 剪切金属的剪床是由曲柄连杆机构 OAB 构成的，活动的刀具装在滑块 B 上，而固定的刀具装在基础 C 上。设曲柄为均匀物体，其长为 r，连杆长为 l。曲柄以匀角速度 ω 绕轴转动，如图所示。试求基础对地面的压力。

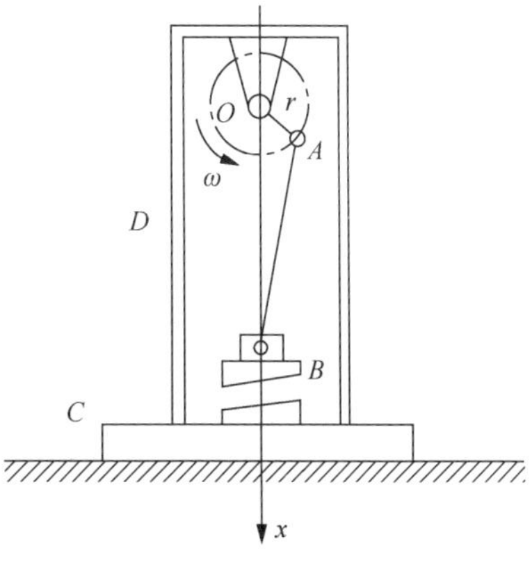

题 2-11 图

2-12 质量为 m_1 的球以速度 v_1 与质量为 m_2 的静止球正碰。求碰撞后两球相对于质心的速度 v_1' 和 v_2'。设恢复系数为 e。

2-13 质量为 m_1 的质点，沿倾角为 θ 的光滑直角劈滑下，劈的本身质量为 m_2，又可在光滑水平面上自由滑动。试求：①质点水平方向的加速度 $\ddot{x}_1$；②劈的加速度 $\ddot{x}_2$；③劈对质点的反作用力 R_1；④水平面对劈的反作用力 R_2。

2-14 小车质量为 m_1=200kg，车上有一装着沙的箱子，其质量 m_2=100kg。已知小车与沙箱以速度 v_0=3.5km/h 在光滑的直线轨道上前进。今有一个质量为 m_3=50kg 的物体 A 铅垂向下落入沙箱中，如图所示。①求此后小车的速度；②设 A 物落入后，沙箱在小车上滑动 0.2s 后便与车面相对静止，求车面与箱底相互作用的摩擦力的平均值。

2-15 质量分别为 m_1 和 m_2 的两个自由质点 A 和 B，按牛顿定律互相吸引，如图所示。

开始时，B 的速度为 $\boldsymbol{u}_2$，沿着 AB 方向运动；A 的速度为 $\boldsymbol{u}_1$，垂直于 AB 运动。试求这两个质点的质心运动轨迹和速度。

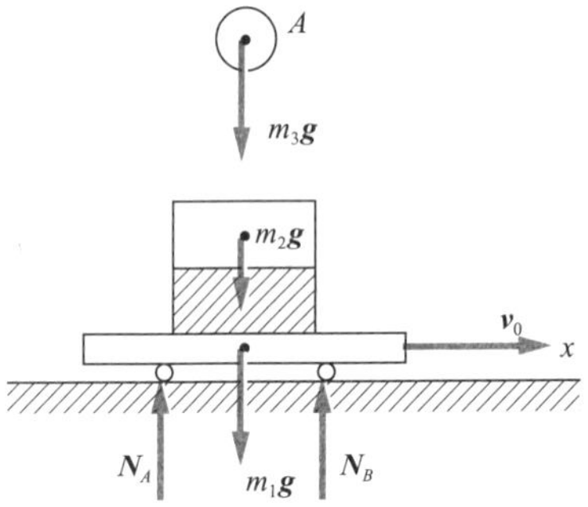

题 2-14 图

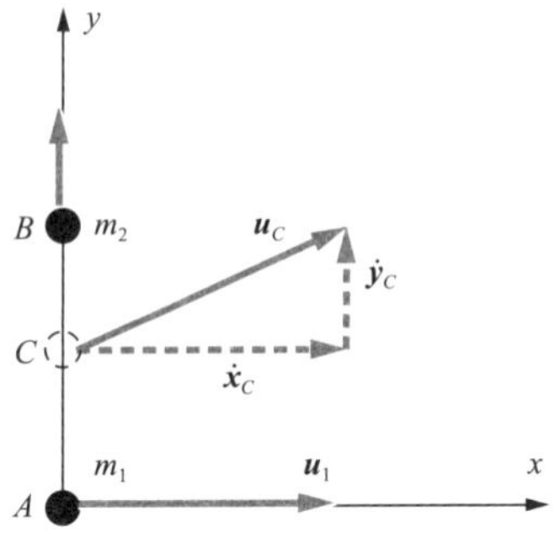

题 2-15 图

2-16 如图所示，平台 AB 的质量为 m_1，位于粗糙的水平面上，两接触面间的动摩擦系数为 μ，质量为 m_2 的小车由绞车 C 带动，在平台上按 $S=bt^2/2$ 的规律运动，式中 b 为常量，若不计绞车的质量，且知系统开始时处于静止状态。求平台运动的加速度。

2-17 如图所示，质量为 m 的直杆可以自由地在铅直套管中移动，杆的下端搁在质量为 M、倾角为 α 的绝对光滑楔面上，楔子放在绝对光滑的水平面上。由于杆的压力，楔子沿水平方向移动，杆随之下降。试求两物体的加速度。

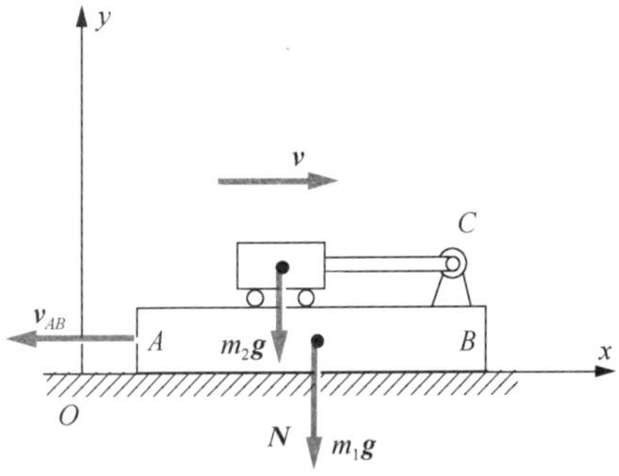

题 2-16 图

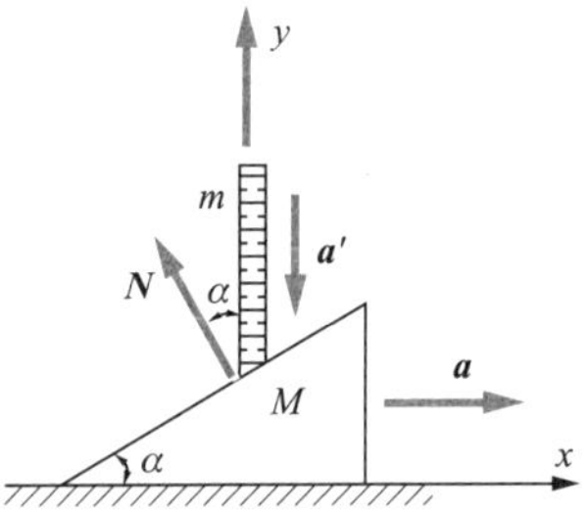

题 2-17 图

2-18 如图所示，质量为 m 的电动机，放在水平的光滑地面上，有长为 $2l$，质量为 m_1 的匀质杆，一端与电动机的轴固结，并垂直于转轴，另一端则焊接一质量为 m_2 的重物，如果电动机转轴的转动角速度为 ω。求电动机的水平运动。

2-19 重为 500N 和 700N 的两人坐在顺水而下的重为 900N 的船中。为了对调位置，重 500N 的人相对于船以 0.6m/s 的速度沿河水流速的地方走去；同时，另一个人以 0.2m/s 的相对速度相反方向走去。求在两人交换位置时船的速度。忽略水的阻力，设水的流速为 0.4m/s。

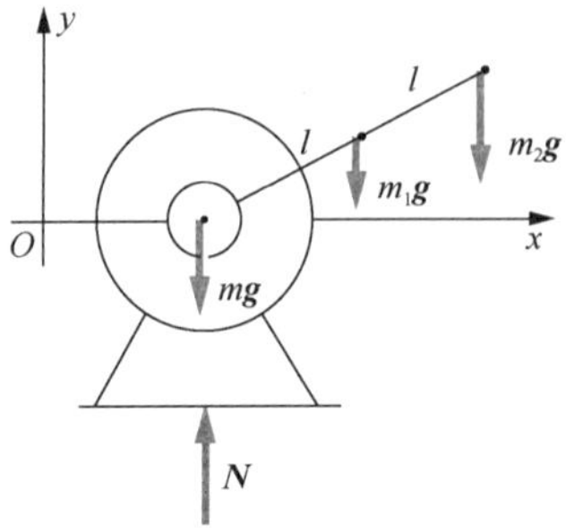

题 2-18 图

2-20 均质圆盘重 W，半径 R，在它的水平轴 B 上两端对称的绕以绳，轴 B 的半径为 r，圆盘在重力作用下向下运动。如果不计轴 B 及绳子的质量。求质心 C 下落 h 时的速度、加速度，以及绳子的张力。

2-21 试推导多级火箭的速度公式。

2-22 雨点开始自由下落时质量为 M，在下落过程中，单位时间内凝结在它上面的水汽质量为 m，略去空气阻力。试求雨点在 t 秒后所下落的距离。

2-23 开始总质量为 M_0 的火箭，发射时单位时间内消耗的燃料与 M_0 成正比，即 αM_0（α 为比例常数），并以相对速度 $\boldsymbol{v}_r$ 喷射，已知火箭本身的质量为 M。证明：①当有关系 $\alpha\mu > \boldsymbol{g}$ 时，火箭才能上升；②能达到的最大速度为 $\boldsymbol{v}_r \ln\dfrac{M_0}{M} - \dfrac{\boldsymbol{g}}{\alpha}\left(1-\dfrac{M}{M_0}\right)$；③能达到的最大高度为 $\dfrac{\boldsymbol{v}_r^2}{2\boldsymbol{g}}\left(\ln\dfrac{M_0}{M}\right)^2 + \dfrac{\boldsymbol{v}_r}{\alpha}\left(1-\dfrac{M_0}{M}-\ln\dfrac{M}{M_0}\right)$。

第3章　角动量定理

在第2章，研究了质点组的动量定理。在很多情况下用动量定理求解质点组的力学问题是很方便的。另外对于有转动的力学问题，使用角动量定理去处理要比用牛顿方程更为简捷方便。本章介绍质点组的角动量定理、力系的约化、惯量张量、刚体的运动和欧拉方程等内容。

3.1　质点组角动量定理

3.1.1　质点的角动量定理

角动量是描述物体转动性质的物理量，也可称为动量矩。角动量的变化是力矩引起的。角动量定理是牛顿方程的一个推论，是解决转动问题的基本定理。

用质点的位矢 $\boldsymbol{r}$ 从左边矢乘质点运动的牛顿方程，便得

$$\boldsymbol{r}\times\left(m\frac{\mathrm{d}^2\boldsymbol{r}}{\mathrm{d}t^2}\right)=\boldsymbol{r}\times\boldsymbol{F} \tag{3-1-1}$$

由矢乘的性质知

$$\boldsymbol{r}\times\frac{\mathrm{d}^2\boldsymbol{r}}{\mathrm{d}t^2}=\frac{\mathrm{d}}{\mathrm{d}t}\left(\boldsymbol{r}\times\frac{\mathrm{d}\boldsymbol{r}}{\mathrm{d}t}\right)-\frac{\mathrm{d}\boldsymbol{r}}{\mathrm{d}t}\times\frac{\mathrm{d}\boldsymbol{r}}{\mathrm{d}t}=\frac{\mathrm{d}}{\mathrm{d}t}(\boldsymbol{r}\times\boldsymbol{v})$$

于是式（3-1-1）可写为

$$\frac{\mathrm{d}}{\mathrm{d}t}(\boldsymbol{r}\times m\boldsymbol{v})=\boldsymbol{r}\times\boldsymbol{F} \tag{3-1-2}$$

这就是微分形式的角动量定理。它指出质点对任意惯性点的角动量的时间导数等于作用在质点上的合力矩。

如果用 $\boldsymbol{J}=\boldsymbol{r}\times m\boldsymbol{v}$ 表示角动量，$\boldsymbol{M}=\boldsymbol{r}\times\boldsymbol{F}$ 表示力矩，则角动量定理可写为

$$\frac{\mathrm{d}\boldsymbol{J}}{\mathrm{d}t}=\boldsymbol{M} \tag{3-1-3}$$

将式（3-1-3）乘 $\mathrm{d}t$，再积分，便可得到积分形式的角动量定理

$$\boldsymbol{J}_2-\boldsymbol{J}_1=\int_{t_1}^{t_2}\boldsymbol{M}\,\mathrm{d}t \tag{3-1-4}$$

它表明，质点角动量在一段时间内的增量等于外力矩在该时间内的冲量。

需要指出的是，任何矢量矩都是针对某一确定的点而言的。取矩的这一点称为矩心。

首先，在角动量定理中，角动量和力矩必须取共同的矩心。其次，任何矢量矩不但依赖于矢量本身，而且还依赖于矩心的位置。动量矩和力矩当然也不例外。再次，角动量定理并不是对任意矩心都成立的。上面已经证明，取惯性点作矩心，角动量定理是成立的。对单质点而言，取任何非惯性点作矩心，该定理都不成立。

在以矩心为原点取坐标系之后，式（3-1-3）和式（3-1-4）都可以写成分量方程组。例如，当选直角坐标系时，式（3-1-3）可写为

$$\begin{cases} \dfrac{\mathrm{d}}{\mathrm{d}t}[m(y\dot{z}-z\dot{y})]=yF_z-zF_y \\ \dfrac{\mathrm{d}}{\mathrm{d}t}[m(z\dot{x}-x\dot{z})]=zF_x-xF_z \\ \dfrac{\mathrm{d}}{\mathrm{d}t}[m(x\dot{y}-y\dot{x})]=xF_y-yF_x \end{cases} \tag{3-1-5}$$

式（3-1-5）中的三个分量方程分别是对 x 轴、y 轴、z 轴的角动量定理。

例 3-1　如果质点所受的力恒通过某一定点，试证明质点运动的轨道必为平面曲线。

证　恒通过某定点的力称为中心力，该点称为力心。如果取力心为坐标原点，则质点的位矢 $\boldsymbol{r}$ 与中心力 $\boldsymbol{F}$ 共线。

因为 $\boldsymbol{M}=\boldsymbol{r}\times\boldsymbol{F}=0$。由角动量定理得 $\boldsymbol{J}=$ 恒矢量，投影于直角坐标系，有

$$m(y\dot{z}-z\dot{y})=C_1$$
$$m(z\dot{x}-x\dot{z})=C_2$$
$$m(x\dot{y}-y\dot{x})=C_3$$

联立以上三式得

$$C_1x+C_2y+C_3z=0$$

由解析几何可知上式就是平面方程。所以质点的轨道是平面上的一条曲线。

3.1.2　质点组角动量定理的表述

设有 n 个质点构成一个质点组，则每个质点都有下述的牛顿方程

$$m_i\frac{\mathrm{d}^2\boldsymbol{r}_i}{\mathrm{d}t^2}=\boldsymbol{F}_i^{(i)}+\boldsymbol{F}_i^{(e)}\qquad(i=1,2,\cdots,n) \tag{3-1-6}$$

用 $\boldsymbol{r}_i$ 从左面矢乘式（3-1-6），然后对 i 求和，则得

$$\sum_{i=1}^{n}\left(\boldsymbol{r}_i\times m_i\frac{\mathrm{d}^2\boldsymbol{r}_i}{\mathrm{d}t^2}\right)=\sum_{i=1}^{n}\left[\boldsymbol{r}_i\times\boldsymbol{F}_i^{(i)}\right]+\sum_{i=1}^{n}\left[\boldsymbol{r}_i\times\boldsymbol{F}_i^{(e)}\right] \tag{3-1-7}$$

因质点组的内力矩之和为零，故式（3-1-7）变为

$$\sum_{i=1}^{n}\left(\boldsymbol{r}_i\times m_i\frac{\mathrm{d}^2\boldsymbol{r}_i}{\mathrm{d}t^2}\right)=\sum_{i=1}^{n}\left[\boldsymbol{r}_i\times\boldsymbol{F}_i^{(e)}\right]$$

左侧再稍加变化，便得到质点组的角动量定理

$$\frac{\mathrm{d}}{\mathrm{d}t}\sum_{i=1}^{n}(\boldsymbol{r}_i \times m_i\boldsymbol{v}_i) = \sum_{i=1}^{n}\left[\boldsymbol{r}_i \times \boldsymbol{F}_i^{(e)}\right] \tag{3-1-8}$$

它表明：质点组对惯性点的角动量对时间的导数，等于质点组受到的合外力矩。

将矢量方程式（3-1-8）投影到以矩心为原点的惯性直角坐标系中去，便可得到质点组对 x、y、z 坐标轴的角动量定理公式，即

$$\begin{cases}\dfrac{\mathrm{d}}{\mathrm{d}t}\sum\limits_{i=1}^{n}[m_i(y_i\dot{z}_i - z_i\dot{y}_i)] = \sum\limits_{i=1}^{n}\left[y_iF_{iz}{}^{(e)} - z_iF_{iy}{}^{(e)}\right] \\ \dfrac{\mathrm{d}}{\mathrm{d}t}\sum\limits_{i=1}^{n}[m_i(z_i\dot{x}_i - x_i\dot{z}_i)] = \sum\limits_{i=1}^{n}\left[z_iF_{ix}{}^{(e)} - x_iF_{iz}{}^{(e)}\right] \\ \dfrac{\mathrm{d}}{\mathrm{d}t}\sum\limits_{i=1}^{n}[m_i(x_i\dot{y}_i - y_i\dot{x}_i)] = \sum\limits_{i=1}^{n}\left[x_iF_{iy}{}^{(e)} - y_iF_{ix}{}^{(e)}\right]\end{cases} \tag{3-1-9}$$

与单质点一样，质点组角动量定理也有相应的积分形式

$$\boldsymbol{J}_2 - \boldsymbol{J}_1 = \int_{t_1}^{t_2}\boldsymbol{M}^{(e)}\,\mathrm{d}t \tag{3-1-10}$$

不过这里的 $\boldsymbol{J}_2 - \boldsymbol{J}_1$ 是质点组角动量的增量，$\boldsymbol{M}^{(e)}$ 是质点组所受的合外力矩。

例 3-2 绞车鼓轮的半径为 r，质量为 m_1，其上作用一个不变的转动力矩 M_1。缠在鼓轮上吊索的末端系一个质量为 m_2 的重物，此重物沿着与水平倾角为 α 的斜面上升。设重物对斜面的摩擦系数为 μ，吊索质量不计，且鼓轮可视为均质圆柱，初始时此系统静止。求鼓轮的角加速度，以及鼓轮在转过 $\Delta\varphi$ 弧度后角速度的大小。

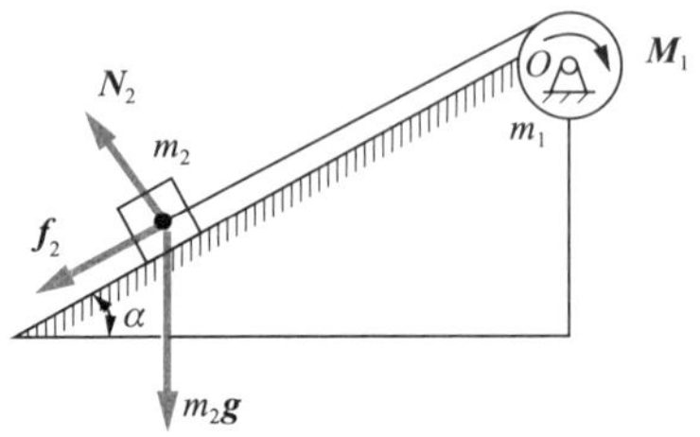

图 3-1

解 以鼓轮 m_1 和重物 m_2 组成的质点系为研究对象，系统所受的外力有重力 $m_1\boldsymbol{g}$、$m_2\boldsymbol{g}$ 和斜面对 m_2 的支承力 $\boldsymbol{N}_2$、摩擦力 $\boldsymbol{f}_2$，以及绞车鼓轮轴上受到的约束反力 $\boldsymbol{R}_1$。

以鼓轮的轴 O 为坐标原点，垂直于纸面向外定为 z 轴正向，如图 3-1 所示，则对 O 点的角动量为

$$\boldsymbol{J}_1 = \frac{1}{2}m_1r^2\omega\boldsymbol{k}\ ,\quad \boldsymbol{J}_2 = m_2\boldsymbol{r}_2 \times \boldsymbol{v}_2 = m_2r^2\omega\boldsymbol{k}$$

系统的总角动量为

$$\boldsymbol{J} = \frac{1}{2}m_1r^2\omega\boldsymbol{k} + m_2r^2\omega\boldsymbol{k}$$

把系统所受的外力对 O 点取矩，其中 $m_1\boldsymbol{g}$ 和 $\boldsymbol{R}_1$ 因为作用线通过矩心，力矩为零；斜面对 m_2 的支承力 $\boldsymbol{N}_2$ 和重力 $m_2\boldsymbol{g}$ 垂直斜面的分量的合力为零，它们对 O 点的力矩也为零。因此，系统所受的外力对 O 点的合力矩为

$$\boldsymbol{M} = \boldsymbol{M}_1 + \boldsymbol{M}_2 = [M_1 - r(m_2g\sin\alpha + \mu m_2g\cos\alpha)]\boldsymbol{k}$$

根据质点系角动量定理

$$\frac{\mathrm{d}\boldsymbol{J}}{\mathrm{d}t}=\boldsymbol{M}$$

把系统的总角动量对时间求一阶导数，得

$$\left(\frac{1}{2}m_1+m_2\right)r^2\frac{\mathrm{d}\omega}{\mathrm{d}t}=M_1-rm_2g(\sin\alpha+\mu\cos\alpha)$$

$$\varepsilon=\frac{\mathrm{d}\omega}{\mathrm{d}t}=\frac{2M_1-2m_2gr(\sin\alpha+\mu\cos\alpha)}{r^2(m_1+2m_2)}$$

设 $t=0$ 时，$\omega=0$，$\varphi_0=0$，把上式对 t 积分得

$$\omega=\frac{2M_1-2m_2gr(\sin\alpha+\mu\cos\alpha)}{r^2(m_1+2m_2)}t$$

$$\varphi-\varphi_0=\frac{M_1-m_2gr(\sin\alpha+\mu\cos\alpha)}{r^2(m_1+2m_2)}t^2$$

联立上面两式，解之得

$$\omega=2\sqrt{\frac{M_1-m_2gr(\sin\alpha+\mu\cos\alpha)}{r^2(m_1+2m_2)}\cdot\Delta\varphi}$$

下面介绍 ω 的第二种求法。由 $\varepsilon=\frac{\mathrm{d}\omega}{\mathrm{d}t}=\frac{\mathrm{d}\omega}{\mathrm{d}\varphi}\frac{\mathrm{d}\varphi}{\mathrm{d}t}$ 得

$$\frac{\mathrm{d}\omega}{\mathrm{d}\varphi}\frac{\mathrm{d}\varphi}{\mathrm{d}t}=\frac{2M_1-2m_2gr(\sin\alpha+\mu\cos\alpha)}{r^2(m_1+2m_2)}$$

$$\frac{1}{2}\omega^2=\int_{\varphi_0}^{\varphi}\frac{2M_1-2m_2gr(\sin\alpha+\mu\cos\alpha)}{r^2(m_1+2m_2)}\mathrm{d}\varphi$$

$$\omega=2\sqrt{\frac{M_1-m_2gr(\sin\alpha+\mu\cos\alpha)}{r^2(m_1+2m_2)}\cdot\Delta\varphi}$$

第二种方法的实质是系统的机械能守恒。

3.1.3　质点组对质心的角动量定理

取质心为坐标原点，建立一个对惯性系作平动的坐标系。如果质心做加速运动，这个坐标系显然就是非惯性系。下面要证明：角动量定理在这种加速的平动质心系中也是成立的，或者说平动质心系中的角动量定理与惯性系角动量定理具有相同的形式。

设质点组由 n 个质点组成，质心为 C。p_i 是其中任一个质点，其质量为 m_i。又设 $O\text{-}xyz$ 是惯性系，而 $C\text{-}x'y'z'$ 是原点在质心且作平动的坐标系。因此，如果质心 C 做加速运动，则 $C\text{-}x'y'z'$ 便是非惯性系，这时作用在 p_i 上的惯性力是 $-m_i\dfrac{\mathrm{d}^2\boldsymbol{r}_c}{\mathrm{d}t^2}$。由非惯性系中的牛顿方程可知 p_i 在该平动加速系中的动力学方程应为

$$m_i \frac{\mathrm{d}^2 \boldsymbol{r}_i'}{\mathrm{d}t^2} = \boldsymbol{F}_i^{(i)} + \boldsymbol{F}_i^{(e)} + \left(-m_i \frac{\mathrm{d}^2 \boldsymbol{r}_c}{\mathrm{d}t^2}\right) \quad (i = 1, 2, \cdots, n) \tag{3-1-11}$$

用 $\boldsymbol{r}_i'$ 从左面矢乘式（3-1-11），然后对 i 求和。由于内力矩的矢量和为零，可以得到

$$\frac{\mathrm{d}}{\mathrm{d}t}\left[\sum_{i=1}^{n}(\boldsymbol{r}_i' \times m_i \boldsymbol{v}_i')\right] = \sum_{i=1}^{n}(\boldsymbol{r}_i' \times \boldsymbol{F}_i^{(e)}) + \ddot{\boldsymbol{r}}_c \times \sum_{i=1}^{n} m_i \boldsymbol{r}_i' \tag{3-1-12}$$

按照定义式（3-1-3）和式（3-1-6），再考虑 $\sum_{i=1}^{n} m_i \boldsymbol{r}_i' = 0$，式（3-1-12）可简写为

$$\frac{\mathrm{d}\boldsymbol{J}'}{\mathrm{d}t} = \boldsymbol{M}' \text{ 或 } \frac{\mathrm{d}\boldsymbol{J}_C}{\mathrm{d}t} = \boldsymbol{M}_C \tag{3-1-13}$$

对加速的平动质心系而言，质点组的角动量对时间的导数恒等于外力对质心的合力矩。可见，惯性系中的角动量定理在加速的平动质心系中也是成立的。

3.1.4 角动量守恒定律

由角动量定理式（3-1-10）可知，如果某段时间内作用在质点组上的合外力矩为零，则质点组的角动量在这段时间内守恒。这便是质点组的角动量守恒定律。如果质点组中只有一个质点，则上述的论断便退化为单质点的角动量守恒定律。

与动量守恒的情况一样，质点组的角动量也有分量守恒的可能。由式（3-1-9）可知，如果外力矩 $\boldsymbol{M}$ 的某个分量为零，则质点组角动量的相应分量必然守恒。由于一个矢量的守恒等价于全部分量的守恒，矢量本身不守恒并不排斥某些分量的守恒。

另外，由式（3-1-13）可知，在平动质心系中也有类似的角动量守恒定律。这就是：外力对质心的合力矩为零时，质点组对质心的角动量必定守恒。

例 3-3 如图 3-2 所示，质量分别为 m_1 和 m_2 的两个质点用一个无质量的刚性杆连接。m_1 位于原点 O，m_2 在铅直平面 O-xy 内绕 O 点以角速度 $\dot{\theta}_0$ 转动，当 $t=0$ 时，杆到达水平位置，此时释放 m_1。试研究系统的运动特征。

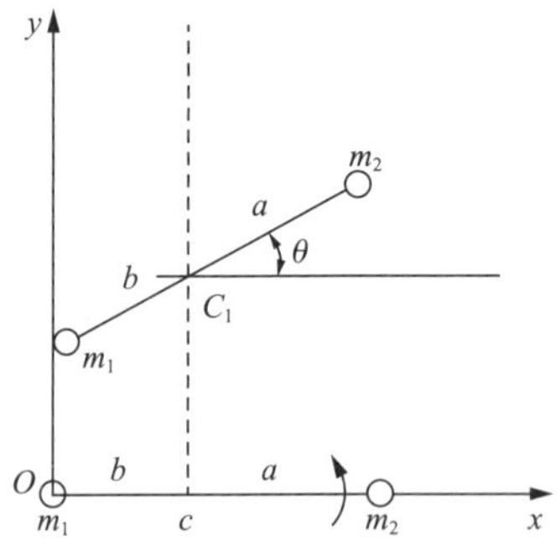

图 3-2

解 设系统质心的坐标为 (x_c, y_c)，则有质心运动定理公式

$$\begin{cases} m\ddot{x}_c = 0 \\ m\ddot{y}_c = -mg \end{cases}$$

式中，$m = m_1 + m_2$ 是质点系的总质量。根据系统的初始条件

$$\begin{cases} x_c(0) = b \\ y_c(0) = 0 \end{cases} \text{和} \begin{cases} \dot{x}_c(0) = 0 \\ \dot{y}_c(0) = b\dot{\theta}_0 \end{cases}$$

积分后得到质心的运动方程为

$$\begin{cases} x_c(t) = b \\ y_c(t) = -\dfrac{1}{2}gt^2 + b\dot{\theta}_0 t \end{cases}$$

这表明，质心的运动和一个质点在重力作用下的上抛运动是一样的。

对质心坐标系来说，重力 $m_1\boldsymbol{g}$ 和 $m_2\boldsymbol{g}$ 对质心 c 的力矩之和 $\boldsymbol{M}=0$，根据对质心的角动量定理，有

$$\frac{\mathrm{d}\boldsymbol{J}_c}{\mathrm{d}t}=0 \text{ 或 } \boldsymbol{J}_c=\text{常矢量}$$

从而得

$$\boldsymbol{J}_c(t)=\boldsymbol{J}_c(0)=\left(m_1b^2+m_2a^2\right)\dot{\theta}_0\,\boldsymbol{k}$$

由上述计算得知：系统中的两个质点均绕质心做匀角速度转动。同时，系统的质心做上抛运动。

3.2　刚体的运动方程

3.2.1　描述刚体位置的独立变量

刚体是一种特殊的质点组。如果在一个质点组中，任何两个质点间的距离都是不变的，则称为不变质点组，或称为刚体。刚体与质点的概念一样，是一种理想化的模型，它是忽略掉物体的形变而得到的力学模型。一个实际的物体是否能当作刚体不是由其自身的性质决定的，而是根据所研究的具体问题而定。同一个物体，在一个问题中可以当作刚体，在另一个问题中也许就不能当作刚体了。

和质点力学一样，刚体力学的首要课题是确定刚体的空间位置。因为确定一个质点的空间位置需要3个独立变量，所以确定 n 个质点组成的刚体的位置似乎需要 $3n$ 个独立变量。但是，实际上并非如此。因为根据刚体的定义，这 $3n$ 个变量并不是相互独立的；它们之间存在着若干关系式。可以算出这些关系式的个数，然后用 $3n$ 去减，得出其中独立变量的个数。但是，也可以采用另一种比较直观、比较简便的方法得出结果。

由于刚体内任意两点间的距离不变，只要确定了刚体内不共线的三个点的位置，刚体的位置也就唯一确定了。这是因为，如果固定了刚体中的某点 A，则刚体可以绕 A 点转动；如果固定了 A、B 两点，则刚体还可以绕 AB 轴线转动。如果在 AB 线之外再固定刚体的一个点，则刚体的位置便定了下来，而不能做任何运动了。

确定 A、B、C 三点的空间位置需要9个坐标。但是这三点之间又有三个不变的距离：

$$\overline{AB}=\text{常量；}\ \overline{BC}=\text{常量；}\ \overline{AC}=\text{常量}$$

所以，独立的坐标只有6个。故确定刚体的空间位置，需要6个独立坐标。

这6个独立坐标的取法可以有很多种。通常的取法是这样：用3个坐标确定刚体中某一点的位置，再用3个坐标确定刚体绕该点的转动。

3.2.2 刚体运动的分类

在实际问题中，由于刚体的受力情况、约束条件、初始状态的不同，运动形态可以是各式各样的。刚体的基本运动形态只是平动和转动两种。

在刚体的运动过程中，如果刚体内任意一条直线均对自身作平移，则称刚体的运动为平动。在平动情况下，不难证明：刚体中一切点的速度相等，加速度相等，轨迹均为合同曲线。由此可知，刚体上任一点的运动均可代表整个刚体的平动。平动刚体具有三个独立变量，通常采用质心的三个坐标描述其运动。

如果刚体在运动时，自身有两个点始终不动，则称刚体做定轴转动。这两点的连线称为转轴。做定轴转动时，刚体上所有的质点均做圆周运动；虽然各点的线速度不相等，但是却具有共同的角速度和角加速度。因此，做定轴转动的刚体只有一个独立变量，通常采用刚体的转角 $\theta(t)$ 描述其运动。

在刚体运动时，如果刚体中任意一点都做平面运动，则称刚体做平面平行运动。这时可以证明，所有质点的运动平面都是相互平行的。对于做平面平行运动的刚体，当确定了其上某一点的位置时，还不能够确定刚体的位置。这时刚体还能绕过该点且垂直于运动平面的轴线做转动。如果再确定转角，则转动也被制止，刚体的位置才能固定。所以，做平面运动的刚体有三个独立变量。

如果刚体上只有一个固定不动的点，其余的质点都在运动，则称为刚体的定点运动。可以证明：瞬时的定点运动能化为刚体绕通过该定点的某一瞬时轴线的转动。由于这个转动轴线不断变动方位，称为瞬时转轴。需要用两个独立变量来确定这条轴线的空间位置，还需要再用一个独立变量确定刚体绕该轴线的转角。所以定点转动的独立变量也是三个。

如果刚体不受任何约束，它便可以在空间做任意的运动。这时可以证明，刚体的一般运动可以化为一个平动和一个绕定点的转动。因此，刚体做一般运动时具有 6 个独立变量。

3.2.3 力系的约化

作用在质点上的力系恒为共点力系，因而使用平行四边形法则必能将其化为一个单力，即力系的合力。可是作用在刚体上的力系一般不是共点的，所以不能简化为一个单力。

由实验得知，两个共线、等值、反向的力作用在刚体上，不会改变刚体的运动状态，这样的一对力称为零力系。因此，如果 A 点受到力 $\boldsymbol{F}$ 作用时，便可以在其作用线上的任一点 B 引入两个互相抵消的力 $\boldsymbol{F}$ 和 $-\boldsymbol{F}$，如图 3-3 所示。由于这时 A 点的 $\boldsymbol{F}$ 与 B 点的 $-\boldsymbol{F}$ 可以相互抵消，便只剩下了作用在 B 点的 $\boldsymbol{F}$ 可以起作用。这就表明，作用在 A 点的 $\boldsymbol{F}$ 与作用在 B 点的 $\boldsymbol{F}$ 是等效的。由此可见，作用在刚体上的力是可以滑动的矢量，而不是固定矢量。即作用于刚体上的力沿其作用线改变力的作用点并不改变力的作用效果，这个结果称为力的可传性原理。

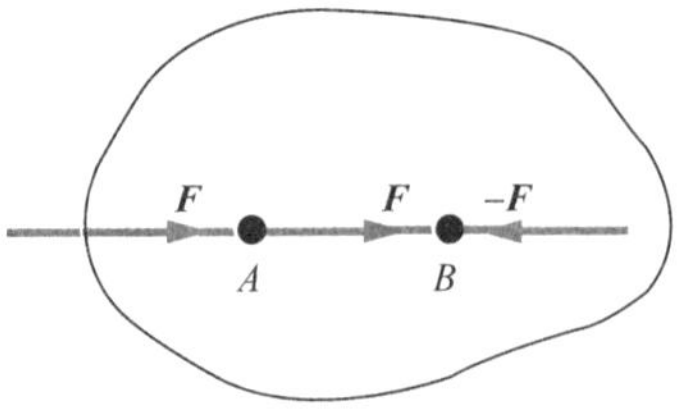

图 3-3

由上述的结论可知，如果刚体受到共线的力系，则将各力滑动，使其共点，很容易求出力系的合力。

有时会碰到两力平行的情况而使四边形方法失效。这时便要用其他方法求平行力的合力。平行力的求和甚易，不需叙述。

两个等值，反向但不共线的力作用于刚体上时，称为力偶。力偶的两力间的垂直距离称为力偶臂，而其中的一个力与力偶臂的乘积称为力偶矩。力偶矩是力偶的唯一效果，它是一个矢量，其定义为

$$\boldsymbol{M}=\boldsymbol{r}\times\boldsymbol{F}$$

式中，$\boldsymbol{r}=\boldsymbol{AB}$ 是两力作用点 A 与 B 所决定的矢量。

可以证明，力偶对于力偶面内一切点的力矩均等于其力偶矩 $\boldsymbol{M}$ 。由此可见，力偶矩是一个自由矢量，可以作用于力偶面上的任意一点。

如果刚体受到若干个力偶的作用，可以使用平行四边形方法，对所有的力偶矩求和，从而得到一个合力偶矩 $\boldsymbol{M}$ 。

如果刚体受到空间力系的作用，应该先分析力系的特征，然后设法求和。汇交的和平行的空间力系均容易求和，比较困难的是既不汇交，也不平行的空间力系。下面研究任意空间力系的求和方法。

设 $\boldsymbol{F}$ 是作用在刚体上 A 点的力。这时，在空间中任取一点 P ， P 不在 $\boldsymbol{F}$ 的作用线上，在 P 点作出两个力 $\boldsymbol{F}'$ 和 $\boldsymbol{F}''$ ，使 $F'=F''=F$ ， $\boldsymbol{F}'+\boldsymbol{F}''=0$ ，如图 3-4 所示。这时可以认为刚体受到了 $\boldsymbol{F}$ 与 $\boldsymbol{F}''$ 构成的一个力偶，以及在 P 点的一个单力 $\boldsymbol{F}'$ 。其中，力偶矩显然与 P 点的位置有关，但是单力 $\boldsymbol{F}'$ 却与 P 点的位置无关。$\boldsymbol{F}'$ 与 A 点的 $\boldsymbol{F}$ 永远是等值，平行而且同方向的。

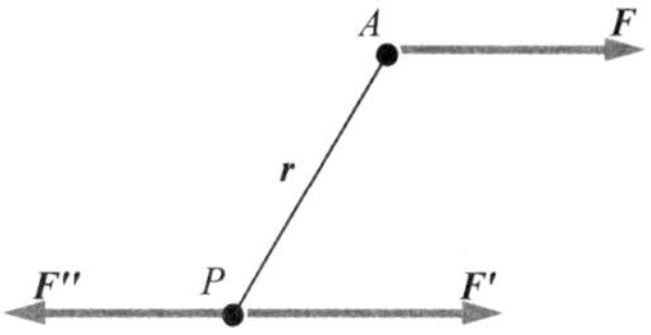

图 3-4

按照上述的方法，可以把任意力系中的每个力都化为作用在 P 点的一个单力和一个力偶，其力偶矩的大小等于力 $\boldsymbol{F}_i$ 对 P 点的力矩，如图 3-5 所示。然后把汇交于 P 点的一切力求和，并对所有的力偶矩也求和。这个合力 $\boldsymbol{F}_R=\sum\boldsymbol{F}_i$ 称为空间力系的主矢；合力偶矩 $\boldsymbol{M}_P=\sum\boldsymbol{r}_i\times\boldsymbol{F}_i$ 称为力系的主矩；P 点称为力系的约化中心。既然 P 点是任意选取的，便可根据问题的需要选取空间的任意一点作为约化中心。在刚体力学中，常常以刚体的质心 C 作为约化中心。这样处理具有十分鲜明的物理意义：力系的主矢 $\boldsymbol{F}_R$ 使刚体的质心平动发生变化，力系对质心的主矩 $\boldsymbol{M}_P$ 则使刚体对于质心的转动状态发生变化。

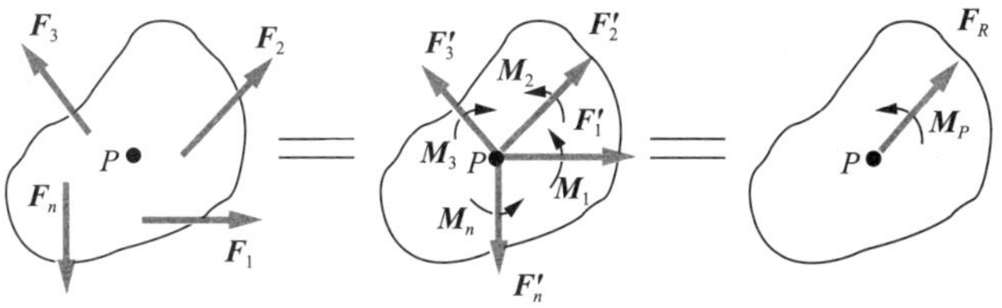

图 3-5

3.2.4　刚体运动的微分方程

刚体是一个不变质点组，因此质点组的动量定理、角动量定理，以及动能定理无疑是适用于刚体的。由于刚体的特殊性，使其成为一种简单化的质点组，从而独立坐标由 $3n$ 个

减少为 6 个。其内力的总功为零，而且刚体上的作用力是可以滑移的。此外，作用在刚体上的力系还可以简化为一个主矢 $\boldsymbol{F}_R$ 和一个主矩 $\boldsymbol{M}_P$。由以上这些结果，便很容易写出刚体运动的基本方程。

以 $\boldsymbol{r}_i$ 代表刚体上任一质点 P_i 相对固定坐标系 S 原点 O 的位矢，$\boldsymbol{r}_c$ 为质心 C 相对 O 点的位矢，$\boldsymbol{r}_i'$ 为 P_i 相对质心 C 的位矢。选取动坐标系 S' 相对定坐标系 S 作平动，且坐标系 S' 的原点与质心 C 重合。这时可以得到质心 C 对坐标系 S 的运动微分方程

$$m\ddot{\boldsymbol{r}}_c=\sum_{i=1}^{n}\boldsymbol{F}_i^{(e)}=\boldsymbol{F}_R \tag{3-2-1}$$

式中，m 为刚体的质量；$\boldsymbol{F}_R$ 为作用于刚体上的主矢。

式（3-2-1）也可在坐标系 S 中写成等价的分量方程组

$$\begin{cases} m\ddot{x}_c=F_x \\ m\ddot{y}_c=F_y \\ m\ddot{z}_c=F_z \end{cases} \tag{3-2-2}$$

另外，使用对质心 C 的角动量定理，又得

$$\frac{\mathrm{d}\boldsymbol{J}_c'}{\mathrm{d}t}=\boldsymbol{M}_c' \tag{3-2-3}$$

式中，$\boldsymbol{J}_c'$ 为刚体对质心 C 的角动量；$\boldsymbol{M}_c'$ 为力系对 C 点的合力矩，即力系对质心 C 的主矩。

式（3-2-3）写成分量形式，便为

$$\begin{cases} \dfrac{\mathrm{d}J_x'}{\mathrm{d}t}=M_x' \\ \dfrac{\mathrm{d}J_y'}{\mathrm{d}t}=M_y' \\ \dfrac{\mathrm{d}J_z'}{\mathrm{d}t}=M_z' \end{cases} \tag{3-2-4}$$

因为角动量定理对固定点 O 一定成立。所以式（3-2-4）对 O 点也是有效的，即式中的 $\boldsymbol{J}_c'$ 与 $\boldsymbol{M}_c'$ 两个矢量矩都应改为对 O 点取的矢量矩。

由式（3-2-1）和式（3-2-3）可以得到下述定理。

1）刚体的质心像是一个质量为 m 的质点，作用在刚体上的主矢也像是作用在质心上的。质心的运动遵守质点的动量定理。

2）刚体对于平动质心系 S' 的原点 C 作定点转动，并服从角动量定理，即刚体对质心 C 的角动量的时间导数，等于诸外力对 C 点力矩的矢量和。

刚体当然也遵守动能定理。由于刚体内力的总功为零，其动能定理为

$$\mathrm{d}T=\sum_{i=1}^{n}\boldsymbol{F}_i^{(e)}\cdot\mathrm{d}\boldsymbol{r}_i \tag{3-2-5}$$

如果非保守力的总功为零，则有机械能守恒

$$T+V=E\ (\text{常量}) \tag{3-2-6}$$

一般说来，刚体有 6 个独立变量。因此，把式（3-2-2）和式（3-2-4）相联立，用 6 个方程正好可以求解刚体的运动。有时为了计算的方便，人们也常常取其中的 5 个方程；第 6 个方程用式（3-2-5）或式（3-2-6）去补替。

3.3　惯量张量与惯量椭球

3.3.1　刚体的角动量

设刚体在某一瞬时以角速度 $\boldsymbol{\omega}$ 转动，如图 3-6 所示。在刚体中任取一个质点 P，其质量为 $\mathrm{d}m$、位矢为 $\boldsymbol{r}$、速度为 $\boldsymbol{v}$。这时显然有 $\boldsymbol{v}=\boldsymbol{\omega}\times\boldsymbol{r}$。

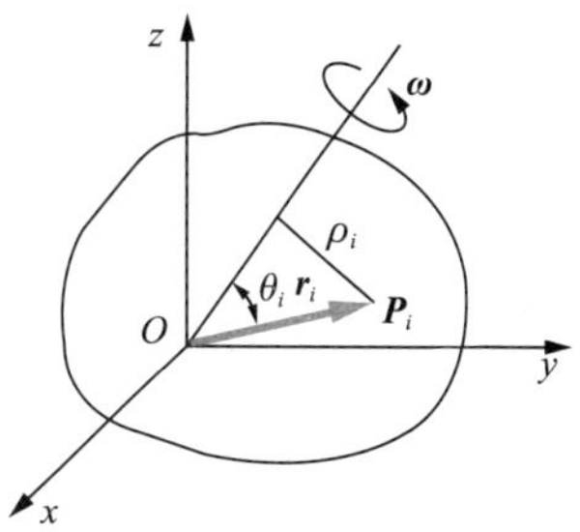

图 3-6

由定义可知，刚体对 O 点的角动量为

$$\boldsymbol{J}=\int\boldsymbol{r}\times\boldsymbol{v}\,\mathrm{d}m=\int\boldsymbol{r}\times(\boldsymbol{\omega}\times\boldsymbol{r})\,\mathrm{d}m \tag{3-3-1}$$

由于

$$\begin{cases}\boldsymbol{r}=x\boldsymbol{i}+y\boldsymbol{j}+z\boldsymbol{k}\\ \boldsymbol{\omega}=\omega_x\boldsymbol{i}+\omega_y\boldsymbol{j}+\omega_z\boldsymbol{k}\\ \boldsymbol{J}=J_x\boldsymbol{i}+J_y\boldsymbol{j}+J_z\boldsymbol{k}\end{cases}$$

式（3-3-1）可以写成下面的分量形式

$$\begin{cases}J_x=\left[\int\left(y^2+z^2\right)\mathrm{d}m\right]\omega_x-\left[\int xy\,\mathrm{d}m\right]\omega_y-\left[\int xz\,\mathrm{d}m\right]\omega_z\\ J_y=-\left[\int yx\,\mathrm{d}m\right]\omega_x+\left[\int\left(z^2+x^2\right)\mathrm{d}m\right]\omega_y-\left[\int yz\,\mathrm{d}m\right]\omega_z\\ J_z=-\left[\int zx\,\mathrm{d}m\right]\omega_x-\left[\int zy\,\mathrm{d}m\right]\omega_y+\left[\int\left(x^2+y^2\right)\mathrm{d}m\right]\omega_z\end{cases} \tag{3-3-2}$$

为了把角动量 $\boldsymbol{J}$ 的表达式加以简化，可以引入下列符号

$$\begin{cases}I_{xx}=\int\left(y^2+z^2\right)\mathrm{d}m\\ I_{yy}=\int\left(z^2+x^2\right)\mathrm{d}m\\ I_{zz}=\int\left(x^2+y^2\right)\mathrm{d}m\end{cases},\quad\begin{cases}I_{yz}=I_{zy}=-\int yz\,\mathrm{d}m\\ I_{zx}=I_{xz}=-\int zx\,\mathrm{d}m\\ I_{xy}=I_{yx}=-\int xy\,\mathrm{d}m\end{cases} \tag{3-3-3}$$

这样，式（3-3-2）便可简写为

$$\begin{cases}J_x=I_{xx}\omega_x+I_{xy}\omega_y+I_{xz}\omega_z\\ J_y=I_{yx}\omega_x+I_{yy}\omega_y+I_{yz}\omega_z\\ J_z=I_{zx}\omega_x+I_{zy}\omega_y+I_{zz}\omega_z\end{cases} \tag{3-3-4}$$

式（3-3-3）中的前三个量是刚体对 x、y、z 三个坐标轴的转动惯量，后面的六个量称为惯量积；这九个量统称为刚体的惯量系数。

3.3.2 惯量张量

为了使惯量系数的物理意义鲜明地显示出来，利用这九个系数构造一个矩阵

$$\boldsymbol{\vartheta}=\begin{pmatrix} I_{xx} & I_{xy} & I_{xz} \\ I_{yx} & I_{yy} & I_{yz} \\ I_{zx} & I_{zy} & I_{zz} \end{pmatrix} \tag{3-3-5}$$

借助这个矩阵，可以把式（3-3-4）写成矩阵形式

$$\begin{pmatrix} J_x \\ J_y \\ J_z \end{pmatrix}=\boldsymbol{\vartheta}\begin{pmatrix} \omega_x \\ \omega_y \\ \omega_z \end{pmatrix} \tag{3-3-6}$$

另外，把平动刚体的动量与动能也写成矩阵的形式

$$\begin{pmatrix} P_x \\ P_y \\ P_z \end{pmatrix}=\boldsymbol{m}\begin{pmatrix} v_x \\ v_y \\ v_z \end{pmatrix} \tag{3-3-7}$$

很明显，式（3-3-6）与式（3-3-7）的结构完全相同。由式中物理量的相互对应情况，立即得知：矩阵$\boldsymbol{\vartheta}$的地位与m相当；m表征刚体平动的惯性，$\boldsymbol{\vartheta}$表征刚体定点转动的惯性。因而，把矩阵$\boldsymbol{\vartheta}$称为惯性矩阵，这个矩阵所代表的物理量称为惯性张量。

惯性张量的另外一种表示形式是用分量来表示。其分量表达形式为

$$I_{ik}=\int\left[\left(x_1^2+x_2^2+x_3^2\right)\delta_{ik}-x_i x_k\right]\mathrm{d}m \tag{3-3-8}$$

这里的x_1、x_2、x_3就是x、y、z，δ_{ij}是克罗内克符号，即

$$\delta_{ik}=\begin{cases}1 & (i=k)\\ 0 & (i\neq k)\end{cases} \tag{3-3-9}$$

由张量的理论可知，标量和矢量都可以统一在张量概念之中。张量可以按阶分类。设张量的阶数为n，分量的数目为S，在三维空间中$S=3^n$。由此可知，标量是零阶张量，矢量是一阶张量，现在研究的惯量张量是二阶张量。由于矩阵$\boldsymbol{\vartheta}$是对称阵，惯量张量是二阶对称张量。

由式（3-3-5）或者式（3-3-8）可以看出，惯量系数是时间t的函数。如果取本体坐标系，惯量系数显然均为常数。不过，本体坐标系的原点及轴的取法不同，惯量系数将取不同的常数。由张量的理论可知，对于本体坐标系的坐标变换，$\boldsymbol{\vartheta}$的三个对角元素之和是个不变量，称为线性不变量；九个元素的平方和也是不变量，称为平方不变量；$\boldsymbol{\vartheta}$的行列式是第三个不变量，称为立方不变量。

通过空间的某点O，可以作出无数条轴线。同一刚体对于过O点的不同轴线一般具有不同的转动惯量。现在证明：只要知道刚体对O点的惯量张量和轴线（过O点）的方位，就可求出刚体对此轴的转动惯量。

设轴l通过O点，且其方向余弦为α、β、γ。如果刚体绕此轴以角速度$\boldsymbol{\omega}$转动，则$\boldsymbol{\omega}$的

分量可写为

$$\begin{cases}\omega_x = \alpha\omega \\ \omega_y = \beta\omega \\ \omega_z = \gamma\omega\end{cases}$$

由质点组动能的定义，刚体的转动动能应是

$$T = \int \frac{1}{2}\boldsymbol{v}\cdot\boldsymbol{v}\,\mathrm{d}m = \int \frac{1}{2}\boldsymbol{v}\cdot(\boldsymbol{\omega}\times\boldsymbol{r})\,\mathrm{d}m = \frac{1}{2}\boldsymbol{\omega}\cdot\int \boldsymbol{r}\times\boldsymbol{v}\,\mathrm{d}m = \frac{1}{2}\boldsymbol{\omega}\cdot\boldsymbol{J} \tag{3-3-10}$$

将 $\boldsymbol{\omega}$ 与 $\boldsymbol{J}$ 的分量代入式（3-3-10），并算出二者的标积，则得

$$\begin{aligned}T = \frac{1}{2}\Big\{&\Big[\int\left(y^2+z^2\right)\mathrm{d}m\Big]\omega_x^2 - \Big[\int xy\,\mathrm{d}m\Big]\omega_x\omega_y - \Big[\int xz\,\mathrm{d}m\Big]\omega_x\omega_z \\ &-\Big[\int yx\,\mathrm{d}m\Big]\omega_y\omega_x + \Big[\int\left(x^2+z^2\right)\mathrm{d}m\Big]\omega_y^2 - \Big[\int yz\,\mathrm{d}m\Big]\omega_y\omega_z \\ &-\Big[\int zx\,\mathrm{d}m\Big]\omega_z\omega_x - \Big[\int zy\,\mathrm{d}m\Big]\omega_z\omega_y + \Big[\int\left(x^2+y^2\right)\mathrm{d}m\Big]\omega_z^2\Big\}\end{aligned} \tag{3-3-11}$$

有刚体的转动动能

$$T = \frac{1}{2}\omega^2\begin{pmatrix}\alpha & \beta & \gamma\end{pmatrix}\boldsymbol{\vartheta}\begin{pmatrix}\alpha \\ \beta \\ \gamma\end{pmatrix} \tag{3-3-12}$$

另外，$\boldsymbol{\omega}$ 是刚体的瞬时角速度，刚体的转动动能可写为

$$T = \frac{1}{2}I_l\omega^2 \tag{3-3-13}$$

比较式（3-3-12）与式（3-3-13），立即得出

$$I_l = \begin{pmatrix}\alpha & \beta & \gamma\end{pmatrix}\boldsymbol{\vartheta}\begin{pmatrix}\alpha \\ \beta \\ \gamma\end{pmatrix} \tag{3-3-14}$$

式（3-3-14）等号左侧是刚体对 l 轴的转动惯量，右侧只含有刚体对 O 点的惯量矩阵和 l 轴的方位矩阵。因此，不但已经证明了上述的论断，而且导出了由 $\boldsymbol{\vartheta}$ 和 $(\alpha、\beta、\gamma)$ 计算 I_l 的公式。

从运动形态上看，绕 O 点的转动是所有的绕轴（过 O 点）转动的概括。这些转动的轴线一方面以不同的方位相区别，一方面又以共同的定点 O 相联系。由式（3-3-14）可以鲜明地看出：绕轴的转动惯量以不同的方位矩阵相区别，又以共同的惯量张量相联系。由此可见，$\boldsymbol{\vartheta}$ 是对所有的 I_l 的概括，反映了所有的 I_l 的共性。由于 I_l 是刚体绕轴转动惯性的量度，二阶对称张量 $\boldsymbol{\vartheta}$ 再一次显露了它的物理意义——刚体绕定点转动的惯性。总体来讲，物体的质量、转动惯量和惯量张量的物理含义具有本质上的共同点。这三个物理量是在三种不同的情况下，揭示了机械运动的一个基本属性——惯性。

3.3.3　惯量椭球

利用式（3-3-14）固然可以求出刚体对于通过定点的任意轴的转动惯量，但是这并不

是唯一的方法。下面还要再介绍一种很有意义的几何方法。

如图 3-7 所示，设 $O\text{-}xyz$ 是取在刚体上的本体坐标系，l 是过 O 点的一根转轴，它与坐标轴 x、y、z 的夹角分别为 A、B、C，其方向余弦为 α、β、γ。在 l 上取一个点 $N(x,y,z)$ 使

$$ON = \frac{1}{\sqrt{I_l}} \tag{3-3-15}$$

式中，I_l 为刚体对于 l 轴的转动惯量。由此可知，l 的方向余弦可写为

$$\begin{cases} \alpha = \dfrac{x}{ON} = x\sqrt{I_l} \\ \beta = \dfrac{y}{ON} = y\sqrt{I_l} \\ \gamma = \dfrac{z}{ON} = z\sqrt{I_l} \end{cases} \tag{3-3-16}$$

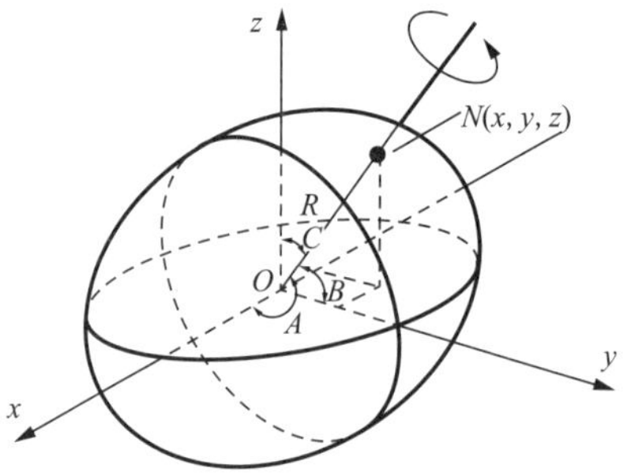

图 3-7

由于过 O 点的轴有无穷多条，而且是连续分布的，各个轴上的截点将构成一个连续的曲面。把式（3-3-16）代入式（3-3-14）中去，便可得到这个曲面的方程

$$I_{xx}x^2 + I_{yy}y^2 + I_{zz}z^2 + 2I_{xy}xy + 2I_{yz}yz + 2I_{zx}zx - 1 = 0 \tag{3-3-17}$$

这是一个二次曲面方程。因为 $I_l \neq 0$，故由式（3-3-16）知，$ON \neq \infty$，即曲面是有限的，从而可以断定式（3-3-17）是个椭球面方程。最后得到的结果是：截点的集合构成一个椭球面。这个椭球称为刚体对于 O 点的惯量椭球。

如果作出了 O 点的惯量椭球，并且知道过 O 点的一条轴线的方位，便可得到此轴上的所截线段 ON，然后由式（3-3-16）就可算出刚体对该轴的转动惯量。

综合上述两方面的结果，用解析方法可以由惯性张量求出 I_l；用几何方法也可以由惯量椭球求出 I_l。由式（3-3-17）明显地看出，椭球方程的系数就是惯量张量的分量。所以，惯量张量与惯量椭球实际上是同一物理属性的两种表达方式。惯量椭球可以很直观形象地反映出转动惯量 I_l 与轴的方向的关系，但是却不便于做各种计算。惯量张量比较抽象，可是用来计算转动惯量、角动量和动能却是极其方便的。

3.3.4 惯量主轴

惯量椭球描述了刚体绕点转动的惯性。它的形状取决于刚体的质量分布和椭球中心的位置。椭球的对称轴称为惯量主轴。刚体质心处的惯量主轴称为中心惯量主轴。

由于坐标轴的取向是人为的，惯量椭球的方程式（3-3-17）是一般形式。如果把坐标轴取在主轴上，则椭球方程便成为简单的标准形状

$$I_1x^2 + I_2y^2 + I_3z^2 = 1 \tag{3-3-18}$$

式中，I_1、I_2和I_3分别为对三条主轴的转动惯量，称为O点的主惯量。

这时，惯量积全部为零。在这种坐标系中，刚体角动量和动能可简化为

$$\boldsymbol{J} = I_1\omega_x\boldsymbol{i} + I_2\omega_y\boldsymbol{j} + I_3\omega_z\boldsymbol{k} \tag{3-3-19}$$

$$T = \frac{1}{2}\left(I_1\omega_x^2 + I_2\omega_y^2 + I_3\omega_z^2\right) \tag{3-3-20}$$

可见，寻找主轴是一件很有意义的工作。这个课题在数学中有详尽而完备的理论。几何学中是求二次曲面的主轴问题，代数学中是求本征值问题。用坐标变换把惯量椭球的方程化为标准型，也就是用相似变换把惯量矩阵化成了对角阵。

在实际问题中经常遇到的是对称的、均匀的刚体。这时，可以由对称性直接判定惯量主轴的位置。例如：

1）均匀刚体有对称轴时，对称轴就是惯量主轴。

2）均匀刚体有对称面时，则与此面垂直的轴线必是惯量主轴。

3）若$I_{xx} = I_{yy}$，则在xy平面内过O点的一切直线都是惯量主轴。

4）若$I_{xx} = I_{yy} = I_{zz}$，则所有过O点的直线均为惯量主轴。

3.4 刚体的平面平行运动

3.4.1 平面平行运动

平面平行运动是刚体的一种很重要的运动。由于机器中许多机件都做这种运动，研究平面平行运动很有实际意义。

当刚体做平面平行运动时，其中的每个质点均做平面运动，而且轨道平面均与某固定平面π相平行。因此，只需在刚体上任取一个与π相平行的截面加以研究就可以了。这个截面的运动可以代表刚体的运动。

描述刚体的平面平行运动有两种重要的方法，一种是基点法，另一种是瞬心法。先介绍基点法。

如图 3-8 所示，设平面图形（即刚体的某个截面）从位置L运动到位置L'。这样的运动结果可以用以下的手段来实现：在图形上任意选取一点A，称其为基点；接着把图形从位置L平移到位置L''，使A点与A'点重合；然后使图形绕A'旋转到L'位置。由上述的操作不难得到以下几个结论。

1）任何平面平行运动均可用一次平动加一次转动来完成。

2）平动的位移依赖于基点的选择；转动的角度θ与基点的选择无关，取决于图形的初、末两个位置。

3）对于图形的有限运动，上述的操作一般不能代表图形的实际运动过程。但是，如果

把有限的运动过程无限分割，并连续地作无穷多个无限小的操作，就可以无限地接近图形的实际运动。

现在使用上述的基点法研究刚体上任意一点的速度和加速度。如图 3-9 所示，L 是刚体的某个平行于 π 平面的截面，A 为在 L 上任取的基点，P 则是 L 上的任意一点。在 L 上以 A 为原点取一个坐标系 $A\text{-}x'y'$，称为运动坐标系，又在 L 所在的固定平面上取一个固定坐标系 $O\text{-}xy$。设在某时刻基点 A 的速度为 $\boldsymbol{v}_A$，L 绕 A 点转动的角速度为 $\boldsymbol{\omega}$。$\boldsymbol{\omega}$ 的方向沿刚体的转动轴 Az'。

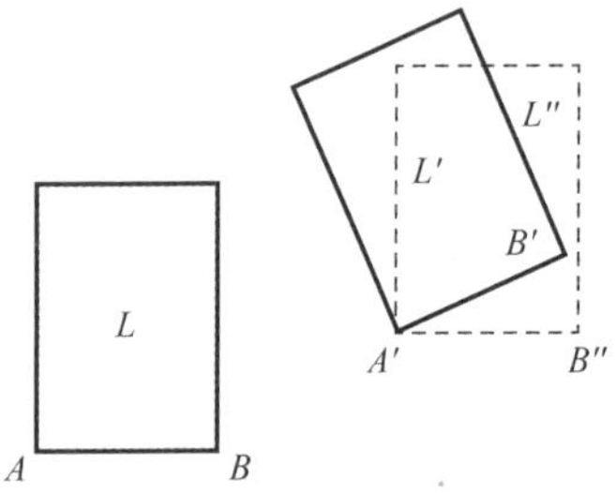

图 3-8

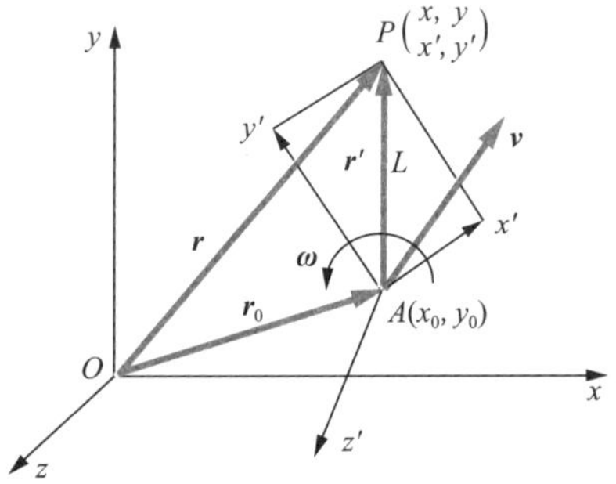

图 3-9

由于图形 L 既以 $\boldsymbol{v}_A$ 作平动，同时又绕 A 点以 $\boldsymbol{\omega}$ 作转动，P 点的速度应是

$$\boldsymbol{v}=\boldsymbol{v}_A+\boldsymbol{\omega}\times\boldsymbol{r}'=\boldsymbol{v}_A+\boldsymbol{\omega}\times(\boldsymbol{r}-\boldsymbol{r}_0) \tag{3-4-1}$$

式（3-4-1）可以投影到任何坐标系中去。如果把式（3-4-1）投影到固定坐标轴上，便得到 P 点在 $O\text{-}xy$ 坐标系中的速度分量

$$\begin{cases} v_x=v_{Ax}-(y-y_0)\omega \\ v_y=v_{Ay}+(x-x_0)\omega \end{cases} \tag{3-4-2}$$

如果把式（3-4-1）投影到运动坐标轴上去，则得

$$\begin{cases} v_{x'}=v_{Ax'}-y'\omega \\ v_{y'}=v_{Ay'}+x'\omega \end{cases} \tag{3-4-3}$$

这里应当注意，式（3-4-3）表示在 $O\text{-}xy$ 坐标系中测得点 P 的速度矢量，然后投影到 $A\text{-}x'y'$ 坐标系中，而不是 P 点相对 $A\text{-}x'y'$ 系的速度。事实上，P 点相对运动坐标系的速度为零。

将式（3-4-1）对 t 求导数，可得到 P 点对固定坐标系的加速度

$$\boldsymbol{a}=\frac{\mathrm{d}\boldsymbol{v}_A}{\mathrm{d}t}+\frac{\mathrm{d}\boldsymbol{\omega}}{\mathrm{d}t}\times\boldsymbol{r}'+\boldsymbol{\omega}\times\frac{\mathrm{d}\boldsymbol{r}'}{\mathrm{d}t}$$

对于上式 $\boldsymbol{\omega}\times\dfrac{\mathrm{d}\boldsymbol{r}'}{\mathrm{d}t}$ 一项，利用 $\mathrm{d}\boldsymbol{r}'/\mathrm{d}t=\boldsymbol{\omega}\times\boldsymbol{r}'$，并注意到 $\boldsymbol{\omega}\perp\boldsymbol{r}'$，则得

$$\boldsymbol{a}=\boldsymbol{a}_A+\frac{\mathrm{d}\boldsymbol{\omega}}{\mathrm{d}t}\times\boldsymbol{r}'-\omega^2\boldsymbol{r}' \tag{3-4-4}$$

式（3-4-4）中的第一项为基点的加速度，也就是 P 点因 L 的平动而具有的加速度。式中的后两项则是因为 L 绕基点 A 的转动，使 P 点获得的切向加速度和法向加速度。

3.4.2 刚体平面运动的动力学方程

下面研究平面平行运动的动力学。不论是在运动学还是动力学中，基点都是可以任意选取的。将 C 选为坐标原点，这样做是为了用平动质心系中的角动量定理处理刚体的转动问题。如果以 C 为原点，相对于固定坐标系作平动的质心系 $C\text{-}x^*y^*$（注意坐标轴 x^*、y^*、z^* 与 x、y、z 轴始终是平行的），则刚体在 $C\text{-}x^*y^*$ 系中显然是个定轴运动。这时由角动量定理的 z^* 分量可得

$$I_{z^*z^*}\dot{\omega}=M_{z^*} \tag{3-4-5}$$

由于 $C\text{-}x^*y^*$ 系相对 $O\text{-}xy$ 系不发生转动，式（3-4-5）中的 ω 也就是刚体相对 $O\text{-}xy$ 系的角速度。

如果在固定坐标系中研究刚体的平面平行运动，则由质心运动定理可知，质心的运动方程是

$$\begin{cases} m\ddot{x}_c=F_x \\ m\ddot{y}_c=F_y \end{cases} \tag{3-4-6}$$

在求解平面平行运动中，有时用能量方程十分方便。由柯尼希定理可知，刚体做平面平行运动时，动能是由两部分组成的。刚体的总动能等于质心的动能加上刚体绕质心的转动动能。若令 v_c 代表质心的速率，$\boldsymbol{\omega}$ 为刚体的角速度大小，则刚体的动能应是

$$T=\frac{1}{2}mv_c^2+\frac{1}{2}I_{z^*z^*}\omega^2 \tag{3-4-7}$$

如果作用在刚体上的非保守力的总功为零，则刚体的机械能守恒，即

$$\frac{1}{2}mv_c^2+\frac{1}{2}I_{z^*z^*}\omega^2+V=E \tag{3-4-8}$$

由于式（3-4-6）、式（3-4-7）、式（3-4-8）中只有 3 个是独立的，在使用时只能根据需要在其中任选 3 个，而不应把 4 个方程联立起来。如果方程组中含有未知的约束力，变量超过了 3 个，则还应在题设的条件中寻找其他的关系式。

3.4.3 转动瞬心

如图 3-10 所示，设平面图形的位置由 L 移到 L'。在图形上任取两点，其初位置是 A、B，末位置是 A' 和 B'。连接 AA'，作它的中垂线；连接 BB'，作其中垂线。这两条中垂线相交于 O 点。不难看出，以 O 为中心作一次旋转，便可使 $\triangle OAB$ 与 $\triangle OA'B'$ 重合。由此得到一个重要的结论：刚体的平面平行运动可以用一次纯转动完成。所以，在任何时刻图形（或其延拓）上总有一点的速度为零。这一点就是转动中心。

由于有限的转动不能代表图形的真正运动过程，只有无穷小的转动才是图形的实际运动，不同的时刻会有不同的转动中心。因此，称其为瞬时转动中心或瞬心。由于瞬心的速度为零，也常称其为速度瞬心。与速度瞬心类似，还可以定义平面图形的加速度瞬心。

当平面图形运动时，速度瞬心的位置不断迁移。瞬心在固定系 $O\text{-}xy$ 中的运动轨迹称为空间极线；瞬心在活动坐标系 $A\text{-}x'y'$ 中的轨迹称为本体极线。在任一时刻，两条极线均相切，切点便是此时刻的瞬心，如图 3-11 所示。

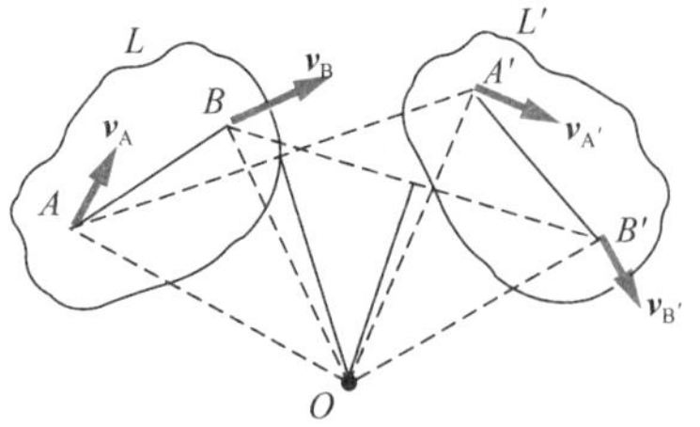

图 3-10

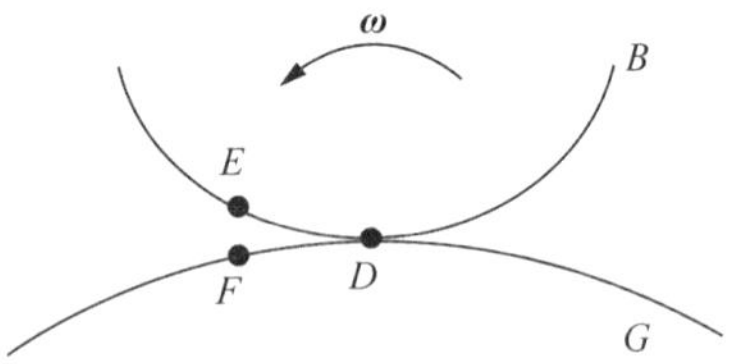

图 3-11

普安索曾经证明：当平面图形运动时，其本体极线在空间极线上做无滑动的滚动。以车轮的滚动为例。当车轮在直轨上滚动时，直轨是空间极线、轮缘是本体极线，轮与轨的接触点便是速度瞬心。

在基点法中已经指出，图形的转动角速度 ω 与基点的选择无关。因此，如果在某一时刻以瞬心 D 为基点，则任意一点 P 的速度 $\boldsymbol{v}_p$ 必与 DP 线垂直，其值为 $\overline{DP}\cdot\omega$。利用上述的结论，很容易用几何方法求出瞬心的位置。如图 3-12 所示，只要知道图形上的任意两点 A、B 的速度方向，则作 AE 垂直 $\boldsymbol{v}_A$、BF 垂直 $\boldsymbol{v}_B$，交点 D 就是此刻的速度瞬心。

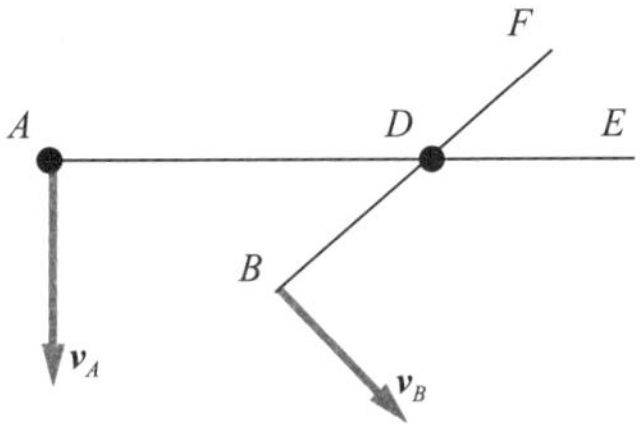

图 3-12

利用式（3-4-2）与式（3-4-3）也很容易求出瞬心的坐标。如果令式（3-4-2）等号左侧为零，则意味等号右侧式中的 x、y 表示瞬心在固定坐标系中的坐标，从而

$$\begin{cases} x = x_0 - \dfrac{v_{Ay}}{\omega} \\ y = y_0 + \dfrac{v_{Ax}}{\omega} \end{cases} \tag{3-4-9}$$

如果令式（3-4-3）等号左侧为零，则可求出瞬心在运动坐标系中的坐标

$$\begin{cases} x' = -\dfrac{v_{Ay'}}{\omega} \\ y' = \dfrac{v_{Ax'}}{\omega} \end{cases} \tag{3-4-10}$$

用瞬心方法分析平面平行运动的运动学特征，求刚体上任意一点的速度常常是十分简便直观的。对于动力学问题，有时借助于速度瞬心也会使求解避繁就简、化难为易。下面对动力学问题做扼要的叙述。

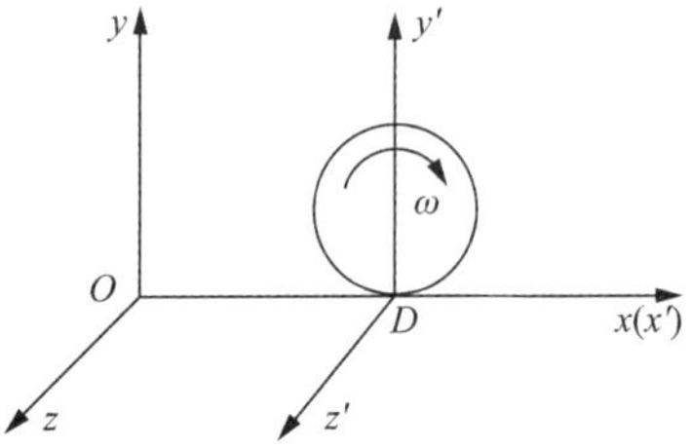

图 3-13

式（3-4-5）～式（3-4-7）是处理刚体平面平行运动时的基本动力学方程，它们对于平面平行运动是普遍适用的。与此同时，在某些特殊情况下，也可以使用瞬心角动量定理。如图 3-13 所示，O-xyz 是固定坐标系，D-$x'y'z'$ 是原点在瞬心的一个动坐标系；它的坐标轴始终与定系的轴相平

行。因此，$D\text{-}x'y'z'$ 称为平动瞬心系。

如果平动瞬心系是一个加速坐标系，一般说来惯性系中的角动量定理对它是不能适用的。但是可以证明：如果瞬心 D 与质心 C 之间的距离 ρ 为常量，不随刚体的运动而变化，则惯性系中的角动量定理便能在平动瞬心系中成立。这就是说，仅当

$$\rho = \overline{CD} = 常量 \tag{3-4-11}$$

时，有如下形式的角动量定理

$$I_{z'z'}\dot{\omega} = M_{z'} \tag{3-4-12}$$

式中，$I_{z'z'}$ 为刚体对 z' 轴的转动惯量；$M_{z'}$ 为刚体上的外力对 z' 轴的合矩；ω 为刚体的瞬时角速度。

在求解刚体的平面平行运动时，对瞬心的角动量定理式（3-4-12）会带来不少方便。例如，当求解匀质圆柱体在斜面上无滑动地滚动时，就常使用这个定理。不过，每当使用式（3-4-12）时，都必须注意条件式（3-4-11）的满足，否则将算出错误的结果。

3.4.4　滚动摩擦

当轮子做纯滚动时，因轮子与地面接触点处的速度为零，故不会出现滑动摩擦力，作用在 A 点的只能是静摩擦力 $\boldsymbol{f}$，如图 3-14 所示。既然 A 点的速度为零，$\boldsymbol{f}$ 不做功，圆轮必将匀速滚动下去。可是实验表明，轮子的滚动总是逐渐变慢。可见，上述的论断是不能成立的。产生这种错误结论的原因是忽视了地面与轮子的变形。

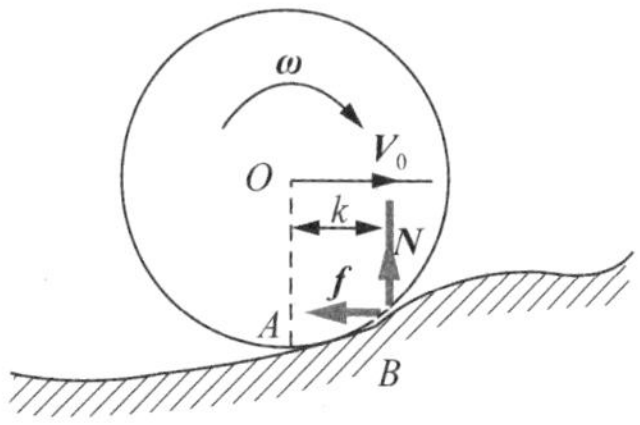

图 3-14

当圆轮滚动时，地面多少总有些变形。这就使得地面对轮的作用力 $\boldsymbol{R}$ 既不铅直向上，也不通过圆心，而且作用点还发生前移现象，不再处于重心的正下方了。

这时，将 $\boldsymbol{R}$ 分解为水平分量 $\boldsymbol{f}$ 和铅直分量 $\boldsymbol{N}$。$\boldsymbol{f}$ 称为静摩擦力，它既防止轮子的滑动，又使其质心减速。$\boldsymbol{N}$ 与重力等值反向，形成一个力偶，使轮子的转速 ω 逐渐减小。这个力偶的矩称为滚动摩擦力矩，其值为

$$M = Nk \tag{3-4-13}$$

式中，k 为地面反作用力 R 作用点的前移量，称为滚动摩擦系数，k 值的大小与轮子、地面二者的材料均有关系，是由地面及轮子的压陷程度决定的。

例 3-4　半径为 r 的球，以初速度 V 及初角速度 ω 抛掷于倾角为 α 的斜面上，使其沿斜面向上运动，如图 3-15 所示。如果 $V > r\omega$，且摩擦系数 $\mu > \dfrac{2}{7}\tan\alpha$。试求球体从开始运动到停止所经过的时间。

解　以球为研究对象，它在斜面上的运动是一个刚体的平面平行运动。在初始时 $V > r\omega$，故接触点 D 的速度 $v_D \neq 0$。所以在开始阶段，球既滚又滑，所受的摩擦力为滑动摩擦力，$f = \mu N$。系统的受力如图 3-15 所示，选取直角坐标系。由质心运动定理和相对于质心的角动量定理建立刚体的运动微分方程为

$$m\ddot{x}_c = -mg\sin\alpha - f$$

$$m\ddot{y}_c = N - mg\cos\alpha = 0$$

$$I_c\ddot{\varphi} = rf$$

$$f = \mu N$$

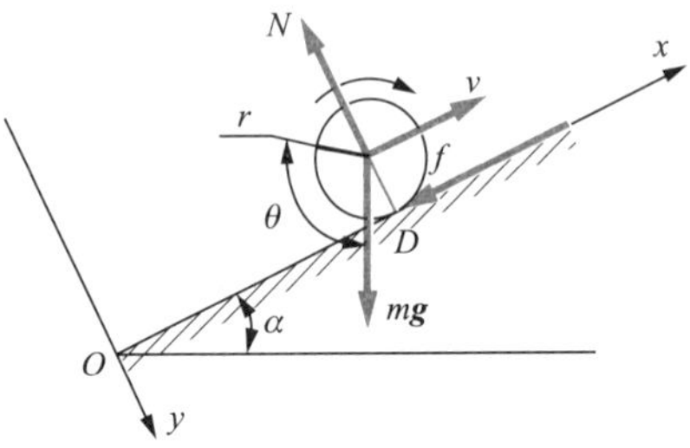

图 3-15

考虑 $I_c = \dfrac{2}{5}mr^2$， $f = \mu N$ ，以及 $t = 0$ 时 $\dot{x}_c = V$，$\dot{\varphi}=\omega$ ，对微分方程积分得

$$\dot{x}_c = V - (\mu\cos\alpha + \sin\alpha)gt$$

$$\dot{\varphi} = \omega + \frac{5\mu g}{2r}t\cos\alpha$$

由上面两式可知，质心的平动是减速运动，而绕质心的转动是加速转动，因此总有一个时刻能达到 $\dot{x}_c = r\dot{\varphi}$ 。设从开始到该时刻的时间为 t_1 ，则有

$$V - (\mu\cos\alpha + \sin\alpha)gt_1 = r\left(\omega + \frac{5\mu g}{2r}t_1\cos\alpha\right)$$

解之得

$$t_1 = \frac{V - r\omega}{g\left(\dfrac{7}{2}\mu\cos\alpha + \sin\alpha\right)} > 0$$

此时球心的速度为

$$\dot{x}_{c1} = V - \frac{(\mu\cos\alpha + \sin\alpha)(V - r\omega)}{\dfrac{7}{2}\mu\cos\alpha + \sin\alpha}$$

当 $t > t_1$ 以后，刚体做纯滚动，其运动微分方程变为

$$\begin{cases} m\ddot{x}_c = -f - mg\sin\alpha \\ I_c\ddot{\varphi} = rf \\ \dot{x}_c = r\dot{\varphi} \end{cases}$$

这时摩擦力变成静摩擦力，$f = \mu N$ 不再成立。刚体做纯滚动约束条件为 $\ddot{x} = r\ddot{\varphi}$ ，代入刚体做纯滚动的运动微分方程，解之得

$$f=-\frac{2}{7}mg\sin\alpha$$

式中的负号表示此时摩擦力的方向沿 x 轴负向，与图示方向相反。为了保证只滚不滑，则要求 $|f|<\mu N=\mu mg\cos\alpha$ ，即 $\mu>\frac{2}{7}\tan\alpha$ ，显然这一条件由题设满足。

现在把 $f=-\frac{2}{7}mg\sin\alpha$ 代入刚体做纯滚动的运动微分方程，得

$$\ddot{x}_c=-\frac{5}{7}g\sin\alpha$$

设 t_2 时刻球停止，则对上式做积分，有

$$\int_{\dot{x}_{c1}}^{0}\mathrm{d}\dot{x}_c=\int_{t_1}^{t_2}-\frac{5}{7}g\sin\alpha\mathrm{d}t$$

所以

$$t_2=t_1+\frac{7\dot{x}_{c1}}{5g\sin\alpha}=\frac{5V+2r\omega}{5g\sin\alpha}$$

可见，球体从开始运动到停止所经过的时间是 $(5V+2r\omega)/5g\sin\alpha$ 。

3.5 欧拉方程

3.5.1 欧拉角

刚体绕固定点转动时，自由度是 3，因而确定刚体的位置需要三个独立变量。这三个独立变量可以有各种取法，最常用的是三个欧拉角。为了说明欧拉角的含义，不妨考察一下陀螺的运动。

如图 3-16 所示，陀螺在空间运动。由于 O 点始终是不动点，陀螺是绕 O 点做定点转动。设 $O\xi$ 是一条铅直的固定轴线，Oz 是陀螺的自转轴线。很容易观察到，陀螺的运动是由三部分组成的：其一是陀螺绕 Oz 轴的转动，称为自转，以 ψ 表示自转角；其二是 Oz 与 $O\xi$ 间的角度发生变化，这个转动称为章动，以 θ 表示章动角；其三是 Oz 轴绕固定轴 $O\xi$ 的转动，这个转动称为进动，以 φ 表示进动角。于是 ψ 、θ 、φ 三个角度合称欧拉角，可以确定陀螺的空间位置。如图 3-17 所示的常平架，其位形也可以由欧拉角 ψ 、θ 、φ 描述。

一般说来，刚体若做定点转动，则其欧拉角是时间的函数。如果确定了 $\psi(t)$、$\theta(t)$、$\varphi(t)$ 三个函数式，就确定了刚体的运动，也就是说，如果选欧拉角为坐标，则

$$\begin{cases}\psi=\psi(t)\\ \theta=\theta(t)\\ \varphi=\varphi(t)\end{cases}\tag{3-5-1}$$

便是刚体定点转动的运动方程。由式（3-5-1）可以确定刚体在任何时刻欧拉角的数值，从而就确定了刚体的位置。

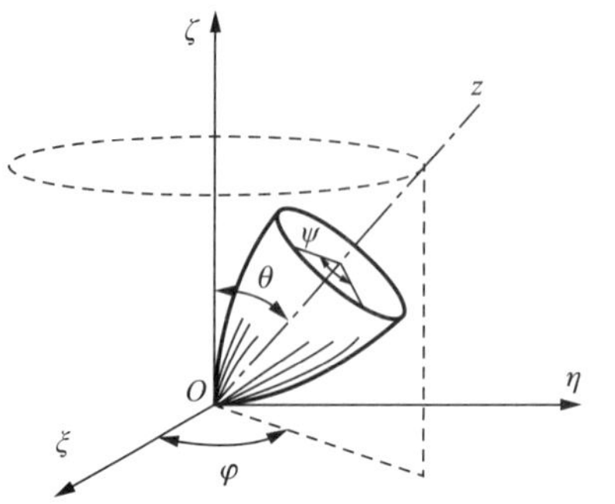

图 3-16

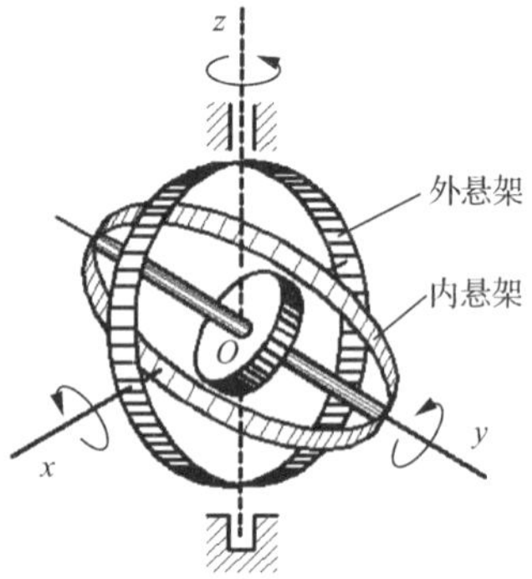

图 3-17

为了使结果更具有概括性，现在用欧拉角来确定绕原点（定点）转动的一个活动坐标系的位置。

设 O - $\xi\eta\zeta$ 是固定坐标系，而 O - xyz 是可绕 O 点转动的一个活动坐标系。O - xyz 系的定点转动可分解为绕 Oz 轴的自转和 Oz 在空间的章动与进动。图中 ON 是 xy 平面与 $\xi\eta$ 平面的交线，称为节线。

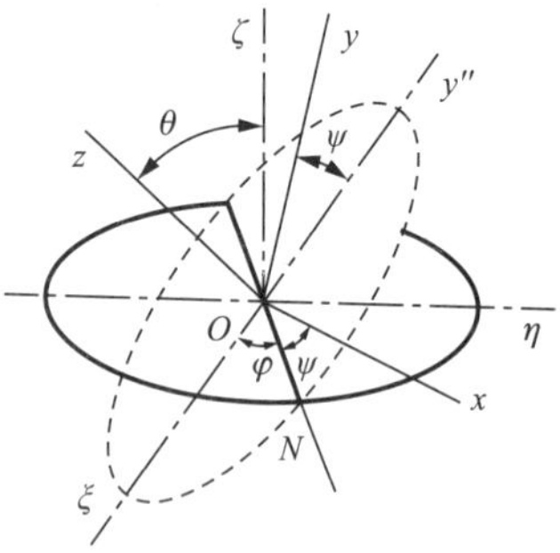

图 3-18

如图 3-18 所示，当动坐标系绕 Oz 轴自转时，Ox 轴与节线 ON 的夹角 ψ 发生变化。因此，ψ 为自转角；自转角速度 $\dot{\boldsymbol{\psi}}$ 应沿 Oz 轴。当动坐标系章动时 Oz 与 $O\zeta$ 的夹角 θ 发生变化。因此，θ 为章动角，而且章动角速度 $\dot{\boldsymbol{\theta}}$ 应沿节线 ON 。当动坐标系进动时，节线 ON 与 $O\xi$ 轴的夹角 φ 将发生变化。所以，φ 是进动角，而进动角速度 $\dot{\boldsymbol{\varphi}}$ 应沿 $O\zeta$ 轴。

由图 3-18 可知，ψ 、θ 、φ 的取值范围是

$$0 \leqslant \psi \leqslant 2\pi, \quad 0 \leqslant \theta \leqslant \pi, \quad 0 \leqslant \varphi \leqslant 2\pi \tag{3-5-2}$$

在这样的取值范围之内，活动坐标系 O - xyz 处于可能具有的一切位置。并且，由某一初始位置，能经过自转、章动和进动，到达它的一切可能的位置。

由上面的论述可知，如果采用欧拉角描述刚体的定点转动，则刚体在每一时刻都具有互相独立的自转角速度 $\dot{\boldsymbol{\psi}}$ 、章动角速度 $\dot{\boldsymbol{\theta}}$ 和进动角速度 $\dot{\boldsymbol{\varphi}}$ 。因此，刚体的瞬时角速度 $\boldsymbol{\omega}$ 应是这三个角速度的矢量和，即

$$\boldsymbol{\omega} = \dot{\boldsymbol{\psi}} + \dot{\boldsymbol{\theta}} + \dot{\boldsymbol{\varphi}} \tag{3-5-3}$$

瞬时角速度矢量 $\boldsymbol{\omega}$ 沿着过定点 O 的瞬时转动轴。

当刚体做定轴转动时，其瞬时角速度矢量 $\boldsymbol{\omega}$ 具有变化的数值和固定的方向。可是在定点转动中则不然，通常，$\boldsymbol{\omega}$ 的数值和取向都是随时间变化的。由此可知，刚体做定点转动时，其瞬时转轴虽然永远通过固定点 O，但是方位却是时时变化的。

运动着的瞬时转轴在固定坐标系中描绘出一个顶点在 O 的锥面，称为空间迹面。瞬时转轴在本体坐标系中描出的锥面称为本体迹面。

与平面运动相类似，这里也有普安索定理：刚体绕固定点的转动，等价于本体迹面在

空间迹面上的纯滚动。

3.5.2　欧拉运动学方程

式（3-5-3）中的瞬时角速度 $\boldsymbol{\omega}$ 和欧拉角速度 $\dot{\boldsymbol{\psi}}$、$\dot{\boldsymbol{\theta}}$、$\dot{\boldsymbol{\varphi}}$ 都是在固定坐标系中观测到的结果。对于固定坐标系 $O\text{-}\xi\eta\zeta$ 来讲，它们具有明确的物理意义。然而，一个矢量一旦确定之后，可以向任何坐标系投影。为了方便求解定点转动，现在把式（3-5-3）投影到本体坐标系中去，如图 3-19 所示。

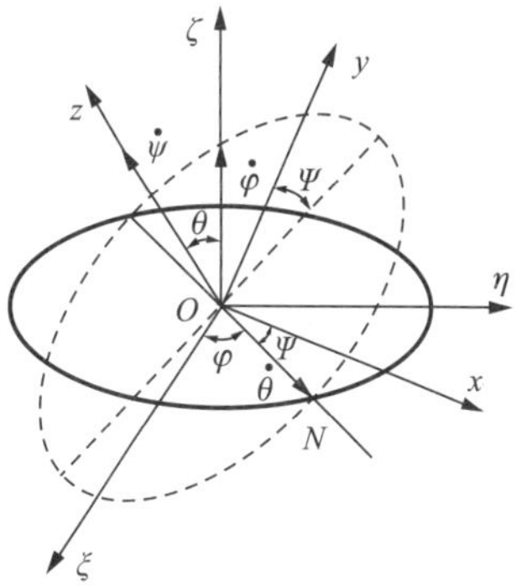

图 3-19

对于本体坐标系 $O\text{-}xyz$，用 $\boldsymbol{i}$、$\boldsymbol{j}$、$\boldsymbol{k}$ 表示本体坐标系 x、y、z 轴上的单位矢量。瞬时角速度式（3-5-3）等号左侧的投影可写为

$$\boldsymbol{\omega}=\omega_x\boldsymbol{i}+\omega_y\boldsymbol{j}+\omega_z\boldsymbol{k} \tag{3-5-4}$$

式中，ω_x、ω_y 和 ω_z 分别为刚体对固定坐标系的瞬时角速度在本体坐标轴上的投影，而不是刚体对 x、y、z 轴的转动角速度。

下面再把式（3-5-3）的等号右侧向 $O\text{-}xyz$ 系中投影。自转角速度的投影极为简单，即

$$\dot{\boldsymbol{\psi}}=\dot{\psi}\boldsymbol{k} \tag{3-5-5}$$

章动角速度的投影也不困难，亦即

$$\dot{\boldsymbol{\theta}}=\dot{\theta}\cos\psi\boldsymbol{i}-\dot{\theta}\sin\psi\boldsymbol{j} \tag{3-5-6}$$

进动角速度的投影可分两步进行。$\dot{\boldsymbol{\varphi}}$ 在 z 轴上的投影是 $\dot{\varphi}\cos\theta$，在 xy 平面上的投影是 $\dot{\varphi}\sin\theta$；然后再把 $\dot{\varphi}\sin\theta$ 投影到 x、y 轴上去。由于 $\dot{\boldsymbol{\varphi}}\perp ON$，且 ON 在 xy 平面上，$\dot{\boldsymbol{\varphi}}$ 在 xy 面上的投影线必与 ON 垂直。然而 ON 与 x 轴成 ψ 角，故 $\dot{\boldsymbol{\varphi}}$ 在 x、y 轴上的投影应是 $\dot{\varphi}\sin\theta\sin\psi$、$\dot{\varphi}\sin\theta\cos\psi$，于是，可得

$$\dot{\boldsymbol{\varphi}}=\dot{\varphi}\sin\theta\sin\psi\boldsymbol{i}+\dot{\varphi}\sin\theta\cos\psi\boldsymbol{j}+\dot{\varphi}\cos\theta\boldsymbol{k} \tag{3-5-7}$$

将式（3-5-4）～式（3-5-7）代入式（3-5-3）中去，便可得到 ω_x、ω_y、ω_z 的表示式

$$\begin{cases}\omega_x=\dot{\varphi}\sin\theta\sin\psi+\dot{\theta}\cos\psi\\ \omega_y=\dot{\varphi}\sin\theta\cos\psi-\dot{\theta}\sin\psi\\ \omega_z=\dot{\varphi}\cos\theta+\dot{\psi}\end{cases} \tag{3-5-8}$$

式（3-5-8）称为欧拉运动学方程。它是用欧拉角及欧拉角速度表示了刚体对固定坐标系的瞬时角速度 $\boldsymbol{\omega}$ 在三个活动坐标轴上的投影。

利用欧拉运动学方程式（3-5-8），可以由 $\psi(t)$、$\theta(t)$、$\varphi(t)$ 求出 $\omega_x(t)$、$\omega_y(t)$、$\omega_z(t)$，也可以反过来由 $\omega_x(t)$、$\omega_y(t)$、$\omega_z(t)$ 求出三个欧拉角对时间的依赖关系。在动力学中，欧拉运动学方程式（3-5-8）将和欧拉动力学方程联立起来，求解刚体的定点转动。至于为什么用本体坐标系而不用固定坐标系建立方程，将在下节说明其中的道理。

3.5.3 欧拉动力学方程

对于定点转动的刚体，如果把活动坐标系的原点取在固定点，并使标架与刚体固结，则活动坐标系的位置就是刚体的位置，活动坐标系的运动就是刚体的运动。由此可见，利用三个欧拉角可以确定做定点转动的刚体的位置。

求解刚体定点转动的基本方程是角动量方程。如果刚体绕定点 O 以角速度 $\boldsymbol{\omega}(t)$ 转动，则由角动量定理可得

$$\frac{\mathrm{d}\boldsymbol{J}_o}{\mathrm{d}t}=\boldsymbol{M}_o \tag{3-5-9}$$

式中，$\boldsymbol{J}_o$ 为刚体对于 O 点的角动量；$\boldsymbol{M}_o$ 为外力对 O 点的合力矩。

式（3-5-9）虽然是固定坐标系（惯性系）中的关系，但是却能向任何坐标系中投影。如果把它投影到固定坐标系中去，则有

$$\begin{cases}\dfrac{\mathrm{d}J_\xi}{\mathrm{d}t}=M_\xi\\ \dfrac{\mathrm{d}J_\eta}{\mathrm{d}t}=M_\eta\\ \dfrac{\mathrm{d}J_\zeta}{\mathrm{d}t}=M_\zeta\end{cases} \tag{3-5-10}$$

利用式（3-5-9），式（3-5-10）可写为

$$\begin{cases}\dfrac{\mathrm{d}}{\mathrm{d}t}\left(I_{\xi\xi}\omega_\xi+I_{\xi\eta}\omega_\eta+I_{\xi\zeta}\omega_\zeta\right)=M_\xi\\ \dfrac{\mathrm{d}}{\mathrm{d}t}\left(I_{\eta\xi}\omega_\xi+I_{\eta\eta}\omega_\eta+I_{\eta\zeta}\omega_\zeta\right)=M_\eta\\ \dfrac{\mathrm{d}}{\mathrm{d}t}\left(I_{\zeta\xi}\omega_\xi+I_{\zeta\eta}\omega_\eta+I_{\zeta\zeta}\omega_\zeta\right)=M_\zeta\end{cases} \tag{3-5-11}$$

由于刚体相对固定坐标系 $O\text{-}\xi\eta\zeta$ 是运动的，式（3-5-11）等号左侧所包含的惯量系数必然都是时间 t 的函数。这使得方程式（3-5-11）的求解极为复杂。欧拉假设：①如果把式（3-5-9）投影到本体坐标系中去，式（3-5-11）中的惯量系数将成为常量；②如果进而选取 O 点的惯量主轴为坐标轴，则 6 个惯量积便为零，求解便大为简化了，这就是欧拉的两点简化。

按照欧拉的想法，先把刚体的角动量 $\boldsymbol{J}$ 投影到本体坐标系中去，得

$$\boldsymbol{J}=J_x\boldsymbol{i}+J_y\boldsymbol{j}+J_z\boldsymbol{k} \tag{3-5-12}$$

在固定坐标系中观测，不但式（3-5-12）中的 J_x、J_y、J_z 是变量，而且 $\boldsymbol{i}$、$\boldsymbol{j}$、$\boldsymbol{k}$ 也是变量。本体坐标系的基矢 $\boldsymbol{i}$、$\boldsymbol{j}$、$\boldsymbol{k}$ 是随同刚体一起，对固定坐标系以角速度 $\boldsymbol{\omega}$ 转动的。因此，利用式（1-5-6），可以求出 $\boldsymbol{J}$ 在固定坐标系中的时间变化率

$$\frac{\mathrm{d}\boldsymbol{J}}{\mathrm{d}t}=\dot{J}_x\boldsymbol{i}+\dot{J}_y\boldsymbol{j}+\dot{J}_z\boldsymbol{k}+\boldsymbol{\omega}\times\boldsymbol{J} \tag{3-5-13}$$

如果把 $\boldsymbol{J}$、$\boldsymbol{\omega}$、$\boldsymbol{M}$ 都分解到 O 点的惯量主轴上，则有

$$J = I_1\omega_x \boldsymbol{i} + I_2\omega_y \boldsymbol{j} + I_3\omega_z \boldsymbol{k}$$

$$\boldsymbol{\omega} = \omega_x \boldsymbol{i} + \omega_y \boldsymbol{j} + \omega_z \boldsymbol{k}$$

$$\boldsymbol{M} = M_x \boldsymbol{i} + M_y \boldsymbol{j} + M_z \boldsymbol{k}$$

把以上各式都代入式（3-5-9）中，则得

$$\begin{cases} I_1\dot{\omega}_x - (I_2 - I_3)\omega_y\omega_z = M_x \\ I_2\dot{\omega}_y - (I_3 - I_1)\omega_z\omega_x = M_y \\ I_3\dot{\omega}_z - (I_1 - I_2)\omega_x\omega_y = M_z \end{cases} \tag{3-5-14}$$

这个方程是欧拉于 1776 年导出的，称为欧拉动力学方程。欧拉动力学方程是角动量定理在本体坐标系中的投影式，由于本体坐标系的原点在 O 点，标架沿着 O 点的主轴，定点转动的动力学方程才变成了简明的式（3-5-14）。

如果作用在刚体上的非保守力的总功为零，则刚体在定点转动中机械能守恒。对于欧拉动力学方程所适用的那种特殊坐标系，机械能守恒可写为

$$\frac{1}{2}\left(I_1\omega_x^2 + I_2\omega_y^2 + I_3\omega_z^2\right) + V = E \tag{3-5-15}$$

对于有些问题，使用上面的能量守恒方程是较为方便的。但是这个方程并不与式（3-5-14）中的三个方程相独立，所以它只能替换式（3-5-14）中的某一个方程式，而不能把四个方程联立使用。

欧拉虽然回避了定点转动在静止坐标系中的求解，而代之以求解较为简单的欧拉动力学方程，但是求解方程组（3-5-14）又发生了新的问题。欧拉方程是以 t 为自变量，以 ω_x、ω_y、ω_z 为未知函数的非线性微分方程组。它不但求解困难，而且求出的结果 $\omega_x(t)$、$\omega_y(t)$、$\omega_z(t)$ 无法观测，缺乏实际意义。如果把欧拉动力学方程式（3-5-14）和欧拉运动学方程（3-5-8）联立起来，消去 ω_x、ω_y、ω_z，便可得到关于欧拉角 θ、φ、ψ 的二阶常微分方程组。求解这个微分方程组，就可得到以欧拉角 $\theta(t)$、$\varphi(t)$、$\psi(t)$ 表示的刚体定点运动。然而，这种求解方案也很难实现，只能在某些特殊情况下得到完整的解析解。

3.5.4　重刚体有解析解的情况

如果一个定点转动的刚体所受的主动力仅仅是重力，则称为重刚体。陀螺就是一个重刚体。它的尖端与桌面接触，是固定点；它除了受桌面的约束力，唯一的主动力是重力。对于重刚体来讲，欧拉动力学方程也只在几种特别简单的情况下才有解析解。这些特殊情况是：

1）欧拉—普安索情况，刚体的重心与固定点 O 相重合。

2）拉格朗日—泊松情况，固定点 O 的惯量椭球是旋转椭球，即 $I_1 = I_2 \neq I_3$，而且刚体的重心位于动力对称轴上。陀螺就属于这一类。

3）柯瓦列夫斯卡娅情况，$I_1 = I_2 = 2I_3$，而且刚体的重心在固定点 O 的惯量椭球的轨迹面上。

于松（Husson，1905）和布尔加帝（Burgatti，1910）等曾证明：除了上述的三种情况，

再也没有适合任意初始条件的可积情况了。

总之，欧拉方法摆脱了定点转动在固定坐标系中的求解困难和在本体坐标系中的观测困难，给出了本体坐标系中的求解途径。虽然在本体坐标系中仍然不能逃避求解非线性微分方程组的困难，但是毕竟还能给出几种特殊情况的解析解。

习　　题

3-1　台阶形鼓轮装在水平轴上，小头重量为Q_2，大头重量为Q_1，半径分别为r_2和r_1，分别挂一个重物，物体A重为P_2，物体B重为P_1，且$P_1 > P_2$，如图所示。求鼓轮的角加速度。

3-2　如图所示，两根等长等重的均匀细杆AC和BC，在C点用光滑铰链连接，铅直放在光滑水平面上，设两杆由初速度为零开始运动。试求C点着地时的速度。

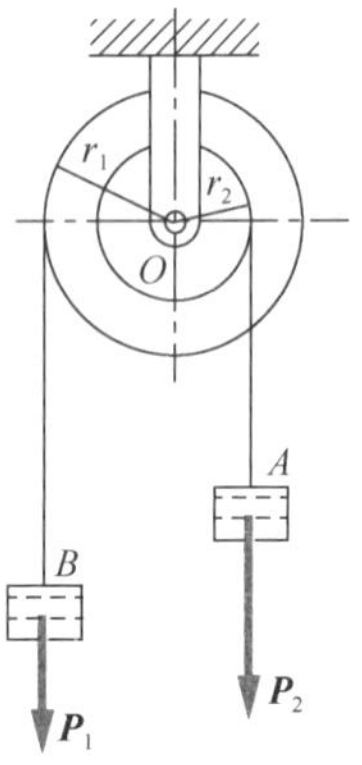

题 3-1 图

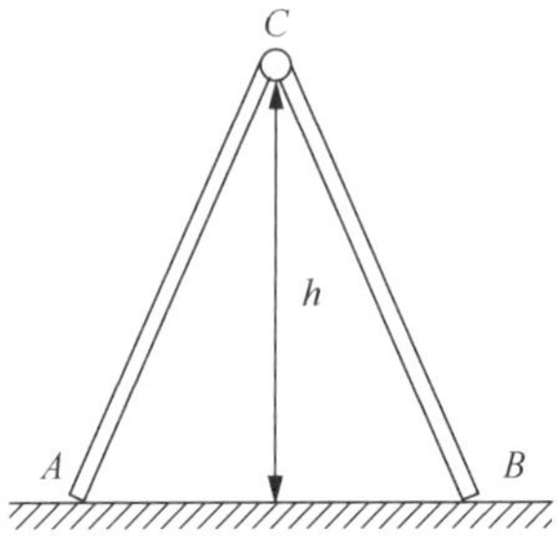

题 3-2 图

3-3　半径为a、质量为M的薄圆片，绕垂直于圆片并通过圆心的竖直轴以匀角速度ω转动。求绕此轴的角动量。

3-4　一个半径为r、重量为P的水平台，以初角速度ω_0绕一通过中心O的铅直轴旋转；一个重量为Q的人A沿半径OB行走，在开始时，A在平台中心。若平台可视为均质圆盘，求以$OA = x$的函数表示的平台的角速度ω。

3-5　如图所示，在具有水平轴的滑轮上绕着一根绳子，绳子的两端与通过轴的水平面的距离为s和s'。两个质量为m与m'的人抓着绳子的两端，他们同时开始以匀加速度向上爬行并同时到达滑轮轴所在的水平面。假定滑轮的质量不计，且所有阻力均忽略不计。求两人同时到达滑轮轴所在的水平面的时间。

3-6　如图所示，质量为m的复摆绕过O点的水平轴作振动。求其运动方程及振动的周期。

3-7　证明底面半径为r、高为h的圆锥体，绕对称轴的转动惯量为$\dfrac{3}{10}mr^2$，绕底面任一直径的转动惯量为$\dfrac{1}{20}m\left(3r^2 + 2h^2\right)$。

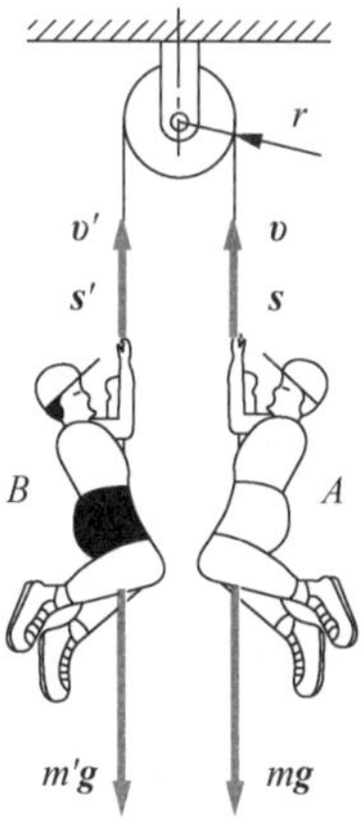

题 3-5 图

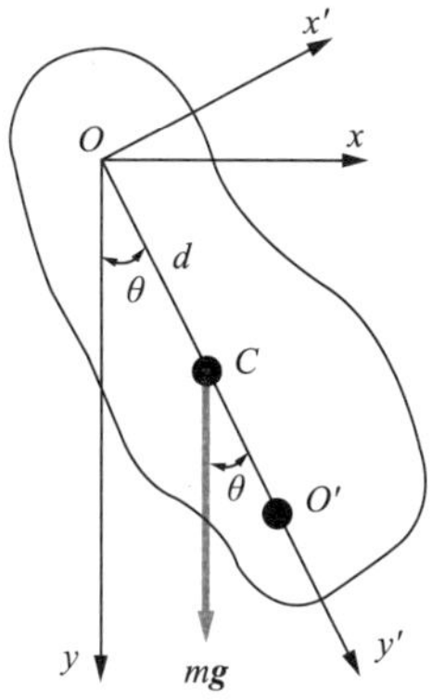

题 3-6 图

3-8　椭球方程为$\frac{x^2}{a^2}+\frac{y^2}{b^2}+\frac{z^2}{c^2}=1$，试求此椭圆绕其 3 个中心主轴转动时的中心主转动惯量。设此椭球质量为 m 并且密度 ρ 是常数。

3-9　把分子看作相互间距离不变的质点组，试求以下两种情况下分子的主转动惯量：①双原子分子，它们的质量分别为 m_1 和 m_2，间距为 l；②形状为等腰三角形的三原子分子，三角形的高为 h、底边长为 a，底边上两质点的质量是 m_1，顶点上的是 m_2。

3-10　一个均质的半径为 a、高为 b 的圆柱体，取其中心为坐标系的原点，柱轴为 z 轴。写出它的惯量椭球的方程。若使其惯量椭球为圆球，a 与 b 之比应为多少？

3-11　求惯量张量$\left(I_{ik}\right)$的主轴与主惯量，即

$$\left(I_{ik}\right)=\begin{pmatrix}15 & 0 & 0\\ 0 & 11 & -3\sqrt{2}\\ 0 & -3\sqrt{2} & 8\end{pmatrix}\cdot\frac{Ma^2}{40}$$

3-12　质量为 m 的均匀长方薄片边长为 a 和 b。求此薄片绕对角线的转动惯量。

3-13　立方体绕其对角线转动时回转半径为$k=\frac{d}{3\sqrt{2}}$。试证明式中 d 为对角线的长度。

3-14　每个人行走时，都会有一种自然步频。略去膝关节的效应，试用最简单的模型来估算步频。(提示：以均匀杆模型进行计算)

3-15　一个飞机的螺旋桨绕轴的转动惯量为 I，所受的驱动力矩和摩擦阻力矩分别为 $L=L_0\left(1+a\cos\omega_0 t\right)$ 和 $L_f=-b\dot{\theta}+L_0$，其中 a、b 和 ω_0 均为正的常量。求其稳定运动时的角速度。

3-16　如图所示，一个圆盘以匀速 v_0 沿一直线做无滑动的滚动。杆 AB 以铰链固结于盘的边缘上 B 点，其 A 端沿上述直线滑动。求 A 点的速度与盘转角 φ 的关系。设杆长为 l，盘的半径为 r。

3-17　如图所示，质量为 M，半径为 r 的均质圆柱，放在粗糙的水平面上，柱的外面

绕有轻绳，绳子跨过一个很轻的滑轮并悬挂质量为 m 的物体。设圆柱体只滚不滑并且圆柱体与滑轮间的绳子是水平的。求圆柱体质心的加速度 $\boldsymbol{a}_1$、物体的加速度 $\boldsymbol{a}_2$ 及绳张力 $\boldsymbol{T}$。

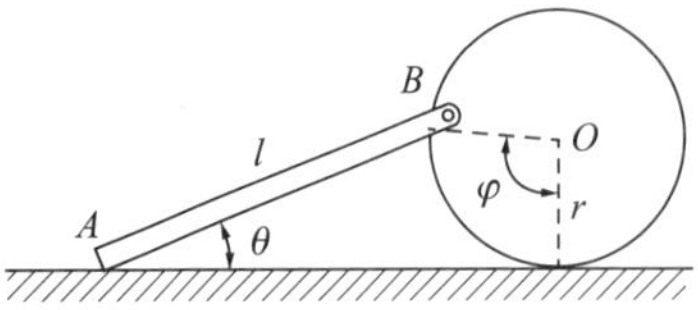

题 3-16 图

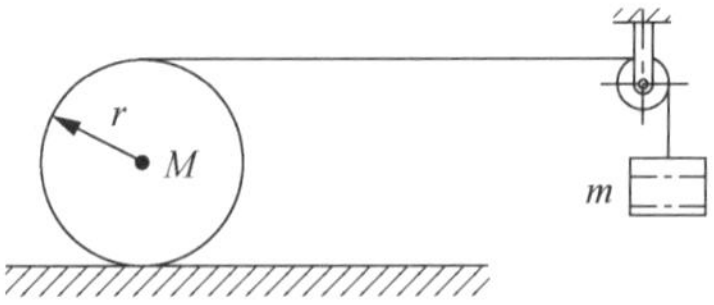

题 3-17 图

3-18 均质圆盘半径为 r，放在粗糙水平桌面上，绕通过其中心的竖直轴转动，开始时角速度为 ω_0，已知圆盘与桌面的摩擦系数为 μ。求经过多长时间后盘将静止？

3-19 如图所示，矩形均质薄片 $ABCD$，边长为 a 与 b，重为 mg，绕竖直轴 AB 以初角速度 $\boldsymbol{\omega}_0$ 转动。此时薄片的每一部分均受到空气的阻力，其方向垂直于薄片，其量值与薄片面积及速度平方成正比，比例系数为 k。求经过多长时间后，薄片的角速度减为初角速度的一半？

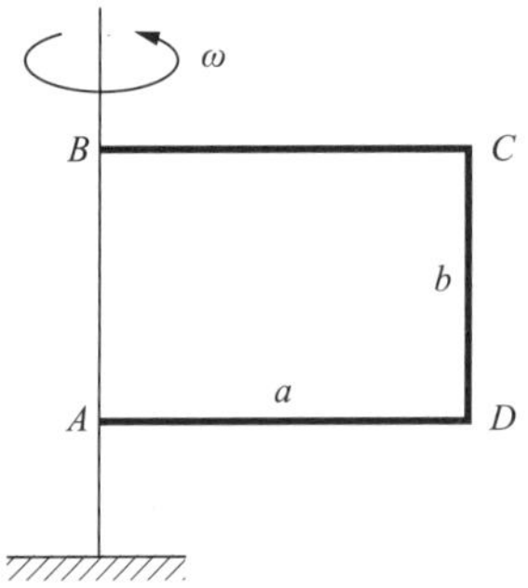

题 3-19 图

3-20 一面粗糙另一面光滑的平板质量为 M，光滑的一面放在水平桌上，木板上放一个质量为 m 的球，若板沿其长度方向突然有一速度为 V。求此球经过多长时间开始滚动而不滑动？

3-21 如图所示，半径为 r，质量为 m 的圆柱体，沿着倾角为 α 的粗糙斜面滚下。试求质心的运动，以及约束力的法向分量 $\boldsymbol{N}$ 与切向分量 $\boldsymbol{f}$（忽略滚动摩擦）。

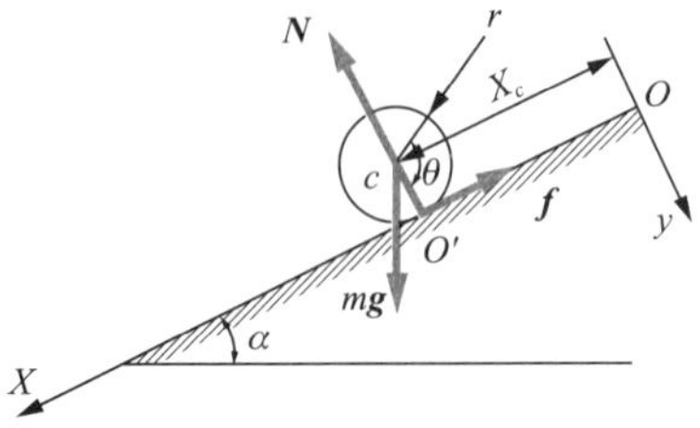

题 3-21 图

第 4 章　动 能 定 理

质点组的动量定理在求解问题时非常方便。对于有转动的力学问题，使用角动量定理去处理比较简捷。但是在既有平动又有转动的情况下，使用质点组的动量定理和角动量定理去确定力学系统的运动状态，就不一定简便了。在这种情况下使用质点组的另一个力学定理——动能定理则会方便有效。本章介绍质点组的动能定理及其应用，内容包括质点组的动能定理、中心力场、α 粒子的散射和二体问题。

4.1　质点组动能定理

4.1.1　动能定理的推导

由牛顿方程可知，力的瞬时效应是使物体的运动出现加速度。除了瞬时效应，力还有持续作用的效应。力对时间的积分将积累为冲量，对空间距离的积分将成为功。动量定理表明，质点（组）动量的增量等于外力对质点（组）的冲量。与此类似，动能的增量与力的功也有相应的数量关系。这便是本节要讲的动能定理。

对一个单质点，由牛顿方程得

$$m\frac{\mathrm{d}\boldsymbol{v}}{\mathrm{d}t}=\boldsymbol{F}$$

用矢量 $\mathrm{d}\boldsymbol{r}$ 标乘上式，则得

$$m\boldsymbol{v}\cdot\mathrm{d}\boldsymbol{v}=\boldsymbol{F}\cdot\mathrm{d}\boldsymbol{r} \tag{4-1-1}$$

因为 $\mathrm{d}v^2=\mathrm{d}(\boldsymbol{v}\cdot\boldsymbol{v})=2\boldsymbol{v}\cdot\mathrm{d}\boldsymbol{v}$，所以式（4-1-1）变为

$$\mathrm{d}\left(\frac{1}{2}mv^2\right)=\boldsymbol{F}\cdot\mathrm{d}\boldsymbol{r} \tag{4-1-2}$$

这个关系式称为质点的动能定理。其物理意义是：质点动能的元增量等于外力对质点做的元功。

将式（4-1-2）积分，很容易得到动能定理的积分形式

$$\frac{1}{2}mv^2-\frac{1}{2}mv_0^2=\int_{r_0}^{r}\boldsymbol{F}\cdot\mathrm{d}\boldsymbol{r}=\int_{M_0(x_0,y_0,z_0)}^{M(x,y,z)}(F_x\,\mathrm{d}x+F_y\,\mathrm{d}y+F_z\,\mathrm{d}z) \tag{4-1-3}$$

上式等号右侧是 $\boldsymbol{F}$ 对质点所做的功。功是标量，取代数值。因此质点的动能可能增大、减小或不变。

若 P_i 是质点组中的一个质点，按式（4-1-2），其动能定理应写为

$$\mathrm{d}\left(\frac{1}{2}m_i v_i^2\right)=\boldsymbol{F}_i\cdot\mathrm{d}\boldsymbol{r}_i \quad (i=1,2,\cdots,n) \tag{4-1-4}$$

将上式对指标 i 求和，便得到质点组的动能定理

$$\mathrm{d}\sum_{i=1}^{n}\left(\frac{1}{2}m_i v_i^2\right)=\sum_{i=1}^{n}\boldsymbol{F}_i\cdot\mathrm{d}\boldsymbol{r}_i \tag{4-1-5}$$

此式表示，质点组动能的元增量等于一切元功的总和。由于 2.1.2 节曾经证明过：一般说来，质点组内力的总功不一定为零。即使外力的功为零，也不能断定质点组的动能不变；外力的功不为零，也不能断定质点组的动能是变化的。

与单质点的情况类似，积分式（4-1-5）便可得到质点组动能定理的积分形式。

4.1.2 平动质心系中的动能定理

在加速的平动质心系 $c\text{-}x'y'z'$ 中，质点的动力学方程是

$$m_i\frac{\mathrm{d}\boldsymbol{v}_i'}{\mathrm{d}t}=\boldsymbol{F}_i^{(i)}+\boldsymbol{F}_i^{(e)}+\left(-m_i\boldsymbol{a}_c\right) \quad (i=1,2,\cdots,n)$$

用 $\mathrm{d}\boldsymbol{r}_i'$ 标乘上式，并对 i 求和。可得

$$\mathrm{d}\left(\frac{1}{2}\sum_{i=1}^{n}m_i v_i'^2\right)=\sum_{i=1}^{n}\boldsymbol{F}_i^{(i)}\cdot\mathrm{d}\boldsymbol{r}'_i+\sum_{i=1}^{n}\boldsymbol{F}_i^{(e)}\cdot\mathrm{d}\boldsymbol{r}_i'+\sum_{i=1}^{n}\left(-m_i\boldsymbol{a}_c\right)\cdot\mathrm{d}\boldsymbol{r}_i' \tag{4-1-6}$$

上式 $\sum_{i=1}^{n}\left(-m_i\boldsymbol{a}_c\right)\cdot\mathrm{d}\boldsymbol{r}_i$ 项显然是惯性力对质点组所做的总功。这一项的值应为

$$\sum_{i=1}^{n}\left(-m_i\boldsymbol{a}_c\right)\cdot\mathrm{d}\boldsymbol{r}'_i=-\boldsymbol{a}_c\cdot\mathrm{d}\left(\sum_{i=1}^{n}m_i\boldsymbol{r}'_i\right)=0$$

于是式（4-1-6）便简化为

$$\mathrm{d}\left(\frac{1}{2}\sum_{i=1}^{n}m_i v_i'^2\right)=\sum_{i=1}^{n}\boldsymbol{F}_i^{(i)}\cdot\mathrm{d}\boldsymbol{r}_i'+\sum_{i=1}^{n}\boldsymbol{F}_i^{(e)}\cdot\mathrm{d}\boldsymbol{r}'_i=\sum_{i=1}^{n}\boldsymbol{F}_i\cdot\mathrm{d}\boldsymbol{r}'_i \tag{4-1-7}$$

上式表明：在质心系中，质点组动能的微分等于内力与外力所做元功之和。可见，惯性系中的动能定理在加速的平动质心系中也是成立的。成立的原因在于，在这种特殊的加速系中，惯性力的总功为零，它不会影响质点组的动能。

4.1.3 机械能

设质点在受到作用力 $\boldsymbol{F}$ 时完成位移 $\mathrm{d}\boldsymbol{r}$，则 $\boldsymbol{F}$ 对质点的元功是 $\boldsymbol{F}\cdot\mathrm{d}\boldsymbol{r}$。若质点在 $\boldsymbol{F}$ 的作用下从 M_0 运动到 M 点，则 $\boldsymbol{F}$ 的功为

$$A=\int_{r_0}^{r}\boldsymbol{F}\cdot\mathrm{d}\boldsymbol{r}=\int_{M_0(x_0,y_0,z_0)}^{M(x,y,z)}(F_x\,\mathrm{d}x+F_y\,\mathrm{d}y+F_z\,\mathrm{d}z) \tag{4-1-8}$$

因为 $\boldsymbol{F}$ 一般是位矢 $\boldsymbol{r}$、速度 $\boldsymbol{v}$ 和时间 t 的函数，所以式（4-1-8）中积分的计算通常是比较复杂的。但是，如果 $\boldsymbol{F}$ 只是位矢 $\boldsymbol{r}$ 的函数，问题就会简单得多。下面研究这种情况。

例如，在空间的某个区域中，力仅为坐标 x、y、z 的单值、有限和可微的函数，则在这

个区域的每一个点上，都有确定的力。这个空间区域称为力场。若力不是时间 t 的显函数，则力场称为稳定场；反之，称为不稳定场。

式（4-1-8）中的线积分依赖于积分的端点和路线。所以力场对质点所做的功不但取决于质点的始末位置，而且取决于质点的运动轨道。如果一个力场的功只依赖于质点的始末位置，而与质点的轨道无关，则这个力场称为保守场，否则称为涡旋场。万有引力、弹性力和库仑力都是保守力。摩擦力是非保守力，由于它的功总是消耗物体的能量，也常称为耗散力。

由矢量分析可知，一个矢量场成为保守场的充要条件可以有以下几种等价的表述。

1）质点在力场中沿任何闭合路径运动一周，场力的功均等于零，即

$$\oint \boldsymbol{F}\cdot \mathrm{d}\boldsymbol{r}=0 \tag{4-1-9}$$

2）$\nabla\times\boldsymbol{F}=0$，即分量满足等式

$$\begin{cases}\dfrac{\partial F_x}{\partial y}=\dfrac{\partial F_y}{\partial x}\\[2mm]\dfrac{\partial F_x}{\partial z}=\dfrac{\partial F_z}{\partial x}\\[2mm]\dfrac{\partial F_y}{\partial z}=\dfrac{\partial F_z}{\partial y}\end{cases} \tag{4-1-10}$$

3）场力 $\boldsymbol{F}(x,y,z)$ 是某个标量函数 $U(x,y,z)$ 的梯度，即

$$\boldsymbol{F}=\nabla U \tag{4-1-11}$$

$U(x,y,z)$ 称为 $\boldsymbol{F}(x,y,z)$ 的势函数。$U(x,y,z)=$ 常量，所对应的曲面称为 $\boldsymbol{F}$ 的等势面。矢量 $\boldsymbol{F}$ 显然处处沿着等势面的法线，并指向 $U(x,y,z)$ 增大的方向。

在物理学中人们常使用势能这个名词。并以 $V(x,y,z)$ 表示，势能的定义是

$$V(x,y,z)=-U(x,y,z) \tag{4-1-12}$$

由此可以按式（4-1-8）算出保守场所做的功

$$A=\int_{M_0}^{M}\boldsymbol{F}\cdot\mathrm{d}\boldsymbol{r}=U(M)-U(M_0)=V(M_0)-V(M) \tag{4-1-13}$$

式（4-1-13）说明：保守力对质点所做的功等于其势函数的增量，或等于势能的减量。

由式（4-1-13）可知，势能只能准确到一个常数项，即势能的零点可以任意地选取。为了计算方便，重力场一般取地面或海平面为势能零点，弹性力场则取弹性体的自然状态为其势能的零点。

如果 $\boldsymbol{F}$ 是保守力，利用式（4-1-15）可将质点的动能定理式（4-1-3）写为

$$\frac{1}{2}mv^2-\frac{1}{2}mv_0^2=V_0(x_0,y_0,z_0)-V(x,y,z)$$

或

$$\frac{1}{2}mv^2+V(x,y,z)=\frac{1}{2}mv_0^2+V_0(x_0,y_0,z_0) \tag{4-1-14}$$

此式表明：质点在保守力场中运动时，其机械能是不变量。式（4-1-14）又可简化为

$$T + V = E \text{（常量）} \tag{4-1-15}$$

这就是说，当保守力做功时，只能使质点的动能与势能互相转化，而不能转化为其他形式的能量。如果在物体的运动过程中有非保守力做了功，机械能自然就不会守恒了。

对质点组来讲，内力的总功一般不为零，故机械能守恒的要求较高。若只有外力是保守力，而内力不是保守力时，质点组的机械能并不一定能守恒。例如，水沿倾斜的管子做片流运动时，由于内力是非保守的，致使机械能不守恒。只有作用在质点组上的非保守力的总功为零，系统的机械能才能守恒。

质点组的 3 个动力学基本定理一共含有 7 个方程。但是，质点组的独立变量常大于 7，所以这些方程一般不能用来确定质点组中每个质点的运动，而只能求得质点组总体运动的一些特征。整体性特征常常是与质心相关联的。

例 4-1 质量为M，半径为a的光滑半球，其底部放在光滑的水平面上，有一个质量为m的质点沿着半球滑下，如图 4-1 所示。设质点的初位置与球心的连线和竖直向上的直线所成之角为α，并设此系统开始时是静止的。求此质点滑到θ角时$\dot{\theta}$之值。

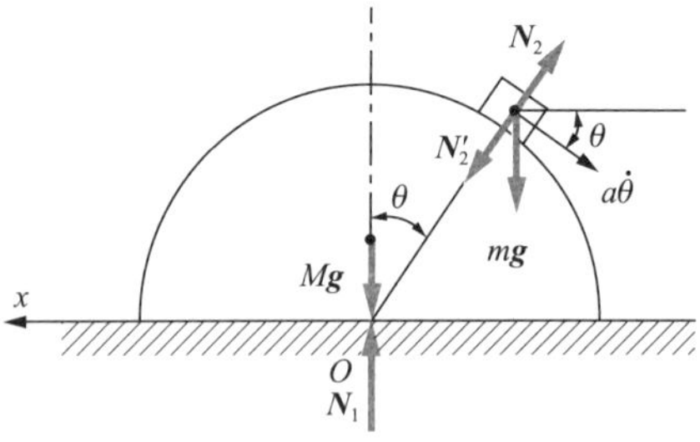

图 4-1

解 以质点m和半球所组成的系统为研究对象。系统所受外力有：重力$\boldsymbol{Mg}$、$\boldsymbol{mg}$，水平面对半球的支承力$\boldsymbol{N}_1$；系统所受内力：$\boldsymbol{N}_2$和$\boldsymbol{N}'_2(\boldsymbol{N}_2' = -\boldsymbol{N}_2)$。系统受力的做功分析：$\boldsymbol{Mg}$、$\boldsymbol{N}_1$不做功，$\boldsymbol{mg}$做功；关于$\boldsymbol{N}_2'$和$\boldsymbol{N}_2$这对内力做功的总和为 0。需要做如下说明：设半球的速度为$\boldsymbol{v}_1$，质点的相对速度为$\boldsymbol{v}_2$，由速度合成定理，受力为$\boldsymbol{N}_2$的滑块的绝对速度$\boldsymbol{v} = \boldsymbol{v}_1 + \boldsymbol{v}_2$，内力$\boldsymbol{N}_2$在$\Delta t$时间内所做的功为$\boldsymbol{N}_2 \cdot (\boldsymbol{v}_1 + \boldsymbol{v}_2)\Delta t$；内力$\boldsymbol{N}'_2$所做的功为$\boldsymbol{N}'_2 \cdot \boldsymbol{v}_1 \Delta t$。因此，内力$\boldsymbol{N}_2$和$\boldsymbol{N}'_2$做的总功为

$$A = \boldsymbol{N}_2 \cdot (\boldsymbol{v}_1 + \boldsymbol{v}_2)\Delta t + \boldsymbol{N}'_2 \cdot \boldsymbol{v}_1 \Delta t = \boldsymbol{N}_2 \cdot \boldsymbol{v}_2 \Delta t = 0$$

在上面的计算中利用了$\boldsymbol{N}'_2 = -\boldsymbol{N}_2$和$\boldsymbol{N}_2 \perp \boldsymbol{v}_2$。

由以上分析可知，系统机械能守恒。在水平方向无外力的作用，因此动量守恒。坐标系如图 4-1 所示，由水平方向动量守恒得

$$Mv_1 + m(v_1 - v_2 \cos\theta) = 0$$

因为$v_2 = a\dot{\theta}$，将其代入上式得

$$v_1 = \frac{m}{m+M} a\dot{\theta}\cos\theta$$

由机械能守恒得

$$\frac{1}{2}Mv^2{}_1 + \frac{1}{2}m[(v_1 - v_2\cos\theta)^2 + v^2{}_2 \sin^2\theta] + mga\cos\theta = mga\cos\alpha$$

于是有

$$\frac{1}{2}Mm^2\frac{a^2\dot{\theta}^2\cos^2\theta}{(M+m)^2}+\frac{1}{2}m\left[\left(\frac{m}{M+m}a\dot{\theta}\cos\theta-a\dot{\theta}\cos\theta\right)^2+a^2\dot{\theta}^2\sin^2\theta\right]$$
$$=mga(\cos\alpha-\cos\theta)$$

解之得

$$\dot{\theta}^2=\frac{2g(\cos\alpha-\cos\theta)}{a\left(1-\dfrac{m}{M+m}\cos^2\theta\right)}$$

即

$$\dot{\theta}=\left[\frac{2g(\cos\alpha-\cos\theta)}{a\left(1-\dfrac{m}{M+m}\cos^2\theta\right)}\right]^{\frac{1}{2}}$$

因为速度与坐标系的选择有关，所以在应用动量定理、动能定理和两个相应的守恒定理的时候，一定要指明是对哪一个参照系而言的。对于惯性系，以上定理都成立，但在一个公式中出现的速度（质点组中每个质点的速度）都必须是对同一惯性系而言的。

4.2 中 心 力

4.2.1 中心力的基本性质

如果运动质点所受的力始终通过某一固定点，则称质点受的力为中心力；这个定点则称为力心。中心力的大小一般是矢径（即质点与力心的距离）$\boldsymbol{r}$ 的函数。

由于中心力 $\boldsymbol{F}$ 与质点的位矢 $\boldsymbol{r}$ 共线，$\boldsymbol{r}\times\boldsymbol{F}=0$。由角动量定理得知 $\boldsymbol{J}$ =恒矢量，即运动质点的角动量守恒。又由于 $\boldsymbol{J}=\boldsymbol{r}\times m\boldsymbol{v}$，质点只能在垂直于矢量 $\boldsymbol{J}$ 的平面内运动。因此，只需用两个坐标 (x,y) 或 (r,θ) 就可以描述质点的运动。

因为中心力 $\boldsymbol{F}$ 的量值一般只是 r 的函数，即 $F=F(r)$，所以 $\boldsymbol{F}$ 可写为

$$\boldsymbol{F}=F(r)\frac{\boldsymbol{r}}{r} \tag{4-2-1}$$

如果选用直角坐标系，并以力心为原点，$O\text{-}xy$ 平面为运动平面，则牛顿方程为

$$\begin{cases} m\ddot{x}=F(r)\dfrac{x}{r} \\ m\ddot{y}=F(r)\dfrac{y}{r} \end{cases} \tag{4-2-2}$$

由于 $r=\sqrt{x^2+y^2}$，用直角坐标系求解中心力问题是很费事的。既然 $F=F(r)$，而且 $\boldsymbol{F}$ 又与 $\boldsymbol{r}$ 共线，因而采用平面极坐标系显然会方便得多。如果取力心为极点，则质点的运动微分方程是

$$\begin{cases} m(\ddot{r}-r\dot{\theta}^2)=F(r) \\ m(r\ddot{\theta}+2\dot{r}\dot{\theta})=0 \end{cases} \tag{4-2-3}$$

首先，很容易对式（4-2-3）的第二个方程进行一次积分。先将该方程改写为

$$m\frac{1}{r}\frac{\mathrm{d}}{\mathrm{d}r}\left(r^2\dot{\theta}\right)=0$$

积分一次便得

$$r^2\dot{\theta}=h \tag{4-2-4}$$

或

$$mr^2\dot{\theta}=mh \tag{4-2-5}$$

式中，h为积分常数。

其次，来研究式（4-2-5）的物理意义。在极坐标系中，动量的径向分量对O点的矩为零，动量的横向分量对O点的矩为

$$mv_0 r=mr^2\dot{\theta}$$

由此可见，$mr^2\dot{\theta}$就是质点对力心O的动量矩（角动量）。所以，式（4-2-5）表示运动物体的角动量守恒。

由于式（4-2-4）比式（4-2-3）第二式简单，在研究中心力场问题时，常用下列两式作为基本方程，以代替式（4-2-3）：

$$\begin{cases} m(\ddot{r}-r\dot{\theta}^2)=F(r) \\ r^2\dot{\theta}=h \end{cases} \tag{4-2-6}$$

中心力场中的运动质点，不但角动量守恒，而且机械能也是守恒的。下面予以证明。

当质点受力$\boldsymbol{F}$的作用沿曲线运动时，$\boldsymbol{F}$做的功是

$$W=\int_A^B \boldsymbol{F}\cdot\mathrm{d}\boldsymbol{r}$$

在极坐标系中，$\boldsymbol{F}$和$\mathrm{d}\boldsymbol{r}$可写成

$$F=F_r\boldsymbol{i}+F_\theta\boldsymbol{j}$$
$$\mathrm{d}\boldsymbol{r}=\mathrm{d}r\boldsymbol{i}+r\mathrm{d}\theta\boldsymbol{j}$$

于是功W可写成

$$W=\int_A^B\left(F_r\,\mathrm{d}r+F_\theta r\,\mathrm{d}\theta\right) \tag{4-2-7}$$

如果$\boldsymbol{F}$是中心力，则F_θ=0，且F_r只是r的函数，而与θ无关。这时式（4-2-7）便简化为

$$W=\int_A^B F(r)\mathrm{d}r \tag{4-2-8}$$

若A与B点的极坐标分别对应r_1和r_2，则中心力对质点做的功应是

$$W=\int_{r_1}^{r_2} F(r)\mathrm{d}r \tag{4-2-9}$$

这个积分的值显然与质点的运动路径无关。可见中心力是保守力，质点的机械能守恒。如

果以$V(r)$表示中心力场的势能，则机械能守恒便可写为

$$\frac{1}{2}m(\dot{r}^2+r^2\dot{\theta}^2)+V(r)=E \tag{4-2-10}$$

式（4-2-10）是一阶微分方程。求解中心力问题时也可以把它与式（4-2-6）的第二式联合起来，作为基本方程。

4.2.2 比尼公式

一般说来，当求出运动规律$r=r(t)$，$\theta=\theta(t)$以后，消去参数t便可求出质点的轨道方程。但是在中心力问题中，也还有另外的方法求质点的轨道。可以先从式（4-2-6）中消去t，求出r、θ和F之间的方程。然后代入力的表达式，求出质点的轨道方程。

为了运算的方便，令$u=\dfrac{1}{r}$。由式（4-2-6）的第二式可得

$$\dot{\theta}=hu^2$$

于是可把$\dot{r}$和$\ddot{r}$表示成

$$\dot{r}=\frac{\mathrm{d}r}{\mathrm{d}t}=\frac{\mathrm{d}r}{\mathrm{d}\theta}\frac{\mathrm{d}\theta}{\mathrm{d}t}=\frac{\mathrm{d}}{\mathrm{d}\theta}\left(\frac{1}{u}\right)\frac{\mathrm{d}\theta}{\mathrm{d}t}=-\frac{1}{u^2}\frac{\mathrm{d}u}{\mathrm{d}\theta}\dot{\theta}=-h\frac{\mathrm{d}u}{\mathrm{d}\theta}$$

$$\ddot{r}=\frac{\mathrm{d}\dot{r}}{\mathrm{d}t}=\frac{\mathrm{d}}{\mathrm{d}t}\left(-h\frac{\mathrm{d}u}{\mathrm{d}\theta}\right)=\frac{\mathrm{d}}{\mathrm{d}\theta}\left(-h\frac{\mathrm{d}u}{\mathrm{d}\theta}\right)\dot{\theta}=-h^2u^2\frac{\mathrm{d}^2u}{\mathrm{d}\theta^2}$$

再把$\dot{\theta}$与$\ddot{r}$代入式（4-2-6）的第一式，变量t便自动消去，从而得到u与θ之间的微分方程

$$h^2u^2\left(\frac{\mathrm{d}^2u}{\mathrm{d}\theta^2}+u\right)=-\frac{F}{m} \tag{4-2-11}$$

这便是质点轨道的微分方程，通常称为比尼公式。

利用比尼公式，可以由给定的中心力$\boldsymbol{F}$求出质点的运动轨道，也可以由已知的轨道方程求出中心力的具体形式。当中心力是引力时，$\boldsymbol{F}$取负值；当中心力是斥力时，$\boldsymbol{F}$取正值。

4.2.3 行星的运动

在中心力问题中，平方反比作用力是一种极为重要的情况，求解也比较容易。下面首先研究行星的运动。

令太阳的质量为M，行星的质量为m，则由万有引力定律得知行星受到的引力是

$$F=-\frac{GMm}{r^2}=-\frac{k^2m}{r^2}=-mk^2u^2 \tag{4-2-12}$$

式中，G为万有引力常数；k^2为太阳的高斯，$k^2=GM$是只与太阳有关的常数；r为行星与太阳之间的距离。

把式（4-2-12）给出的F代入比尼公式［式（4-2-11）］，可得

$$h^2u^2\left(\frac{\mathrm{d}^2 u}{\mathrm{d}\theta^2}+u\right)=k^2u^2$$

即

$$\frac{\mathrm{d}^2 u}{\mathrm{d}\theta^2}+u=\frac{k^2}{h^2} \tag{4-2-13}$$

如果令

$$u=\xi+\frac{k^2}{h^2}$$

则式（4-2-13）就变成了新变量ξ的微分方程

$$\frac{\mathrm{d}^2 \xi}{\mathrm{d}\theta^2}+\xi=0 \tag{4-2-14}$$

这个方程的解是

$$\xi=A\cos\left(\theta-\theta_0\right)$$

将上式的ξ换回到u，再换回到r，就得到r与θ的关系式

$$r=\frac{\dfrac{h^2}{k^2}}{1+A\left[\cos\left(\theta-\theta_0\right)\right]\dfrac{h^2}{k^2}} \tag{4-2-15}$$

式中的A与θ_0是两个积分常数。如果改选极轴，使$\theta_0=0$，上式便简化为

$$r=\frac{\dfrac{h^2}{k^2}}{1+\left(\dfrac{Ah^2}{k^2}\right)\cos\theta} \tag{4-2-16}$$

这就是行星的轨道方程。

在极坐标系中，圆锥曲线的标准方程为

$$r=\frac{p}{1+e\cos\theta} \tag{4-2-17}$$

将式（4-2-16）与式（4-2-17）相比，可知行星的运动轨道是一个原点在焦点上的圆锥曲线，而且力心位于焦点上。p为圆锥曲线正焦弦长度的一半，e为偏心率，θ应从焦点至准线所做的垂线量起。比较式（4-2-16）和式（4-2-17），有

$$\frac{h^2}{k^2}=p\,,\quad \frac{Ah^2}{k^2}=Ap=e \tag{4-2-18}$$

如果将式（4-2-6）和式（4-2-10）联立，也可导出行星的轨道方程。进而再与式（4-2-17）对比，便可得到机械能E与偏心率e的关系，即

$$e=\sqrt{1+\frac{2E}{m}\left(\frac{h}{k^2}\right)^2} \tag{4-2-19}$$

因为$\frac{2}{m}\left(\frac{h}{k^2}\right)^2$恒为正，所以有：

$E<0$时$e<1$，轨道为椭圆；

$E=0$时$e=1$，轨道为抛物线；

$E>0$时$e>1$，轨道为双曲线。

4.2.4 宇宙速度

现在以发射地球卫星为例，如果将进入轨道的那个点称为初始点，它的半径为$r=R$（略大于地球半径），假定此时卫星的速度大小为v_0，方向与半径垂直，那么动量矩为

$$mh=mr^2\dot{\theta}=mRv_0$$

机械能为

$$E=\frac{1}{2}mv^2-\frac{k^2m}{r}=\frac{1}{2}mv_0^2-mgR \tag{4-2-20}$$

其中$k^2=gR^2$，g是初始点的重力加速度，略小于 9.8m/s^2。椭圆轨道与双曲线轨道的分界点是E=0，由此算出$v_0=\sqrt{2gR}$，这就是第二宇宙速度。形成圆轨道的条件是

$$E=-\frac{mk^4}{2h^2} \tag{4-2-21}$$

将h、E和k的关系代入，可解出$v_0=\sqrt{gR}$，这就是第一宇宙速度。

接下来推导第三宇宙速度。所谓第三宇宙速度就是指从地球上发射的火箭能够脱离太阳系时火箭所具有的最小速度。

设地球绕太阳的公转速度为v_e，则v_e应满足

$$M_e\frac{v_e^2}{r_e}=G\frac{M_sM_e}{r_e^2} \tag{4-2-22}$$

式中，M_e为地球质量；M_s为太阳质量；r_e为地球轨道半径；G为引力常量。

由上式可得

$$v_e=\sqrt{\frac{GM_S}{r_e}}=2.979\times10^6\ \mathrm{cm/s} \tag{4-2-23}$$

现设想在地球公转轨道上发射一枚火箭，则这枚火箭能脱离太阳系时所具有的速度为$v_0=\sqrt{2}v_e=4.213\times10^6\ \mathrm{cm/s}$。火箭是在地球上发射的，这就要求这枚火箭在脱离地球的引力以后，相对于太阳的速度至少为v_0时才能脱离太阳系，那么它相对于地球的速度就应是v_0-v_e。在离开地球无穷远处这枚火箭的总能量为$m|v_0-v_e|^2/2$，m是火箭的质量。设第三宇宙速度为v_3，R_e是地球的半径，则由机械能守恒，得

$$\frac{1}{2}mv_3^2-G\frac{M_em}{R_e}=\frac{1}{2}m|v_0-v_e|^2 \tag{4-2-24}$$

即

$$v_3^2 = \frac{2GM_e}{R_e} + \left|v_0 - v_e\right|^2$$

显然，当 v_0 与 v_e 的方向相同时，v_3 取最小值，所以

$$v_3^2 = \frac{2GM_e}{R_e} + \left(v_0 - v_e\right)^2 \tag{4-2-25}$$

代入数据后得

$$v_3 = 1.665 \times 10^6 \text{ cm/ s} \approx 16.7 \text{ km/ s}$$

从以上的推导过程应该注意到：第三宇宙速度是相对于地球的速度；它的方向应该和地球公转速度的方向一致。当然这只是不考虑空气阻力的理想情况，实际情况要复杂得多。

4.3 α 粒子的散射

4.3.1 α 粒子的受力分析

把一个带正电荷 $2e$ 的 α 粒子射入原子中，如果原子是有核结构，且核带有 Ze 的正电荷，则由库仑定律可知二者的相互作用力是

$$F = \frac{1}{4\pi\varepsilon_0}\frac{2Ze^2}{r^2} = \frac{k'}{r^2} \tag{4-3-1}$$

其中 $k' = 2Ze^2 / 4\pi\varepsilon_0$。可见，α 粒子受到核的平方反比斥力的作用。因为核的质量一般远大于 α 粒子的质量，故可以近似地认为力心是静止不动的。

注意到库仑斥力和万有引力的相同与不同处，把式（4-2-10）中的 $V(r)$ 改为 k'/r，就可得到 α 粒子的能量方程

$$\frac{1}{2}m\left(\dot{r}^2 + r^2\dot{\theta}^2\right) + \frac{k'}{r} = E \tag{4-3-2}$$

式中，m 为 α 粒子的质量。

由于 α 粒子的机械能 E 恒为正值，知其轨道是双曲线的一支，而且力心位于轨道的凸侧。如果是引力，则力心便位于双曲线的凹侧。如图 4-2 所示，O 代表原子核（即力心）的位置。α 粒子轨道的对称轴是 OC，其中 C 点是轨道上距原子核最近的点。因此，轨道的两条渐近线和 OC 的夹角是相等的。若是以 θ_0 代表这个角度，则 α 粒子的运动方向被斥偏了的 φ 角为

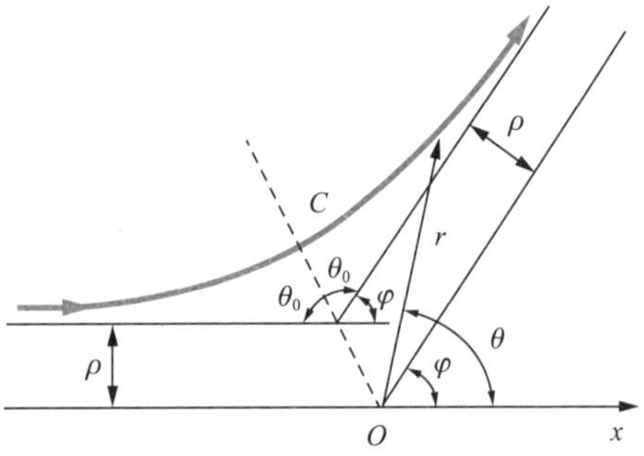

图 4-2

$$\varphi = \pi - 2\theta_0 \tag{4-3-3}$$

这种现象称为 α 粒子的散射。

4.3.2 α 粒子的散射角

可以有两种方法求出α粒子的轨道方程。第一种方法是由式（4-3-2）求得，称为能量法；第二种方法是采用比尼公式求解。为了便于计算偏转角φ，分析物理意义，用比尼公式可以求得u与θ的关系式。并把它写成正弦与余弦的组合

$$u=\frac{1}{r}=A\cos\theta+B\sin\theta+C_1 \tag{4-3-4}$$

式中$C_1=-\frac{k'}{mh^2}$。A与B是两个积分常数，其确定方法介绍如下。

由图4-2可知，当$\theta=\pi$时，$r\to\infty$，u=0。把关系代入式（4-3-4）可得

$$A=C_1 \tag{4-3-5}$$

另外，由于轨道上任一点的纵坐标$y=r\sin\theta=\frac{1}{u}\sin\theta$，得

$$u=\frac{\sin\theta}{y} \tag{4-3-6}$$

把此式代入式（4-3-4）便得

$$\frac{1}{y}=\frac{C_1(1+\cos\theta)}{\sin\theta}+B \tag{4-3-7}$$

当$\theta=\pi$时，纵坐标y等于从力心到轨道的渐近线所作的垂线的距离ρ。ρ称为瞄准距离。因此

$$B=\frac{1}{\rho} \tag{4-3-8}$$

把A与B的表达式代入式（4-3-4）便得

$$u=C_1(1+\cos\theta)+\frac{1}{\rho}\sin\theta \tag{4-3-9}$$

α粒子的偏转角φ是当它散射后远离核时θ角的值，此时$r=\infty, u=0$。因此由式(4-3-9)可得

$$-\frac{1}{C_1\rho}=\frac{1+\cos\varphi}{\sin\varphi}=\cot\frac{\varphi}{2}$$

如果再把$C_1=-\frac{k'}{mh^2}$代入上式，则得

$$\cot\frac{\varphi}{2}=\frac{mh^2}{k'\rho} \tag{4-3-10}$$

设无穷远处α粒子的速度为v_∞，显然粒子在无穷远处的动量矩应当是$mh=mr(r\dot{\theta})=m\rho v_\infty$。因此$h=\rho v_\infty$，以及

$$\cot\frac{\varphi}{2}=\frac{m\rho v_{\infty}^{2}}{k'} \tag{4-3-11}$$

上式也可写为

$$\rho=\frac{k'}{mv_{\infty}^{2}}\cot\frac{\varphi}{2} \tag{4-3-12}$$

这就是α粒子散射时的瞄准距离ρ与偏转角φ的关系。

式（4-3-12）是很难用实验直接验证的。为了进行验证，需要把式（4-3-12）加以修改。

4.3.3 卢瑟福公式

令一束平行的、具有相同速度的α粒子轰击薄的金属箔。在粒子束中，不同的粒子具有不同的瞄准距离，因而它们的偏转角φ也将不同，用 dN 表示单位时间内散射到φ至$\varphi+\mathrm{d}\varphi$角度内的粒子数。但是，由于 d$N$ 依赖于入射粒子束的密度，不便于描述散射过程的性质，引入下列关系式

$$\mathrm{d}\sigma=\frac{\mathrm{d}N}{n} \tag{4-3-13}$$

来代替 dN，其中 n 是在单位时间内通过垂直粒子束的单位截面积的粒子数。dσ 则因具有面积的量纲，称为散射截面。它完全由散射场的形式决定，是散射过程的一个重要的物理量。

如果散射角是瞄准距离的单调下降函数，则在散射区间φ到$\varphi+\mathrm{d}\varphi$内所散射的只是其瞄准距离为$\rho(\varphi)$到$\rho+\mathrm{d}\rho$的那些粒子。这种粒子的数目应等于$n$与环行面积d$\sigma$的乘积，即

$$\mathrm{d}N=2\pi\rho\cdot\mathrm{d}\rho\cdot n$$

所以散射截面是

$$\mathrm{d}\sigma=2\pi\rho\,\mathrm{d}\rho$$

或

$$\mathrm{d}\sigma=-2\pi\rho\frac{\mathrm{d}\rho}{\mathrm{d}\varphi}\mathrm{d}\varphi \tag{4-3-14}$$

上式中的负号是因为ρ增加时φ减小。把式（4-3-12）代入式（4-3-14）中，可得

$$\mathrm{d}\sigma=\frac{1}{4}\left(\frac{k'}{mv_{\infty}^{2}}\right)^{2}\frac{2\pi\sin\varphi}{\sin^{4}\left(\frac{\varphi}{2}\right)}\mathrm{d}\varphi \tag{4-3-15}$$

这便是著名的卢瑟福散射公式。该公式是卢瑟福于 1911 年首先导出，并在 1913 年被盖革和马斯登用实验证实的。根据实验，当α粒子接近重原子核到10^{-14} m时，上述关系仍然正确。由此可知，原子核的线度确实是10^{-14} m（原子的线度为10^{-10} m），与卢瑟福的预期是符合的。在非相对论量子力学中，利用薛定谔方程求解出来的散射截面与上面所得的经典结果是相同的。正是这个公式，确立了原子结构的行星模型，揭开了人类认识原子世界崭新的一页。

4.4 二体问题

4.4.1 开普勒问题

德国人开普勒利用丹麦天文学家第谷的观测数据，改进了哥白尼的学说，破除了天体做圆周运动的思想，提出了行星运动的三条定律：

第一定律：行星绕太阳做椭圆运动；太阳位于椭圆的一个焦点上。

第二定律：行星与太阳的连线在相等的时间内扫过相等的面积。

第三定律：行星公转周期的平方与轨道长半轴的立方成正比。

开普勒第一定律和第二定律发表于 1609 年，第三定律发表于 1619 年。开普勒定律是在大量观测资料的基础上总结出来的。牛顿以开普勒定律为基础，并结合他自己的第二运动定律，于 1687 年推出了万有引力定律。现在来研究一下这个推导的方法。

由开普勒第二定律，单位时间内行星矢径扫过的面积是个不变量。即

$$\frac{\mathrm{d}A}{\mathrm{d}t}=\text{常量}$$

设 p_1 与 p_2 是行星的两个相邻位置。这两点的矢径构成的夹角是 $\Delta\theta$。行星沿着轨道从 p_1 运动到 p_2 用的时间为 Δt。在这段时间内，矢径扫过的面积 ΔA 是两条矢径与一段轨道围成的面积。当 $\Delta t\to 0$ 时，$p_2\to p_1$，ΔA 便近似等于 $\triangle op_1p_2$ 的面积，即等于 $r(r\Delta\theta)/2$。所以，

$$\frac{\mathrm{d}A}{\mathrm{d}t}=\lim_{\Delta t\to 0}\frac{\Delta A}{\Delta t}=\lim_{\Delta t\to 0}\frac{1}{2}r^2\frac{\Delta\theta}{\Delta t}=\frac{1}{2}r^2\dot{\theta}$$

或

$$2\dot{A}=r^2\dot{\theta} \tag{4-4-1}$$

由开普勒第二定律知 $r^2\dot{\theta}$ 必为常数。若令 m 为行星的质量，则 $mr^2\dot{\theta}$ 也应是常数。然而，$mr^2\dot{\theta}$ 却是行星对太阳的动量矩，所以得知：行星受到的是有心力，太阳是力心。

下面再由开普勒第一定律求行星受力的量值。由开普勒第一定律知行星的轨道是椭圆，故轨道方程可写为

$$r=\frac{p}{1+e\cos\theta}$$

或

$$u=\frac{1}{p}+\frac{e}{p}\cos\theta$$

把上式代入式（4-2-11），便得

$$F=-mh^2u^2\left(\frac{\mathrm{d}^2u}{\mathrm{d}\theta^2}+u\right)=-\frac{mh^2u^2}{p}=-\frac{h^2}{p}\frac{m}{r^2} \tag{4-4-2}$$

这说明行星受的力是引力，且与距离的平方成反比。

乍一看来，似乎不需要开普勒第三定律便可导出万有引力定律，其实不然。现在得到的式（4-4-2）还不是万有引力定律，因为还未证明式中的 h^2/p 是与行星无关的常量。要

想证明它是常量，就必须利用开普勒第三定律。下面来作证明。

由式（4-2-4）知 $2\dot{A}=r^2\dot{\theta}=h$。积分后便得

$$2A=h\left(t-t_0\right)$$

当矢径扫过整个椭圆时，$A=\pi ab$，所用的时间则是周期τ，所以$2\pi ab=h\tau$，即

$$\tau=\frac{2\pi ab}{h}$$

于是

$$\frac{\tau^2}{a^3}=\frac{4\pi^2b^2}{ah^2}$$

又因

$$\frac{b^2}{a}=\frac{1}{a}\left(a^2-c^2\right)=a\left(1-\frac{c^2}{a^2}\right)=a\left(1-e^2\right)=p$$

故

$$\frac{\tau^2}{a^3}=\frac{4\pi^2p}{h^2}$$

根据开普勒第三定律，τ^2/a^3是与行星无关的常数。由此可见，虽然各个行星的p值与h值互不相同，但h^2/p却是一个共同的常数。因此，如果令$h^2/p=k^2$，便可把式（4-4-2）化为万有引力定律式（4-2-12）。

利用符号k，行星的运动周期也可写为

$$\tau=\frac{2\pi a^{\frac{3}{2}}}{k} \tag{4-4-3}$$

牛顿不但研究了行星的绕日运动，而且研究了月球绕地球的运动。他进而又把式（4-2-12）所确定的引力推广到一切物体，称为万有引力定律。

4.4.2 二体问题的动力学方程

开普勒定律是当时的观测结果，不可能是绝对准确的。首先，从第一定律就可看出，它没有考虑到行星对太阳的引力，更没有考虑行星之间的相互作用力。如果承认行星对太阳的引力，则行星与太阳都是运动的。这种问题称为二体问题。如果考虑到行星之间的相互作用力，就更为复杂，称为多体问题。多体理论在天体力学和量子力学中都是重要的内容，要运用较难的微扰法去近似求解。二体问题的求解较为容易，本节加以讨论。

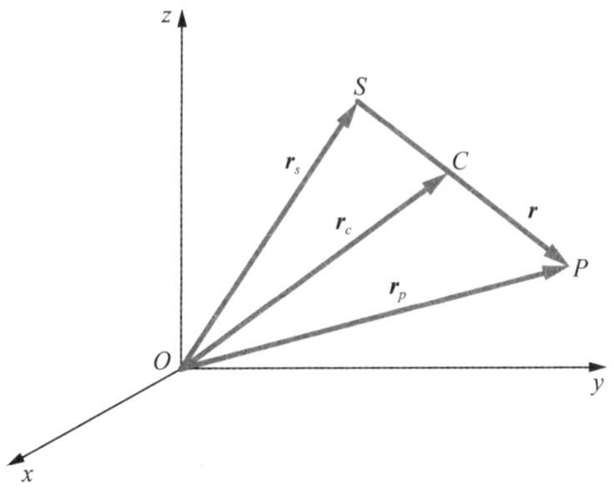

图 4-3

如图 4-3 所示，令 S 代表太阳，P 代表某个

行星，其质量分别以 M 和 m 表示。$O\text{-}xyz$ 是一个静止的坐标系。C 点则为太阳与行星所成系统的质心，$\boldsymbol{r}$ 表示行星相对于太阳的位置矢量。由图上所标示的符号可知，太阳对静止坐标系的动力学方程应是

$$M\frac{\mathrm{d}^2\boldsymbol{r}_s}{\mathrm{d}t^2}=\frac{GMm}{r^2}\frac{\boldsymbol{r}}{r} \tag{4-4-4}$$

式中，G 为引力常数，且 $GM=k^2$。

行星对静止坐标系的动力学方程则为

$$m\frac{\mathrm{d}^2\boldsymbol{r}_p}{\mathrm{d}t^2}=-\frac{GMm}{r^2}\frac{\boldsymbol{r}}{r} \tag{4-4-5}$$

将式（4-4-4）与式（4-4-5）相加，便得

$$\frac{\mathrm{d}^2}{\mathrm{d}t^2}\left(M\boldsymbol{r}_s+m\boldsymbol{r}_p\right)=0 \tag{4-4-6}$$

然而由式（2-1-8）可知

$$M\boldsymbol{r}_s+m\boldsymbol{r}_p=\left(M+m\right)\boldsymbol{r}_c \tag{4-4-7}$$

由式（4-4-6）与式（4-4-7）可得

$$\left(M+m\right)\frac{\mathrm{d}^2\boldsymbol{r}_c}{\mathrm{d}t^2}=0 \tag{4-4-8}$$

这表示，系统（P，S）的质心做惯性运动。

如图 4-4 所示，如果令 $\overrightarrow{CP}=\boldsymbol{r}_1$，$\overrightarrow{CS}=\boldsymbol{r}_2$，则行星对质心 C 的动力学方程是

$$m\ddot{\boldsymbol{r}}_1=-\frac{k^2m}{\left(r_1+r_2\right)^2}\frac{\boldsymbol{r}_1}{r_1} \tag{4-4-9}$$

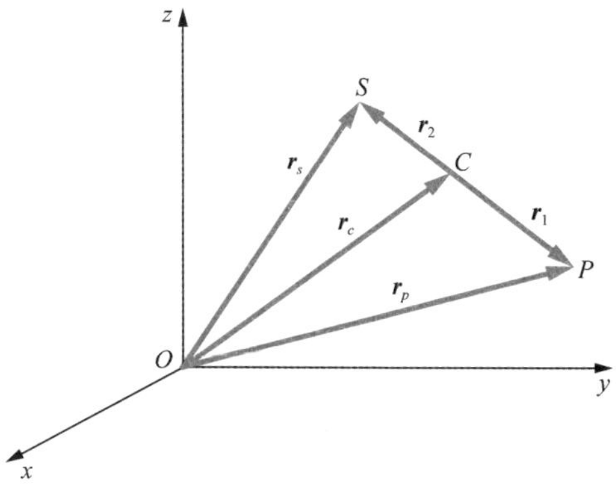

图 4-4

因为 C 点是质心，故 $mr_1=Mr_2$。则有

$$r_1+r_2=\left(1+\frac{m}{M}\right)r_1=\frac{M+m}{M}r_1$$

这样式（4-4-9）就变为

$$m\ddot{\boldsymbol{r}}_1=-\frac{k^2mM^2}{(M+m)^2}\frac{1}{r_1^2}\frac{\boldsymbol{r}_1}{r_1} \tag{4-4-10}$$

由上式可知，如果以质心为坐标原点，则行星相当于受到质心 C 的平方反比引力。故知行星将绕着质心 C 做椭圆运动。仿照上述的方法，可以证明太阳也绕质心 C 做椭圆运动。

下面再求行星对于太阳的运动方程。将式（4-4-4）乘以 m，式（4-4-5）乘以 M，然后二式相减，便得

$$Mm\left(\frac{\mathrm{d}^2\boldsymbol{r}_p}{\mathrm{d}t^2}-\frac{\mathrm{d}^2\boldsymbol{r}_s}{\mathrm{d}t^2}\right)=-\frac{GMm}{r^2}(M+m)\frac{\boldsymbol{r}}{r} \tag{4-4-11}$$

但 $\boldsymbol{r}_p-\boldsymbol{r}_s=\boldsymbol{r}$，故上式可变为

$$Mm\frac{\mathrm{d}^2\boldsymbol{r}}{\mathrm{d}t^2}=-\frac{GMm}{r^2}(M+m)\frac{\boldsymbol{r}}{r} \tag{4-4-12}$$

消去 M，并令 $k'^2=G(M+m)$，则上式将最终写为

$$m\frac{\mathrm{d}^2\boldsymbol{r}}{\mathrm{d}t^2}=-\frac{k'^2m}{r^2}\frac{\boldsymbol{r}}{r} \tag{4-4-13}$$

这就是行星相对于太阳的动力学方程。

如果不考虑地球对太阳的引力，则太阳是静止点，地球对太阳的运动规律是

$$m\frac{\mathrm{d}^2\boldsymbol{r}}{\mathrm{d}t^2}=-\frac{k^2m}{r^2}\frac{\boldsymbol{r}}{r} \tag{4-4-14}$$

现在考虑了地球对太阳的引力，太阳是动点，成为二体问题。在二体问题中，地球对太阳的运动规律式（4-4-12）可以写成

$$\frac{Mm}{M+m}\frac{\mathrm{d}^2\boldsymbol{r}}{\mathrm{d}t^2}=-\frac{k^2m}{r^2}\frac{\boldsymbol{r}}{r} \tag{4-4-15}$$

式（4-4-15）与式（4-4-14）的结构完全相同，只是等号左侧的地球质量由 m 变成了 $\frac{Mm}{M+m}$。这个量通常称为行星的折合质量并以 μ 表示

$$\mu=\frac{Mm}{M+m} \tag{4-4-16}$$

由上式可知，行星的折合质量小于其自身的质量。并且，m 越小，μ 便越接近 m。引入折合质量后，行星相对于太阳的动力学方程为

$$\mu\frac{\mathrm{d}^2\boldsymbol{r}}{\mathrm{d}t^2}=-\frac{k^2m}{r^2}\frac{\boldsymbol{r}}{r} \tag{4-4-17}$$

由式（4-4-13）或式（4-4-17）求出的行星动力学方程与（4-4-14）式求出的结果显然是不同的。观测的数据表明，由式（4-4-17）算出的结果更接近行星运动的实际情况。

以式（4-4-13）为依据，可以对开普勒第三定律做出修改。由式（4-4-3）可知，对行星 p_1 和 p_2 有

$$\begin{cases}\dfrac{4\pi a_1^3}{\tau_1^2}=k_1'^2=G\left(M+m_1\right)\\ \dfrac{4\pi^2 a_2^3}{\tau_2^2}=k_2'^2=G\left(M+m_2\right)\end{cases}$$

两式相除便得

$$\frac{a_1^3}{\tau_1^2}:\frac{a_2^3}{\tau_2^2}=\left(1+\frac{m_1}{M}\right):\left(1+\frac{m_2}{M}\right) \tag{4-4-18}$$

按照开普勒定律，上式中等号右侧等于 1；现在按二体问题算出的结果却并不等于 1。可见开普勒定律只是实际情况的近似。当 m_1 和 m_2 都远小于 M 时，开普勒定律便与实际情况符合得很好。在太阳系中，最大的行星是木星，其质量也不过是太阳质量的 1/1047，设 m_1 为木星质量，m_2 为其他行星质量，那么式（4-4-18）等号右侧的值小于 1048/1047，与 1 很接近。由此可见，开普勒第三定律的近似程度是很高的。

习　题

4-1　如图所示，质量为 m 的质点用长为 l 的轻绳悬系于 O 点，开始时绳在水平位置，距 O 点为 l，然后从静止开始下落。在 O 点正下方 $l/2$ 处有一钉子 O'，质点在到达最低点时绳子和 O' 相碰。求：①质点在整个运动过程中能量是否守恒，并说明其理由；②质点在经过最低点后，最高可上升到何处？

4-2　质量相同的两个质点，用一个固定长度为 l、劲度系数为 k、质量可不计的弹性棒连接起来，用手握住其中的一个质点，使另一个做水平圆周运动，其速度为 v_0，然后将手放开。讨论这两个质点以后的运动情况。

4-3　绳的一端固定于 A 点，经过一个动滑轮 O_1 和一个定滑轮 O_2，另一端系一重为 Q 的物体。滑轮 O_1 下挂一重为 P 的重物，且 $Q>P/2$，如图所示。设起始时此系统是静止的，且 $h=0$。不计滑轮重量，试用动能定理求重物的速度和加速度。

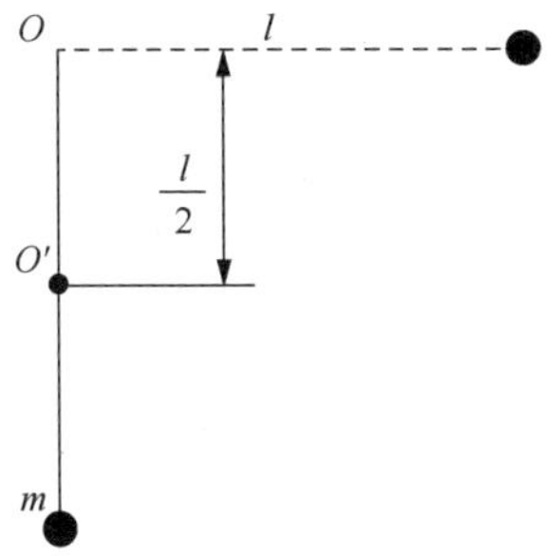

题 4-1 图

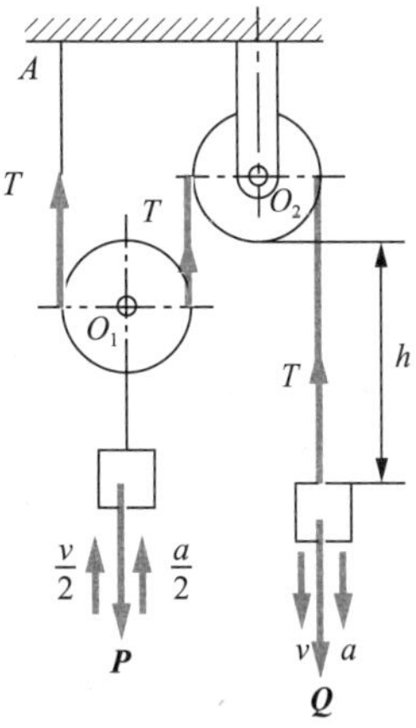

题 4-3 图

4-4 如图所示，长为l的细链条放在水平光滑的桌面上，链条的一半从桌面上垂下。求此链条由静止开始下滑，当末端滑到桌边缘时，链条的速度v是多少？

4-5 如图所示，用一轻绳竖直系着一个质量为m'、半径为R的光滑大环，其上套着两个质量均为m的光滑小环。设小环从静止状态由大环顶部滑下。求证大环可上升的条件为$m \geqslant \frac{3}{2}m'$。

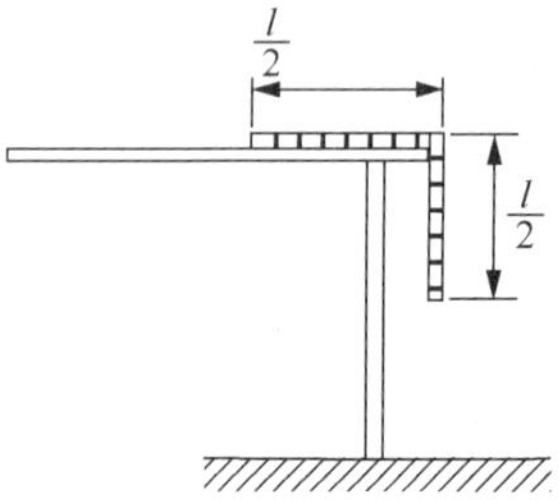

题 4-4 图

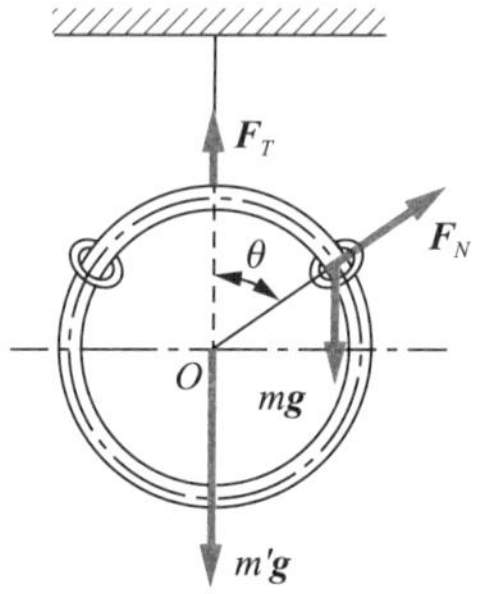

题 4-5 图

4-6 均质细杆长为l、重为Q，上端B靠在光滑的墙上，下端A以铰链和圆柱体中心连接，圆柱重P、半径为r，放在粗糙的地面上，由静止开始做只滚不滑的运动，如杆与水平面的夹角为θ=45°。求A点在初始时的加速度。

4-7 求证：在力与距离的平方呈反比的椭圆运动中，动能对时间的平均值等于势能对时间的平均值的一半。

4-8 求粒子在中心力$F=-\frac{k}{r^2}+\frac{c}{r^3}$的作用下的轨道方程。

4-9 求粒子在势场$V=-\frac{\alpha}{r}(\alpha>0)$中运动且能量$E=0$（抛物线轨道）时，坐标对时间的依赖关系。

4-10 质点所受的有心力如果为$F=-m\left(\frac{\mu^2}{r^2}+\frac{v}{r^3}\right)$，式中$\mu$和$v$都是常数，并且$v<h^2$，则其轨道方程$r=\frac{a}{1+e\cos k\theta}$。试证明式中$k^2=\frac{h^2-v}{h^2}$，$a=\frac{k^2h^2}{\mu^2}$，$e=\frac{Ak^2h^2}{\mu^2}$（$A$为积分常数）。

4-11 定性地讨论粒子在中心势场$V=-k\frac{\mathrm{e}^{-\alpha r}}{r}$中的运动，$k$和$\alpha$为常数。

4-12 我国第一颗人造地球卫星（1970 年 4 月 24 日发射）的质量为 173kg，近地点 439km，远地点 2384km。求此卫星在近地点和远地点的速率v_1、v_2，以及它绕地球的周期τ。

4-13 一个航天器绕地心做圆周运动。航天器的质量为 3000kg，轨道半径$r_1=2R$，$R=6400\text{km}$是地球半径。若要将航天器转移到半径$r_2=4R$的另一圆轨道上去。①求转移所需的最小能量；②一个最经济的轨道称为 Hohmann 转移轨道（它是一个在近地点与小圆轨道相外切，在远地点与大圆轨道相内切的半椭圆轨道）。求在它的两条轨道的交接处A和B处的速度增量。

4-14 如果v_A、v_B为行星在远日点及近日点的速率，e为行星椭圆轨道的偏心率。试证明$v_A : v_B = (1-e):(1+e)$。

4-15 ①某彗星的轨道为抛物线，其近日点距离为地球轨道（假定为圆形）半径的$1/n$，则此彗星运行时，在地球轨道停留的时间为一年的$\frac{2}{3\pi}\frac{n+2}{n}\sqrt{\frac{n-1}{2n}}$倍。试证明之。②证明任何做抛物线运动的彗星停留在地球轨道（假定为圆形）内的最长时间为一年的$2/3\pi$倍，约等于76日。

4-16 在行星绕太阳的椭圆运动中，如令$a-r=ae\cos E$，$\int 2\pi/\tau \mathrm{d}t = T$，式中$\tau$为周期，$a$为半长轴，$e$为偏心率，$E$为一个新的参量，在天文学上称为偏近点角。试由能量方程推导出开普勒方程$T = E - e\sin E$。

4-17 质量为m的行星在牛顿引力（大小为$k^2 m/r^2$）的作用下的运动轨道为椭圆，它的半长轴为a。求证：$v^2 = k^2\left(\frac{2}{r}-\frac{1}{a}\right)$，并利用这个公式证明在椭圆短轴端点处的速率为$\sqrt{k^2/a}$。

4-18 质量为m的质点在有心斥力场mc/r^3（式中r为质点到力心O的距离，c为常数）中运动。当质点离O很远时，质点的速度为$\boldsymbol{v}_\infty$，而其渐近线与O的垂直距离为ρ，如图所示。试求质点与O的最近距离a。

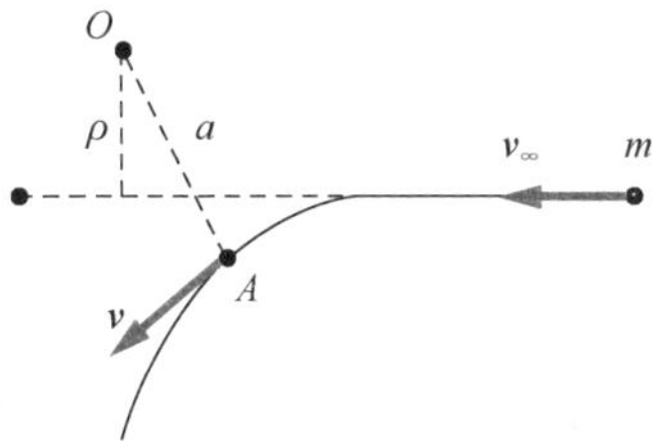

题 4-18 图

4-19 如图所示，均质圆盘A和滑块B的质量均为m，圆盘半径为r。杆BA质量不计，平行于斜面，斜面与地面之间的夹角为θ。已知斜面与滑块之间的摩擦系数为μ，圆盘在斜面上做无滑动的滚动。系统在斜面上无初速的运动。求滑块的加速度。

4-20 如图所示，底面半径为r的圆柱形容器与其中所盛的液体一起，以匀角速$\boldsymbol{\omega}$绕自身的铅直轴旋转。此时，液体的自由表面成为旋转抛物面。已知距离h、H和液体密度ρ。求旋转液体的动能。

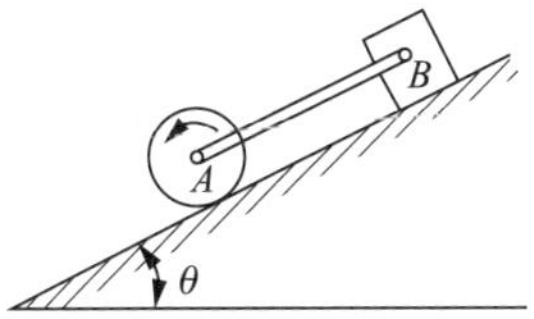

题 4-19 图

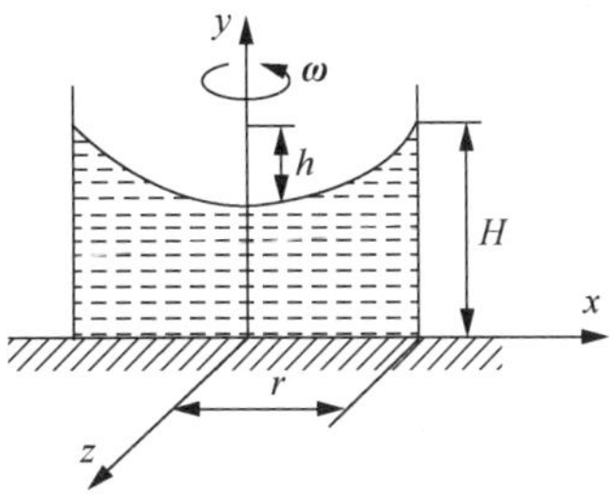

题 4-20 图

4-21 质量为 m_1 和 m_2 的两个自由质点以万有引力相互作用。如图所示，开始时两个质点的距离为 R，皆为静止状态。试求两个质点的距离为 $R/2$ 时各自的速度。

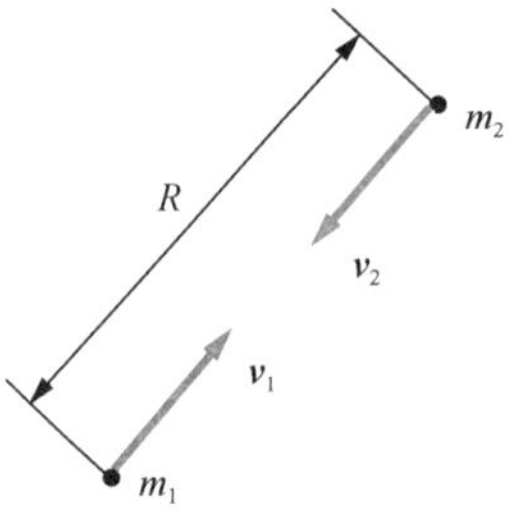

题 4-21 图

4-22 把一重锤用一轻杆固联，然后用光滑的平面铰链悬挂于 O 点，如图所示。如果重锤从幅角 θ_0 的地方自由摆下，求摆锤通过最低点时的速度。

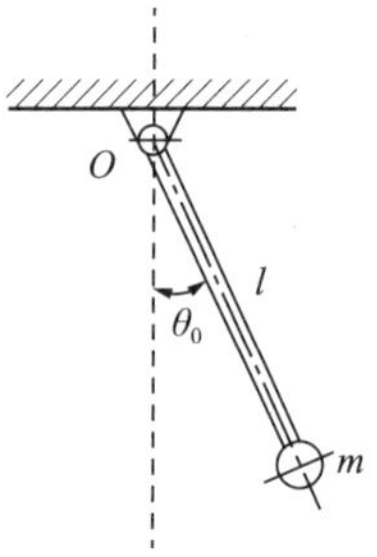

题 4-22 图

第 5 章　拉格朗日方程

在前面几章中所讲的内容，构成了一个完整的力学体系。这种力学体系具有两个重要的特征：其一是以牛顿定律作为它的理论基础；其二是以直观的矢量和几何图形作为它的表述形式。因此，人们常把这种力学体系称为牛顿力学或矢量力学。从原则上讲，机械运动问题都是可以用牛顿力学求解的。可是，当处理复杂的质点组问题时，实际上存在很大的困难。因为研究一个质点的运动，一般需要求解三个二阶微分方程，因为质点系的质点增多，方程也增多，求解方程组也就越困难。特别是当质点组受到约束时，在求解运动的同时还要把未知的约束力求出来，这就使问题更为复杂，解算更加困难。

到了 18 世纪，由于工业的迅速发展，需要研究和解决机器的各种运动问题。而这些运动恰恰是质点组或刚体组的约束运动，使得牛顿力学难以应付。时代的需要促使力学向前发展，产生了新的理论、新的方法。

1788 年，拉格朗日写了一本《分析力学》。他以拉格朗日方程作为力学的基本方程，并且以反力学的直观传统，采用纯粹的分析方法。这种新的力学体系称为拉格朗日力学，它特别适用于研究非自由系统的力学问题。

1834 年，哈密顿采用正则变量，提出了哈密顿正则方程。到了 1843 年，他又借助变分法，建立了更为概括的哈密顿原理，作为力学的基本原理。他的这一套理论也自成体系，后人称为哈密顿力学。

拉格朗日力学与哈密顿力学可以统称为分析力学。分析力学的基本量不再是力、速度、加速度之类的矢量，而是广义坐标、广义动量、能量和功。分析力学的基本方程不再是牛顿方程，而是拉格朗日方程或哈密顿方程。分析力学的表述不再是直观的矢量形式，而是抽象的数学分析。因此，分析力学更适用于处理复杂的力学系统，更便于应用到物理学和技术科学的各个领域。

分析力学是牛顿力学的发展，但是这种发展是形式上的、方法上的发展，它并没有突破牛顿定律的基本观念和基本假设。所以，分析力学是经典力学的一个分支，仍然是对宏观物体、低速运动的描述。

5.1　约束与广义坐标

5.1.1　约束

由相互作用的质点所组成的集合称为质点组。对于质点组，应注意两个问题：其一，所含质点可以是有限个，也可以是无穷多；其二，质点之间应该有相互作用。如果没有相互的作用，则一个质点的运动便与其余质点的运动无关，就不必纳入质点组中来处理了。

一般说来，确定一个质点的位置需要 3 个坐标。因此，对于 n 个质点构成的质点组，要用 $3n$ 个坐标才能确定组中质点的位置。这 $3n$ 个坐标不一定是完全独立的。如果这 $3n$ 个坐标之间有一些确定的关系，则独立坐标的数目便不足 $3n$ 了。

对于质点组中各质点位置或速度的限制称为约束。约束可以来自质点组外部，也可以来自内部。约束可以用质点的坐标或速度所满足的方程来表示，并称其为约束方程。例如，一个质点在半径为 R 的球面上运动，约束方程便是

$$x^2+y^2+z^2=R^2$$

从力学的角度看，约束无非是质点（或刚体）受到了其他物体的一些作用力，从而使得质点不能自由地运动。这种力称为约束力，是未知的，常常很复杂。分析力学对待约束着眼于约束方程，而避免处理约束力。避开约束力去求解质点组的运动是分析力学的一个重要特点。

约束可以按照各种不同的标准加以分类。常见的分法有：

（1）定常约束与非定常约束

若约束方程中不显含时间 t，则称为定常约束，否则称为非定常约束。以一个质点为例，若取笛卡儿坐标系，则非定常约束方程的形式为

$$f(x,y,z,t)=0 \tag{5-1-1}$$

这表示质点只能在式（5-1-1）所确定的变化曲面上运动。

（2）双向约束与单向约束

约束方程是等式时称为双向约束，约束方程中出现不等号时则称为单向约束。单向约束方程可写为

$$f(x,y,z)\leqslant 0 \tag{5-1-2}$$

例如，一个质点用绳子与固定点 O 连接时，系统受到的是单向约束。把绳子换成刚性杆，系统受到的便是双向约束。

（3）位置约束与速度约束

约束方程中只含质点的坐标，而不含有速度，则称为位置约束，或几何约束。如果约束方程中含有质点的速度，则称为速度约束，或运动约束。速度约束的方程一般是

$$F(x,y,z,\dot{x},\dot{y},\dot{z},t)=0 \tag{5-1-3}$$

几何约束又称为完整约束。有些速度约束可以化为完整约束。还有些速度约束是不能化为完整约束的，称为微分约束或非完整约束。只受到完整约束的质点组称为完整力学系。本书只研究完整力学系的理论。

把以上三种分类结果相互组合，就可以得到具有各种特点的约束。下面举例说明。

例 5-1 设质点 M 被限制在一个球面内运动，而且球的半径以速度 v 增大，求约束方程。

解 以球心为坐标原点，则质点 M 的坐标应满足下面的方程

$$x^2+y^2+z^2\leqslant (R_0+vt)^2$$

这说明质点 M 受到了非定常的、单向的、几何约束。

例 5-2 设导弹和飞机在铅直平面内运动，求约束方程。

解 如图 5-1 所示，取直角坐标系 $O\text{-}xyz$，使 $O\text{-}xy$ 为导弹和飞机运动的平面。把导弹和飞机视为质点，其坐标分别为 (x_A, y_A, z_A)、(x_B, y_B, z_B)，则几何约束有 2 个，即

$$z_A = 0, \quad z_B = 0$$

速度约束有 1 个，即

$$\frac{\dot{x}_A}{\dot{y}_A} = \frac{x_B - x_A}{y_B - y_A}$$

由于这个约束是不可积的微分约束，这个力学系是非完整的。

但是，当圆轮在平板上以角速度 $\dot{\varphi}$ 无滑动地滚动时，如图 5-2 所示。由于约束是可积的微分约束，即 $\dot{x}_c - R\dot{\varphi} = 0$ 积分后为 $x_c - R\varphi = $ 常数，该系统为完整的力学系统。

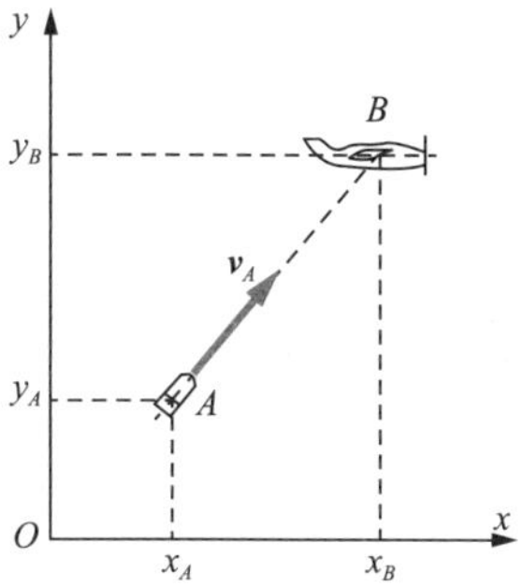

图 5-1

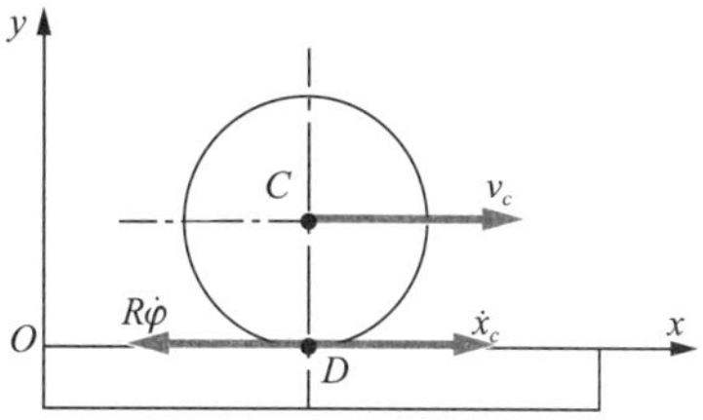

图 5-2

5.1.2 广义坐标

对于完整力学系，独立坐标的个数称为力学系的自由度，用 s 表示。如果 n 个质点所组成的力学系受到 k 个完整约束

$$f_\sigma(x, y, z, t) = 0 \qquad (\sigma = 1, 2, \cdots, k) \tag{5-1-4}$$

则力学系的 $3n$ 个坐标被 k 个方程所联系，使得独立的坐标减少到

$$s = 3n - k$$

个，即系统的自由度为 $s = 3n - k$。既然只有 $3n - k$ 个坐标是独立的，就可以利用约束方程式（5-1-4）把力学系的 $3n$ 个坐标用 s 个独立变量 $q_1, q_2, \cdots, q_s$ 表示出来，即

$$\boldsymbol{r}_i = \boldsymbol{r}_i(q_1, q_2, \cdots, q_s, t) \qquad (i = 1, 2, \cdots, n) \tag{5-1-5}$$

或

$$\begin{cases} x_i = x_i(q_1, q_2, \cdots, q_s, t) \\ y_i = y_i(q_1, q_2, \cdots, q_s, t) \\ z_i = z_i(q_1, q_2, \cdots, q_s, t) \end{cases} \qquad (i = 1, 2, \cdots, n) \tag{5-1-6}$$

这 s 个独立变量 $q_\alpha (\alpha = 1, 2, 3, \cdots, s)$ 称为力学系的广义坐标。对于完整力学系，广义坐标的个

数等于自由度的个数。

广义坐标可以是力学系原来 $3n$ 个坐标中的 s 个，也可以是由这 s 个坐标经可逆变换得出的任意一组独立变量。因此，广义坐标可以是长度量，也可以是角度量，甚至可以是面积、体积、极化强度、电流、电荷等与“坐标”的概念毫不相干的变量。在抽象的情况下，广义坐标可以是毫无实际意义的变量。可见，广义坐标是坐标概念的推广。利用广义坐标可以描述力学系的运动，确定力学系的位形。

既然广义坐标的选取具有极大的任意性，因此就存在选择是否得当的问题。应该根据各种问题的具体性质，尽量使所选的广义坐标能反映力学系的特征，便于求解力学系的运动或平衡。

例 5-3 求出曲柄连杆机构的约束方程，并用广义坐标把直角坐标表示出来。

解 如图 5-3 所示，以 O 为固定坐标系的原点，把机构看成是由两个质点 M_1 和 M_2 组成的质点组。因此，在四个坐标 x_1、y_1、x_2、y_2 中存在三个约束方程，即

$$x_1^2 + y_1^2 = r^2$$

$$y_2 = 0$$

$$(y_2 - y_1)^2 + (x_2 - x_1)^2 = l^2$$

因此，这个机构只有 1 个自由度，只需要 1 个广义坐标。可以验证，无论选 x_1、y_1、x_2、y_2 中的哪一个作为广义坐标都不恰当，而选取 α 角作广义坐标却是很适合的。由图 5-3 可知，原来的坐标与广义坐标 α 的关系是

$$\begin{cases} x_1 = r\cos\alpha \\ y_1 = r\sin\alpha \\ x_2 = r(\cos\alpha + \lambda\cos 2\alpha / 4) + l(1 - \lambda^2 / 4) \end{cases}$$

式中 $\lambda = r / l$。在后面，当具体地研究这个机构的运动或平衡问题时，就可以看出选 α 为广义坐标的好处。

例 5-4 一只机械手是 4 个杆 AB、BC、CE、DF 组成的刚体组，如图 5-4 所示，A 是球形铰链，B、C、D 是三个平面铰链。求这个系统的自由度。

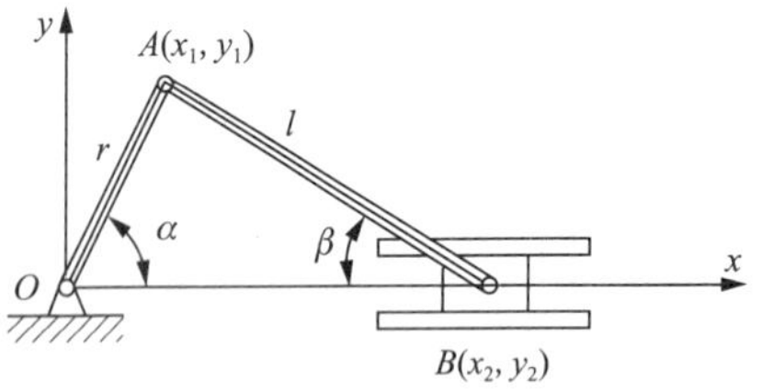

图 5-3

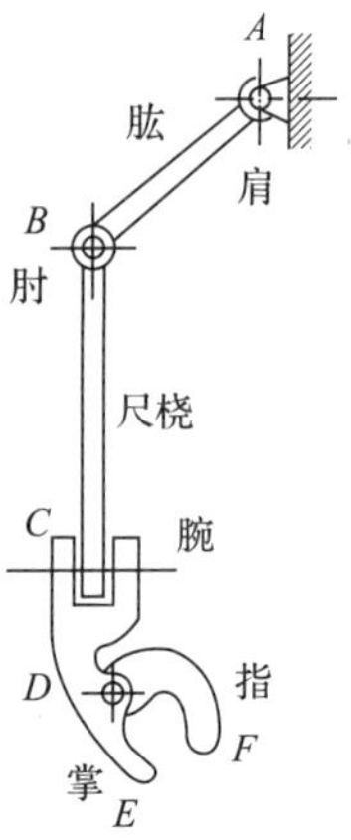

图 5-4

解　由于每个自由刚体有 6 个自由度，每个球形铰链要使自由度减少三个，每个平面铰链要使自由度减少五个，整个系统的自由度数是

$$(4\times 6)-3-(3\times 5)=6$$

即机械手的位形由 6 个广义坐标决定。这 6 个广义坐标可以这样选取：刚体 AB（肱）对固定坐标系的三个欧拉角；BC（尺桡）对于 AB 的一个转角；CE（掌）相对 BC 的一个转角，还有 DF（指）相对 CE 的一个转角。

5.1.3　位形空间

对于 n 个质点的自由质点系，自由度是 $3n$。确定它的位形需要 $3n$ 个独立变量 $(x_1,x_2,\cdots,x_{3n})$。这 $3n$ 个量的集合构成一个 $3n$ 维的高维空间，称为质点系的位形空间，简称 x 空间。位形空间中的一个点对应质点系的一个位形，称为位形点。位形空间中的一条曲线则对应质点系的一个特定的运动过程，故称为位轨线。

这样一来，就可以把任何一个质点系的运动化为位形空间中一个位形点的运动。

对于 n 个质点的约束质点组，仍然可以采用上述的方法。设质点组受到 k 个几何约束，约束方程是

$$f_\sigma(x_1,x_2,\cdots,x_{3n},t)=0\qquad(\sigma=1,2,\cdots,k)\tag{5-1-7}$$

每一个约束方程 $f_\sigma=0$ 都代表位形空间中的一个超曲面。约束方程中显含 t，表示超曲面是变化的。质点组受到约束，意味其位形点只能在约束所确定的超曲面上运动。现在质点组受到 k 个约束，所以位形点必须在这 k 个超曲面的交集子空间中运动。这个交集的维数是 $3n-k$，就是质点组的自由度数。上述结果表明，质点组的约束运动相当于位形点在位形空间中的约束运动。

引入广义坐标，可以把约束运动转化为自由运动。s 个广义坐标可以构成一个 s 维的空间，简称 q 空间。由于 s 个广义坐标可以确定质点组的位形，q 空间中的一个点也对应质点组的一个位形。由此可见，q 空间也是质点组的位形空间，不过它是约束质点组的位形空间。

$3n$ 维的 x 空间与 s 维的 q 空间都是位形空间。对于自由质点组，二者是一回事。对于约束质点组，二者的差别就在于，x 空间中位形点的运动是约束运动，而 q 空间中位形点的运动是自由的。式（5-1-6）是 x 空间与 q 空间中对应位形点的坐标变换式。

5.1.4　广义速度与广义动量

沿用速度的原始定义，把广义坐标 q_α 对时间的导数 $\dot{q}_\alpha$ 称为与 q_α 对应的广义速度。$\dot{q}_\alpha$ 的量纲和物理意义显然由 q_α 而定。例如，q_α 为线量时，$\dot{q}_\alpha$ 是线速度；q_α 是角量时，$\dot{q}_\alpha$ 便是角速度。如果 q_α 是抽象的变量，则 $\dot{q}_\alpha$ 就没有什么物理意义了。

如果用广义坐标描述质点组，则每个质点的位矢及速度均可用 q_α 及 $\dot{q}_\alpha$ 表示出来。将式（5-1-5）对 t 求导数，可得速度 $\dot{\boldsymbol{r}}_i$ 的表示式为

$$\dot{\boldsymbol{r}}_i = \sum_{\alpha=1}^{s} \frac{\partial \boldsymbol{r}_i}{\partial q_\alpha}\dot{q}_\alpha + \frac{\partial \boldsymbol{r}_i}{\partial t} \qquad (i = 1, 2, \cdots, n) \tag{5-1-8}$$

由式（5-1-5）可知，$\dfrac{\partial \boldsymbol{r}_i}{\partial q_\alpha}$ 和 $\dfrac{\partial \boldsymbol{r}_i}{\partial t}$ 也是 q_α 与 t 的函数，而与 $\dot{q}_\alpha$ 无关。所以，式（5-1-8）对 $\dot{q}_\beta$ 的导数是

$$\frac{\partial \dot{\boldsymbol{r}}_i}{\partial \dot{q}_\beta} = \frac{\partial \boldsymbol{r}_i}{\partial q_\beta} \tag{5-1-9}$$

把 $\dfrac{\partial \boldsymbol{r}_i}{\partial q_\beta}$ 再对 t 求导数，可得

$$\frac{\mathrm{d}}{\mathrm{d}t}\left(\frac{\partial \boldsymbol{r}_i}{\partial q_\beta}\right) = \sum_{\alpha=1}^{s}\left(\frac{\partial^2 \boldsymbol{r}_i}{\partial q_\beta \partial q_\alpha}\dot{q}_\alpha\right) + \frac{\partial^2 \boldsymbol{r}_i}{\partial q_\beta \partial t} = \frac{\partial}{\partial q_\beta}\left(\sum_{\alpha=1}^{s}\frac{\partial \boldsymbol{r}_i}{\partial q_\alpha}\dot{q}_\alpha + \frac{\partial \boldsymbol{r}_i}{\partial t}\right)$$

利用式（5-1-8），可将上式写为

$$\frac{\mathrm{d}}{\mathrm{d}t}\left(\frac{\partial \boldsymbol{r}_i}{\partial q_\beta}\right) = \frac{\partial}{\partial q_\beta}\left(\frac{\mathrm{d}\boldsymbol{r}_i}{\mathrm{d}t}\right) \tag{5-1-10}$$

这表明，位矢 $\boldsymbol{r}_i$ 对 t 的全导数与对 q_β 的偏导数是可以对易的，求导顺序可以交换。

在矢量力学中熟知，质点的动量等于动能对速度的导数。现在根据这个关系，在广义坐标下推广动量这个概念。设 T 为质点组的动能，把 $\partial T / \partial \dot{q}_\alpha$ 称为广义动量，并以 P_α 表示。广义动量也是和广义坐标一一对应的，其量纲与物理意义也由相应的广义坐标来确定。

由质点组的动能定义

$$T = \sum_{i=1}^{n}\frac{1}{2}m_i v_i^2 = \sum_{i=1}^{n}\frac{1}{2}m_i \dot{\boldsymbol{r}}_i \cdot \dot{\boldsymbol{r}}_i \tag{5-1-11}$$

可以得到广义动量 P_α 的表示式

$$P_\alpha = \frac{\partial T}{\partial \dot{q}_\alpha} = \sum_{i=1}^{n} m_i \dot{\boldsymbol{r}}_i \cdot \frac{\partial \boldsymbol{r}_i}{\partial q_\alpha} \tag{5-1-12}$$

以及

$$\frac{\partial T}{\partial q_\alpha} = \sum_{i=1}^{n} m_i \dot{\boldsymbol{r}}_i \cdot \frac{\partial \dot{\boldsymbol{r}}_i}{\partial q_\alpha} \tag{5-1-13}$$

从上面的讨论可以看出，广义坐标是分析力学中一个极其重要的概念。广义坐标是坐标概念的推广和概括。由于坐标概念的推广，导致力学中一系列概念的推广。除了广义速度、广义动量以外，还要定义广义力、广义能量等重要的力学量。由于引入广义坐标，力学规律的表述已经不再是直观的矢量形式，而成为广义坐标下更为概括、更为抽象的形式。因此，人们有时把分析力学称为广义坐标下的力学理论。

5.2　虚功原理

5.2.1　虚位移

约束质点组在运动的过程中，各个质点的位矢 $\boldsymbol{r}_i(i=1,2,\cdots,n)$ 必须同时满足两组方程，一组是动力学方程，另一组则是式（5-1-4）所表示的约束方程。凡是符合这两个要求的运动就是实际发生的运动，称为真实运动。质点在真实运动中所作的位移称为实位移，记作 $\mathrm{d}\boldsymbol{r}_i(i=1,2,\cdots,n)$。实位移是个运动学量，完成实位移 $\mathrm{d}\boldsymbol{r}_i$ 的时间是 $\mathrm{d}t$。在给定的时间中，质点的实位移应该是唯一的，而不能是若干个。

另外，如果质点只满足约束条件式（5-1-1），则其位移称为可能位移。因为可能位移不一定满足动力学方程，所以它可能有若干个，甚至无穷多个。可能位移只受约束的限定，是约束所允许的位移。实位移是可能位移中的一组，而不能是可能位移之外的某种位移。

任意两个可能位移之差定义为虚位移，并记为 $\delta\boldsymbol{r}_i(i=1,2,\cdots,n)$。虚位移是表征约束性质的一个几何学概念，它取决于质点所受的约束和质点所处的位置。由定义可知，虚位移不是唯一的；一般说来，虚位移的数目是无穷多的。

虚位移与实位移具有下列关系：

1）在定常约束时，实位移是虚位移中的一个。

2）在非定常约束时，实位移不一定是虚位移中的一个。

下面分别予以证明。在非定常约束情况下，可能位移满足约束方程式（5-1-4）。对式（5-1-4）求微分，可得

$$\sum_{i=1}^{3n}\frac{\partial f_\sigma}{\partial x_i}\mathrm{d}x_i+\frac{\partial f_\sigma}{\partial t}\mathrm{d}t=0\qquad(\sigma=1,2,\cdots,k)\tag{5-2-1}$$

对于定常约束，f_σ 中不显含 t，上式变为

$$\sum_{i=1}^{3n}\frac{\partial f_\sigma}{\partial x_i}\mathrm{d}x_i=0\qquad(\sigma=1,2,\cdots,k)\tag{5-2-2}$$

设 $\mathrm{d}\boldsymbol{r}_i'$ 和 $\mathrm{d}\boldsymbol{r}_i''$ 是两个任意的可能位移，则由虚位移的定义知

$$\delta\boldsymbol{r}_i=\mathrm{d}\boldsymbol{r}_i'-\mathrm{d}\boldsymbol{r}_i''\qquad(i=1,2,\cdots,n)$$

或

$$\delta x_i=\mathrm{d}x_i'-\mathrm{d}x_i''\qquad(i=1,2,\cdots,3n)$$

定常时，两个可能位移 $\mathrm{d}x_i'$ 和 $\mathrm{d}x_i''$ 均满足式（5-2-2）。由所得两式相减，有

$$\sum_{i=1}^{3n}\frac{\partial f_\sigma}{\partial x_i}\delta x_i=0\qquad(\sigma=1,2,\cdots,k)\tag{5-2-3}$$

比较式（5-2-3）与式（5-2-2）便可得知：定常约束时，虚位移就是可能位移，所以实位移是虚位移中的一个。

对于非定常的约束，可能位移 $\mathrm{d}x_i'$ 和 $\mathrm{d}x_i''$ 均满足式（5-2-1）。将 $\mathrm{d}x_i'$ 与 $\mathrm{d}x_i''$ 分别代入式（5-2-1），然后两式相减，并根据虚位移的定义得

$$\sum_{i=1}^{3n}\frac{\partial f_\sigma}{\partial x_i}\delta x_i=0 \quad (\sigma=1,2,\cdots,k)$$

这与式（5-2-3）相同。对比式（5-2-3）与式（5-2-1），发现 $\mathrm{d}x_i$ 与 δx_i 满足的方程不相同。因此，在非定常约束时，虚位移不一定是可能位移。但是，实位移总是可能位移之一。所以，此时实位移不一定是虚位移中的一个了。

为了对上述两个结论有些直观的理解，举例加以说明。有一个质点（$n=1$ 的质点组）约束在某水平面上运动。这个水平面以速率 u 上升。所以质点受到的是非定常的、双向几何约束，约束方程是

$$z-ut=0$$

在图 5-5 中画出了水平面在 t 时刻的位置和 $t+\mathrm{d}t$ 时刻的位置。由图可知，质点的可能位移有无穷多个，MM' 是真实位移。由式（5-2-3）可知，虚位移应满足方程

$$\delta z=0$$

这表示，虚位移的 z 分量为零。因此质点的虚位移矢量 $\delta\boldsymbol{r}$ 应在 t 时刻的那个水平面内。图 5-5 中只画了两个虚位移，其实在平面上的 M 点处有无穷多个虚位移。至此已经清楚地看到：可能位移与虚位移都是无穷多个；在非定常约束情况下实位移并不属于虚位移之列。

虚位移与实位移的关系还可以通过图 5-6 看出，在非定常约束情况下，实位移是相对位移和牵连位移的矢量和，而虚位移中并不包含牵连位移。

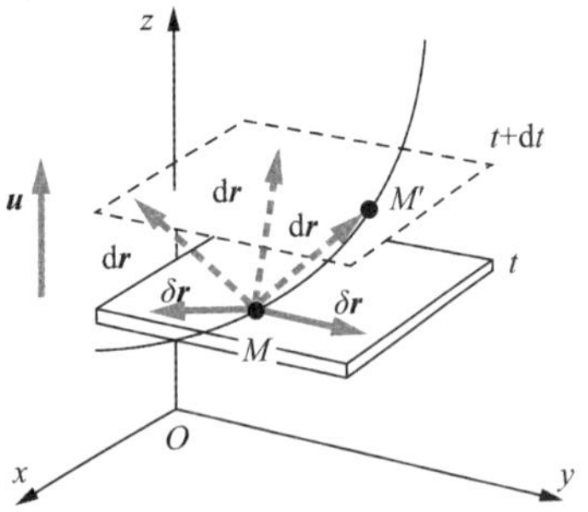

图 5-5

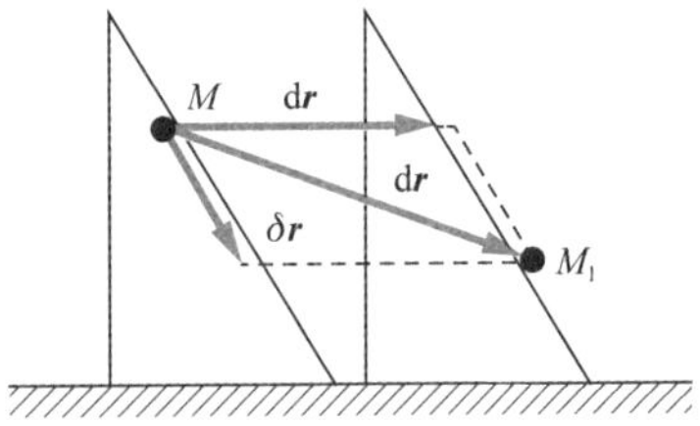

图 5-6

虚位移是个比较抽象的概念。它的本质是个等时变分。在定常约束的情况，式（5-1-5）中不显含 t，对 $\boldsymbol{r}$ 的等时变分运算和微分运算在形式上相同。在非定常约束情况，式（5-1-5）中显含 t，两种运算是不同的。不同之处是：在等时变分运算中，$\delta t\equiv 0$。因此，对式（5-1-5）求微分，得

$$\mathrm{d}\boldsymbol{r}_i=\sum_{\alpha=1}^{s}\frac{\partial \boldsymbol{r}_i}{\partial q_\alpha}\mathrm{d}q_\alpha+\frac{\partial \boldsymbol{r}_i}{\partial t}\mathrm{d}t \qquad (i=1,2,\cdots,n) \tag{5-2-4}$$

对式（5-1-5）求等时变分，则得

$$\delta \boldsymbol{r}_i = \sum_{\alpha=1}^{s} \frac{\partial \boldsymbol{r}_i}{\partial q_\alpha} \delta q_\alpha \qquad (i = 1, 2, \cdots, n) \tag{5-2-5}$$

式中，δq_α 为广义坐标表示的虚位移，也就是广义坐标的变分。由 q_α 的独立性可知，s 个 δq_α 也是彼此独立的。

5.2.2　理想约束

作用在质点组上的力是客观存在的事实，在任何情况下都不容随意增减。但是，客观存在的力却是可以根据不同的主观需要，去做各种各样的分类和等价处理的。前面推导和使用三个基本定理时，曾经把质点组上的作用力分为内力和外力两大类。现在研究受约束的质点组，则需要把这些力划分为主动力和约束力两大类。一切约束物体对质点组的作用力均称为约束力，其他的力则称为主动力。约束力还可以进而再分为内约束力和外约束力。当然，这种唯象的分类并不反映各个力的物理本质，仅仅是出于形式上、方法上的需要，所以并不是一成不变的。

力在虚位移上做的功称为虚功，在实位移上做的功称为实功。虚功与实功一样，要严格服从功的定义。因此当论及某个虚功时，务必要明确是哪一个力的虚功、对哪一个质点的虚功、在质点的哪个虚位移上的虚功。但是，由于虚位移与质点的实际运动并不是一回事，虚功并不是与运动相联系的一个动力学量。

由于约束力 $\boldsymbol{R}_i$ 和虚位移 $\delta \boldsymbol{r}_i$ 都是由约束的性质决定的，约束力的虚功 δA 描写了约束的特征。如果质点组上的约束力在任何虚位移上的总虚功都等于零，则这种约束称为理想约束。理想约束的定义可表示为

$$\sum_{i=1}^{n} \boldsymbol{R}_i \cdot \delta \boldsymbol{r}_i = 0 \tag{5-2-6}$$

理想约束是一种极为重要的约束，它具有很大的概括性和实际意义。可以证明：光滑的曲面约束、不可伸长的绳子约束、光滑铰链约束、理想连杆约束、刚性约束等都属于理想约束。一切无摩擦的几何约束都是理想约束。有摩擦的几何约束，如果把摩擦力当作主动力，也可以按理想约束处理。

如果从力的角度研究质点组的运动，必然面临着求解未知的约束力的问题。但是如果从功和能方面入手，则理想约束的虚功将自动消去，使得运动（或平衡）问题的求解与约束分离，变得非常简便易行。这是分析力学的又一个重要的特点和优越之处。

5.2.3　虚功原理的表述

在矢量力学中，是用力系的平衡方程处理平衡问题的。然而，复杂力学系的许多平衡问题，用那种方法求解极为麻烦。在分析力学中要用虚功处理平衡问题，导出完整力学系的平衡条件。这个平衡条件称为虚功原理，通常表述为：受定常、理想约束的质点系，其平衡的充要条件是所有主动力在任何虚位移上的总虚功等于零。即

$$\sum_{i=1}^{n} \boldsymbol{F}_i \cdot \delta \boldsymbol{r}_i = 0 \tag{5-2-7}$$

应该注意，虚功原理中“平衡”一词的含义与矢量静力学中的含义是稍有区别的。在

矢量力学中，主矢与主矩同时为零的力系称为平衡力系，在平衡力系作用下的刚体称为处于平衡状态。现在所谓的“平衡”是指：如果质点系原来对惯性系是静止的，在主动力系的作用下它仍然保持静止。这个定义比矢量力学中的定义要严一些。

虚功原理可以作为经典力学的一条基本原理。所以，它与矢量力学中的平衡是可以互相推导的。

先证必要性。设受到 k 个完整定常约束的某力学系已经处于平衡状态，即系中每个质点皆处于平衡。由平衡条件可知，每个质点所受的合力都为零，即

$$\boldsymbol{F}_i+\boldsymbol{R}_i=0 \quad (i=1,2,\cdots,n) \tag{5-2-8}$$

式中，$\boldsymbol{F}_i$、$\boldsymbol{R}_i$ 分别为质点所受的合主动力、合约束力。

设 $\delta\boldsymbol{r}_i$ 是质点在其平衡位置上的一个任意虚位移。用 $\delta\boldsymbol{r}_i$ 标乘式（5-2-8），并对整个质点组求和，则得

$$\sum_{i=1}^{n}\boldsymbol{F}_i\cdot\delta\boldsymbol{r}_i+\sum_{i=1}^{n}\boldsymbol{R}_i\cdot\delta\boldsymbol{r}_i=0 \tag{5-2-9}$$

因约束是理想的，上式的第二项应等于零，于是得出虚功原理式（5-2-7）。

再证明条件的充分性。由虚功原理得到平衡条件时，采用反证法。设式（5-2-7）已经成立，同时又假设在主动力系的作用下，质点系改变了原来的静止状态。那么，至少有一个质点上的合力不为零，于是它获得了不为零的加速度

$$\boldsymbol{a}_i=\frac{\boldsymbol{F}_i+\boldsymbol{R}_i}{m_i}$$

由于运动是从静止开始的，质点的实位移 $\mathrm{d}\boldsymbol{r}_i$ 应与 $\boldsymbol{a}_i$ 同向。于是得

$$(\boldsymbol{F}_i+\boldsymbol{R}_i)\cdot\mathrm{d}\boldsymbol{r}_i>0$$

如果这类质点有若干个，则上式相应的有若干个，把上式对 i 求和，并利用理想约束的定义式（5-2-6）可得

$$\sum_{i=1}^{n}\boldsymbol{F}_i\cdot\mathrm{d}\boldsymbol{r}_i>0$$

因为在定常约束下，$\mathrm{d}\boldsymbol{r}_i$ 是 $\delta\boldsymbol{r}_i$ 中的一个，故上式与推论时的假设式（5-2-7）相矛盾。这就说明推论时的第二个假设不能与式（5-2-7）同时成立，这就表明当式（5-2-7）成立时，质点系应处于平衡。于是证明了虚功原理是质点系平衡的充分条件。

5.2.4 广义力

当力学系受到约束时，n 个质点的位矢 $\boldsymbol{r}_i(i=1,2,\cdots,n)$ 不再是独立的，于是 $\delta\boldsymbol{r}_i(i=1,2,\cdots,n)$ 也不能相互独立。由此可知，由虚功原理式（5-2-7）决不能得出 $\boldsymbol{F}_i$ 全为零的结论。如果利用式（5-2-5），虚功原理便在广义坐标下成为很简单的形式

$$\sum_{\alpha=1}^{s}Q_\alpha\delta q_\alpha=0 \tag{5-2-10}$$

式中，$Q_\alpha(\alpha=1,2,\cdots,s)$ 为作用在质点系上的广义力，其表达式为

$$Q_\alpha = \sum_{i=1}^{n} \boldsymbol{F}_i \cdot \frac{\partial \boldsymbol{r}_i}{\partial q_\alpha} \tag{5-2-11}$$

因为虚功等于力乘以坐标的变分，而 δq_α 是广义坐标的变分，所以把 Q_α 称为广义力是很合适的。Q_α 可以看作是主动力在广义坐标 q_α 上的分量。和广义动量一样，广义力也是与广义坐标一一对应的。当 q_α 为长度量时，Q_α 就是牛顿定律中所定义的力；当 q_α 为角度量时，则对应的 Q_α 便是力矩。由于虚功具有功的量纲，由 q_α 的量纲可以求出 Q_α 的量纲。

式（5-2-10）是广义坐标下的虚功原理。因为 $\delta q_\alpha \ (\alpha = 1,2,\cdots,s)$ 是互相独立的，故由式（5-2-10）可知得

$$Q_\alpha = 0 \qquad (\alpha = 1,2,\cdots,s) \tag{5-2-12}$$

此式与虚功原理等价，是用广义力表示的平衡条件。也就是说，具有定常理想约束的力学系，其平衡的充要条件是 s 个广义力全为零。

如果质点系上的主动力全是保守力，则可以由力定义出势能 V。因为保守力的虚功可以写为

$$\delta A = \sum_{i=1}^{n} \boldsymbol{F}_i \cdot \delta \boldsymbol{r}_i = \sum_{\alpha=1}^{s} Q_\alpha \delta q_\alpha = \sum_{\alpha=1}^{s} \left(-\frac{\partial V}{\partial q_\alpha} \right) \delta q_\alpha$$

所以广义力等于势能对广义坐标的负偏导数，即

$$Q_\alpha = -\frac{\partial V}{\partial q_\alpha} \qquad (\alpha = 1,2,\cdots,s) \tag{5-2-13}$$

于是质点系是否平衡也可由势能加以判别：质点系处于平衡状态，意味势能取驻值，即

$$\frac{\partial V}{\partial q_\alpha} = 0 \qquad (\alpha = 1,2,\cdots,s) \tag{5-2-14}$$

还可证明，V 取极小值时对应稳定平衡，V 取极大值时对应非稳定平衡。

5.2.5　虚功原理的应用

使用虚功原理可以解决两方面的问题：一方面是已知质点组的平衡位形，求解质点组上的主动力；另一方面是已知主动力，求解质点组的平衡位形。对于受约束的刚体组，则可以先化为等价的质点组，然后再求解。

用虚功原理解题，可以按下述的步骤进行：

1）分析作用在系统上的所有主动力。写出力在直角坐标系中的分量。

2）分析约束，求出自由度，选取适当的广义坐标。

3）确定广义坐标与直角坐标的关系，求出直角坐标的变分。

4）将力的分量和坐标的变分代入虚功原理，整理成 δq_α 的线性式。由 δq_α 的系数全为零，得到一个方程组。

5）按题意解方程组，求出平衡位形的坐标或主动力。

例 5-5 如图 5-7 所示的双锤摆中，摆锤 M_1、M_2 的重量分别为 P_1 和 P_2，摆杆（不计重量）长度为 l_1 和 l_2，设在 M_2 上加一水平力 $\boldsymbol{F}$ 以维持平衡，求摆杆与铅垂线所成的角 φ 及 ψ。

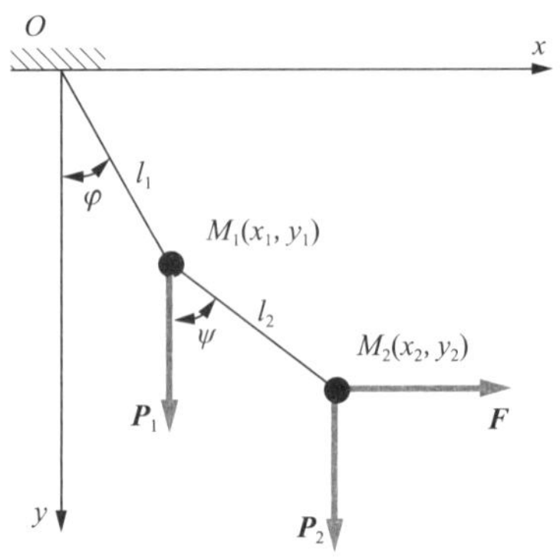

图 5-7

解 由题设条件可知，系统有 2 个自由度，取角 φ 及 ψ 为广义坐标。系统所受的主动力有 $\boldsymbol{P}_1$、$\boldsymbol{P}_2$ 和 $\boldsymbol{F}$，其作用点与方向如图 5-7 所示。由虚功原理得

$$P_1\delta y_1 + P_2\delta y_2 + F\delta x_2 = 0$$

把直角坐标用广义坐标表示出来

$$\begin{cases} y_1 = l_1\cos\varphi \\ x_2 = l_1\sin\varphi + l_2\sin\psi \\ y_2 = l_1\cos\varphi + l_2\cos\psi \end{cases}$$

对上式求变分，得出 δy_1、δx_2 和 δy_2，并代入虚功原理得

$$(-P_1l_1\sin\varphi - P_2l_1\sin\varphi + Fl_1\cos\varphi)\delta\varphi + (-P_2l_2\sin\psi + Fl_2\cos\psi)\delta\psi = 0$$

因为 $\delta\varphi$ 与 $\delta\psi$ 是互相独立的，所以它们的线性组合等于零的充分必要条件是组合系数同时等于零，即

$$\begin{cases} -P_1l_1\sin\varphi - P_2l_1\sin\varphi + Fl_1\cos\varphi = 0 \\ -P_2l_2\sin\psi + Fl_2\cos\psi = 0 \end{cases}$$

解之得

$$\tan\varphi = \frac{F}{P_1 + P_2}, \quad \tan\psi = \frac{F}{P_2}$$

所求出的 φ、ψ 与力的关系，唯一确定了系统的平衡位形。

例 5-6 在平面曲柄式压榨机构中，如果在铰链 B 上作用有水平力 $\boldsymbol{P}$，在滑块 C 处作用有铅直力 $\boldsymbol{Q}$，如图 5-8 所示。已知 $OB = BC = l$。平衡时 OB 与 BC 的夹角为 2α，求平衡时 P 与 Q 的比值。

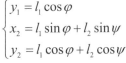

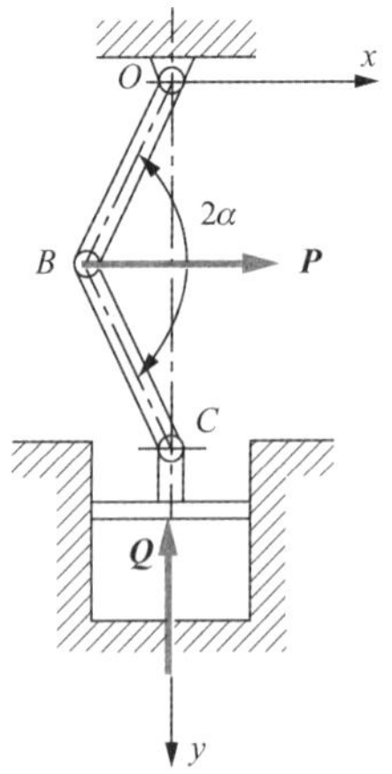

图 5-8

解 这个刚体系统的位形可由 C 点的位置决定，所以自由度只有 1 个。取 α 角为广义坐标。设所有的铰链与滑槽都是光滑的，则约束是理想约束。以 O 为坐标原点，x 轴水平向右，y 轴竖直向下。

由于系统上的主动力只有 $\boldsymbol{P}$ 和 $\boldsymbol{Q}$，由虚功原理可得

$$P\delta x_B - Q\delta y_C = 0$$

用广义坐标表示出直角坐标

$$x_B = -l\cos\alpha, \quad y_C = 2l\sin\alpha$$

求变分，即得 B 点与 C 点的虚位移

$$\begin{cases} \delta x_B = l\sin\alpha\delta\alpha \\ \delta y_C = 2l\cos\alpha\delta\alpha \end{cases}$$

将上式代入虚功原理有

$$Pl\sin\alpha\delta\alpha - 2Ql\cos\alpha\delta\alpha = 0$$

由 $\delta\alpha$ 的任意性可得

$$Pl\sin\alpha - 2Ql\cos\alpha = 0$$

解之得

$$\cot\alpha = \frac{P}{2Q}$$

可见系统所受的主动力唯一确定了它的平衡位形。

5.3　拉格朗日方程及其应用

5.3.1　达朗贝尔原理

设力学系由 n 个质点组成。对于每个质点，均有下面的牛顿方程

$$m_i\ddot{\boldsymbol{r}}_i = \boldsymbol{F}_i + \boldsymbol{R}_i \quad (i = 1,2,\cdots,n) \tag{5-3-1}$$

将上式移项，便得

$$\boldsymbol{F}_i + \boldsymbol{R}_i + (-m_i\ddot{\boldsymbol{r}}_i) = 0 \quad (i = 1,2,\cdots,n) \tag{5-3-2}$$

此式可以理解为某个加速系中的平衡方程。它表示作用在质点上的主动力、约束力和惯性力构成了一个平衡力系。这样做虽然会出现一个在概念上难以弄清的“惯性力”，但是在实用方面却能带来很大的方便。它把惯性系中的动力学问题化成了加速系中的静力学问题。把式（5-3-2）看成一个平衡方程，最早是由达朗贝尔提出来的，所以现在称其为达朗贝尔原理。

如果力学系只受到理想约束，则用 $\delta\boldsymbol{r}_i$ 标乘（5-3-2）式，对 i 求和，便可得到

$$\sum_{i=1}^{n}\left(\boldsymbol{F}_i - m_i\ddot{\boldsymbol{r}}_i\right)\cdot\delta\boldsymbol{r}_i = 0 \tag{5-3-3}$$

这个式子是拉格朗日最先在他的《分析力学》一书中提出来的，然后以它为出发点，推导出了力学的各个方程，所以称为动力学普遍方程。其实式（5-3-3）也可以看成达朗贝尔原理与虚功原理的结合，或认为是带惯性力的虚功原理。

由于系统受到约束，n 个 $\delta\boldsymbol{r}_i$ 不能互相独立，需要采用广义坐标来改写式（5-3-3）。

设 $q_\alpha(\alpha = 1,2,\cdots,s)$ 是系统的广义坐标。则利用式（5-2-5）可将式（5-3-3）改写为

$$\sum_{\alpha=1}^{s}\left[\left(\sum_{i=1}^{n}\boldsymbol{F}_i\cdot\frac{\partial\boldsymbol{r}_i}{\partial q_\alpha}\right)-\left(\sum_{i=1}^{n}m_i\ddot{\boldsymbol{r}}_i\cdot\frac{\partial\boldsymbol{r}_i}{\partial q_\alpha}\right)\right]\delta q_\alpha = 0 \tag{5-3-4}$$

鉴于广义坐标的独立性，上式中 δq_α 的系数应当全部为零，即

$$\sum_{i=1}^{n}\boldsymbol{F}_i\cdot\frac{\partial\boldsymbol{r}_i}{\partial q_\alpha} - \sum_{i=1}^{n}m_i\ddot{\boldsymbol{r}}_i\cdot\frac{\partial\boldsymbol{r}_i}{\partial q_\alpha} = 0 \qquad (\alpha = 1,2,\cdots,s) \tag{5-3-5}$$

式（5-3-5）实际上是受理想约束的力学系在广义坐标下的达朗贝尔原理。它的物理意义是：受理想约束的力学系在某个非惯性系中达到平衡的条件是广义的主动力与广义的惯性力之和等于零。由此可见，式（5-3-5）与式（5-3-2）具有相同的物理本质。所不同的是，式（5-3-2）是对每个质点的矢量方程，而式（5-3-5）却是针对每个广义坐标的标量方程。另外，二者的适用范围也不相同。式（5-3-2）适用于一切约束情况，而式（5-3-5）却只适用于理想约束情况。对于理想约束，约束力已经被纳入虚功消掉了，所以式（5-3-5）不含有约束力。到此为止，已经完成了两项原则性的工作：一是建立了广义坐标下的动力学方程，二是把约束力从动力学方程中分离了出去。下面还有一项重要的工作，就是把动力学的基本方程式（5-3-5）改写成以能量为核心的最简明的形式，即所谓的拉格朗日方程。

5.3.2　一般的拉格朗日方程

由式（5-2-11）得知，式（5-3-5）中的第一项是作用在质点系上的广义力Q_α，第二项是作用在质点系上的惯性力所对应的广义力，以S_α表示此项，则有

$$S_\alpha=\sum_{i=1}^{n}m_i\ddot{\boldsymbol{r}}_i\cdot\frac{\partial\boldsymbol{r}_i}{\partial q_\alpha}=\frac{\mathrm{d}}{\mathrm{d}t}\sum_{i=1}^{n}m_i\left(\dot{\boldsymbol{r}}_i\cdot\frac{\partial\boldsymbol{r}_i}{\partial q_\alpha}\right)-\sum_{i=1}^{n}m_i\left(\dot{\boldsymbol{r}}_i\cdot\frac{\mathrm{d}}{\mathrm{d}t}\frac{\partial\boldsymbol{r}_i}{\partial q_\alpha}\right)\tag{5-3-6}$$

利用式（5-1-8）～式（5-1-13），S_α可简化为

$$S_\alpha=\frac{\mathrm{d}}{\mathrm{d}t}\left(\frac{\partial T}{\partial\dot{q}_\alpha}\right)-\frac{\partial T}{\partial q_\alpha}\tag{5-3-7}$$

利用式（5-3-7），质点组的动力学方程式（5-3-5）便最终写为

$$\frac{\mathrm{d}}{\mathrm{d}t}\left(\frac{\partial T}{\partial\dot{q}_\alpha}\right)-\frac{\partial T}{\partial q_\alpha}=Q_\alpha\qquad(\alpha=1,2,\cdots,s)\tag{5-3-8}$$

这就是一般形式的拉格朗日方程，也称为第二类拉格朗日方程。

由以上的推导过程可以明显看出：拉格朗日方程式（5-3-8）是质点组在广义坐标下、以能量为核心的、不含约束力的基本动力学方程。

在矢量力学中，约束越多，牛顿方程的求解越困难。现在正相反，约束越多，系统的自由度便越小，拉格朗日方程的个数也越少，求解就会更加容易。

由于拉格朗日方程的核心是能量，而不是力和加速度，它比牛顿方程更加抽象，更加概括。又由于能量是物理学各个部分普遍研究的对象，拉格朗日方程与牛顿方程相比，更便于把力学的方法与结果推广和应用到其他领域中去。

由于拉格朗日方程是不含约束力的方程，当需要求解约束力时就不能直接应用拉格朗日方程，而需要另想办法。可见利弊相依，不可求全。

拉格朗日方程式（5-3-8）是关于s个广义坐标的二阶常微分方程组。只要给出一个力学系的动能T及所受的广义力Q_α，便可积分两次求得力学系的运动规律。

$$q_\alpha=q_\alpha(t)\qquad(\alpha=1,2,\cdots,s)$$

这个解中含有$2s$个积分常数，可由力学系的初始条件$q_\alpha(0)$及$\dot{q}_\alpha(0)$加以确定。

5.3.3　保守系的拉格朗日方程

当力学系上的主动力全是保守力时，则力学系称为保守系。保守系是有势能的。设V是系统的势能，则

$$V=\sum_{i=1}^{n}V_i$$

微分上式可得

$$\mathrm{d}V=\sum_{i=1}^{n}\mathrm{d}V_i=\sum_{i=1}^{n}-\boldsymbol{F}_i\cdot\mathrm{d}\boldsymbol{r}_i=-\sum_{i=1}^{n}\left(F_{ix}\,\mathrm{d}x_i+F_{iy}\,\mathrm{d}y_i+F_{iz}\,\mathrm{d}z_i\right) \tag{5-3-9}$$

可见

$$F_{ix}=-\frac{\partial V}{\partial x_i},\quad F_{iy}=-\frac{\partial V}{\partial y_i},\quad F_{iz}=-\frac{\partial V}{\partial z_i}$$

或

$$\boldsymbol{F}_i=-\nabla_i V \tag{5-3-10}$$

如果V只是$3n$个坐标的函数，则由上式可把广义力Q_α写为

$$\begin{aligned}Q_\alpha&=\sum_{i=1}^{n}\boldsymbol{F}_i\cdot\frac{\partial\boldsymbol{r}_i}{\partial q_\alpha}=\sum_{i=1}^{n}\left(F_{ix}\frac{\partial x_i}{\partial q_\alpha}+F_{iy}\frac{\partial y_i}{\partial q_\alpha}+F_{iz}\frac{\partial z_i}{\partial q_\alpha}\right)\\&=\sum_{i=1}^{n}-\left(\frac{\partial V}{\partial x_i}\frac{\partial x_i}{\partial q_\alpha}+\frac{\partial V}{\partial y_i}\frac{\partial y_i}{\partial q_\alpha}+\frac{\partial V}{\partial z_i}\frac{\partial z_i}{\partial q_\alpha}\right)\\&=-\frac{\partial V}{\partial q_\alpha}\end{aligned} \tag{5-3-11}$$

由于势能一般不依赖于$\dot{q}_\alpha$，将Q_α代入拉格朗日方程式（5-3-8）可得

$$\frac{\mathrm{d}}{\mathrm{d}t}\frac{\partial}{\partial\dot{q}_\alpha}(T-V)-\frac{\partial}{\partial q_\alpha}(T-V)=0\qquad(\alpha=1,2,\cdots,s)$$

这里的$T-V$称为力学系的拉格朗日函数，并以L表示。显然，拉格朗日函数是广义坐标、广义速度和时间t的函数，即

$$L=T-V=L(q_\alpha,\dot{q}_\alpha,t) \tag{5-3-12}$$

引入拉格朗日函数之后，保守系的拉格朗日方程式便为

$$\frac{\mathrm{d}}{\mathrm{d}t}\left(\frac{\partial L}{\partial\dot{q}_\alpha}\right)-\frac{\partial L}{\partial q_\alpha}=0\qquad(\alpha=1,2,\cdots,s) \tag{5-3-13}$$

方程式（5-3-13）是完整保守系的基本动力学方程。在完整保守系的范围内，它与牛顿方程是等价的。牛顿方程立足于力和加速度，拉格朗日方程立足于能量，即拉格朗日函数。只要已知保守系的拉格朗日函数，就可由拉格朗日方程式（5-3-13）求出力学系的运动规律。

例 5-7　质量为m、长为l的均质杆AB可绕铰链A在平面内摆动。A端用弹簧悬挂在

铅垂的导槽内，不计 A 的质量和摩擦，如图 5-9 所示。弹簧刚度系数为 k。试求出系统的运动微分方程。

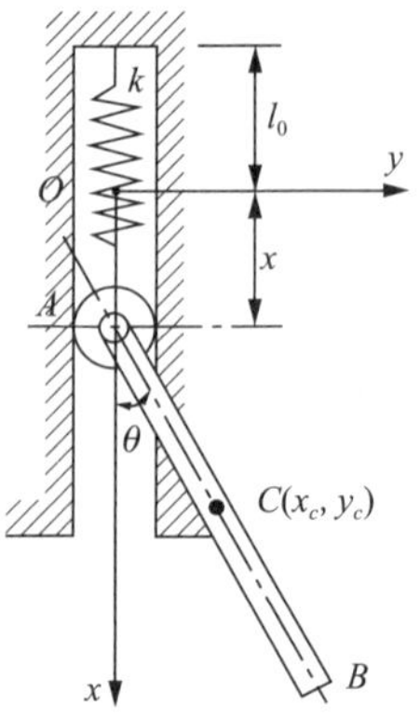

图 5-9

解 系统有两个自由度，以 x 和 θ 为广义坐标，其中 x 的原点为弹簧的原长处，杆 AB 的动能为

$$T=\frac{1}{2}mv_c^2+\frac{1}{2}I_c\dot{\theta}^2$$

在这里 v_c 是杆质心 C 的速度，$I_c=\dfrac{ml^2}{12}$ 为杆对质心的转动惯量。用广义坐标表示出直角坐标

$$x_c=x+\frac{l}{2}\cos\theta,\quad y_c=\frac{l}{2}\sin\theta$$

把上式对时间 t 求导数

$$\dot{x}_c=\dot{x}-\frac{l}{2}\dot{\theta}\sin\theta,\quad \dot{y}_c=\frac{l}{2}\dot{\theta}\cos\theta$$

利用 $v_c^2=\dot{x}_c^2+\dot{y}_c^2$，系统的动能便为

$$\begin{aligned}T&=\frac{1}{2}m\left[\left(\dot{x}-\frac{l}{2}\dot{\theta}\sin\theta\right)^2+\left(\frac{l}{2}\dot{\theta}\cos\theta\right)^2\right]+\frac{1}{2}\times\frac{1}{12}ml^2\dot{\theta}^2\\&=\frac{1}{2}m\left(\dot{x}^2-l\dot{\theta}\dot{x}\sin\theta+\frac{1}{3}l^2\dot{\theta}^2\right)\end{aligned}$$

计算弹簧势能和重力势能时，以 O 点为共同的势能零点，系统的势能为

$$V=\frac{1}{2}kx^2-mg\left(x+\frac{l}{2}\cos\theta\right)$$

根据 $L=T-V$，得系统的拉格朗日函数为

$$L=\frac{m}{2}\left(\dot{x}^2-l\dot{\theta}\dot{x}\sin\theta+\frac{1}{3}l^2\dot{\theta}^2\right)-\frac{1}{2}kx^2+mg\left(x+\frac{l}{2}\cos\theta\right)$$

关于广义坐标 x 和 θ 的拉格朗日方程为

$$\frac{\mathrm{d}}{\mathrm{d}t}\left(\frac{\partial L}{\partial\dot{x}}\right)-\frac{\partial L}{\partial x}=0$$

$$\frac{\mathrm{d}}{\mathrm{d}t}\left(\frac{\partial L}{\partial\dot{\theta}}\right)-\frac{\partial L}{\partial\theta}=0$$

将系统的拉格朗日函数代入上面的拉格朗日方程，有

$$\frac{\mathrm{d}}{\mathrm{d}t}\left(m\dot{x}-\frac{1}{2}ml\dot{\theta}\sin\theta\right)+kx-mg=0$$

$$\frac{\mathrm{d}}{\mathrm{d}t}\left(\frac{1}{3}ml^2\dot{\theta}-\frac{1}{2}ml\dot{x}\sin\theta\right)+\frac{1}{2}ml\dot{\theta}\dot{x}\cos\theta+\frac{1}{2}mgl\sin\theta=0$$

整理后，便得到了系统的运动微分方程

$$m\ddot{x}-\frac{1}{2}ml\ddot{\theta}\sin\theta-\frac{1}{2}ml\dot{\theta}^2\cos\theta+kx-mg=0$$

$$2l\ddot{\theta}-3\ddot{x}\sin\theta+3g\sin\theta=0$$

例 5-8　由拉格朗日方程推导出刚体质点转动的欧拉方程。

解　作定点运动的刚体，取三个欧拉角 θ、φ、ψ 为广义坐标，取刚体的三条惯量主轴为动坐标系的 x、y、z 轴。由第 3 章的讨论知道，当广义坐标为角量时，对应的广义力为沿转动轴方向的外力矩。但与 θ、φ 对应的广义力并不是沿惯量主轴方向的力矩，而是沿着节线方向和固定坐标系 ζ 轴的力矩，只有与广义坐标 ψ 对应的广义力才是沿主轴（z 轴）方向的力矩。因此，可以利用拉格朗日方程推导 z 分量的欧拉动力学方程。

因为刚体定点转动的动能

$$T=\frac{1}{2}(I_1\omega_x^2+I_2\omega_y^2+I_3\omega_z^2)$$

是 ω_x、ω_y、ω_z 的函数，而 ω 又是三个欧拉角及其微商的函数，于是有

$$\begin{aligned}\frac{\partial T}{\partial\dot{\psi}}&=\frac{\partial T}{\partial\omega_x}\frac{\partial\omega_x}{\partial\dot{\psi}}+\frac{\partial T}{\partial\omega_y}\frac{\partial\omega_y}{\partial\dot{\psi}}+\frac{\partial T}{\partial\omega_z}\frac{\partial\omega_z}{\partial\dot{\psi}}\\&=I_1\omega_x\frac{\partial\omega_x}{\partial\dot{\psi}}+I_2\omega_y\frac{\partial\omega_y}{\partial\dot{\psi}}+I_3\omega_z\frac{\partial\omega_z}{\partial\dot{\psi}}\end{aligned}$$

其中

$$\frac{\partial\omega_x}{\partial\dot{\psi}}=\frac{\partial\omega_y}{\partial\dot{\psi}}=0,\qquad\frac{\partial\omega_z}{\partial\dot{\psi}}=1$$

因此

$$\frac{\partial T}{\partial\dot{\psi}}=I_3\omega_z$$

再对时间求导，有

$$\frac{\mathrm{d}}{\mathrm{d}t}\left(\frac{\partial T}{\partial\dot{\psi}}\right)=I_3\dot{\omega}_z$$

由于

$$\begin{aligned}\frac{\partial T}{\partial\psi}&=\frac{\partial T}{\partial\omega_x}\frac{\partial\omega_x}{\partial\psi}+\frac{\partial T}{\partial\omega_y}\frac{\partial\omega_y}{\partial\psi}+\frac{\partial T}{\partial\omega_z}\frac{\partial\omega_z}{\partial\psi}\\&=I_1\omega_x\frac{\partial\omega_x}{\partial\psi}+I_2\omega_y\frac{\partial\omega_y}{\partial\psi}+I_3\omega_z\frac{\partial\omega_z}{\partial\psi}\end{aligned}$$

利用

$$\frac{\partial\omega_x}{\partial\psi}=-\dot{\theta}\sin\psi+\dot{\varphi}\sin\theta\cos\psi=\omega_y$$

$$\frac{\partial \omega_y}{\partial \psi} = -\dot{\varphi}\sin\theta\sin\psi - \dot{\theta}\cos\psi = -\omega_x$$

$$\frac{\partial \omega_z}{\partial \psi} = 0$$

可得

$$\frac{\partial T}{\partial \psi} = I_1\omega_x\omega_y - I_2\omega_y\omega_x$$

代入拉格朗日方程

$$\frac{\mathrm{d}}{\mathrm{d}t}\left(\frac{\partial T}{\partial \dot{\psi}}\right) - \frac{\partial T}{\partial \psi} = M_z$$

得

$$I_3\dot{\omega}_z - (I_1 - I_2)\omega_y\omega_x = M_z$$

这就是 z 分量的欧拉动力学方程。由于把哪一个主轴作为 z 轴是完全任意的，可以通过轮换下标的方法写出沿其他两个主轴的欧拉动力学方程。于是对所有主轴的方程为

$$\begin{cases} I_1\dot{\omega}_x - \left(I_2 - I_3\right)\omega_y\omega_z = M_x \\ I_2\dot{\omega}_y - \left(I_3 - I_1\right)\omega_z\omega_x = M_y \\ I_3\dot{\omega}_z - \left(I_1 - I_2\right)\omega_x\omega_y = M_z \end{cases}$$

这就是刚体定点运动时的欧拉动力学方程式（3-5-14）。

值得指出的是，如果只限于在正交系中求解，则上面方程中的第三式是唯一能够直接用拉格朗日方程导出的，而其他两式都不能通过拉格朗日方程直接求得，其原因如前面所述，与广义坐标 θ 和 φ 对应的广义力不是 M_x 和 M_y，而是沿节线方向和固定坐标系 ζ 轴方向的力矩分量。

例 5-9 电子在电荷为 Ze 的原子核的库仑场中运动。试由拉格朗日方程建立电子运动的微分方程。

解 如图 5-10 所示。选取球坐标 r、θ、φ 作为电子的广义坐标，并设电子的质量为 m、电荷为 $-e$。因电子与核之间是库仑力，故其势能为

$$V = -\frac{1}{4\pi\varepsilon_0}\frac{Ze^2}{r}$$

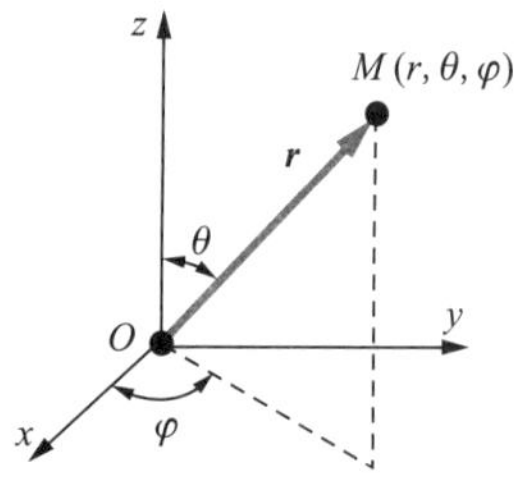

图 5-10

电子的速率 v 可表示为

$$v = (\dot{r}^2 + r^2\dot{\theta}^2 + r^2\dot{\varphi}^2\sin^2\theta)^{\frac{1}{2}}$$

故其动能应为

$$T = \frac{1}{2}mv^2 = \frac{1}{2}m\left(\dot{r}^2 + r^2\dot{\theta}^2 + r^2\dot{\varphi}^2\sin^2\theta\right)$$

电子的拉格朗日函数为

$$L = T - V = \frac{1}{2}m\left(\dot{r}^2 + r^2\dot{\theta}^2 + r^2\dot{\varphi}^2\sin^2\theta\right) + \frac{1}{4\pi\varepsilon_0}\frac{Ze^2}{r}$$

由 L 可算出与 r、θ、φ 相对应的广义动量为

$$\begin{cases} p_r = \dfrac{\partial L}{\partial \dot{r}} = m\dot{r} \\ p_\theta = \dfrac{\partial L}{\partial \dot{\theta}} = mr^2\dot{\theta} \\ p_\varphi = \dfrac{\partial L}{\partial \dot{\varphi}} = mr^2\dot{\varphi}\sin^2\theta \end{cases}$$

把 L 对广义坐标 r、θ、φ 求偏导，可得

$$\begin{cases} \dfrac{\partial L}{\partial r} = mr\dot{\theta}^2 + mr\dot{\varphi}^2\sin^2\theta - \dfrac{1}{4\pi\varepsilon_0}\dfrac{Ze^2}{r^2} \\ \dfrac{\partial L}{\partial \theta} = mr^2\dot{\varphi}^2\sin\theta\cos\theta \\ \dfrac{\partial L}{\partial \varphi} = 0 \end{cases}$$

把上面计算的偏导数代入拉格朗日方程式（5-3-13），可以得到电子在核力场中运动的微分方程

$$\begin{cases} m\ddot{r} - mr\dot{\theta}^2 - mr\dot{\varphi}^2\sin^2\theta + \dfrac{Ze^2}{4\pi\varepsilon_0 r^2} = 0 \\ r\ddot{\theta} + 2\dot{r}\dot{\theta} - r\dot{\varphi}^2\sin\theta\cos\theta = 0 \\ r\ddot{\varphi}\sin^2\theta + 2\dot{r}\dot{\varphi}\sin^2\theta + 2r\dot{\theta}\dot{\varphi}\sin\theta\cos\theta = 0 \end{cases}$$

下面再对电子的运动做一些讨论。因为 L 中不含 φ，所以 $p_\varphi = C$=常量。于是有

$$\dot{\varphi} = \frac{C}{mr^2\sin^2\theta}$$

把上式代入电子在核力场中运动的微分方程的第 1、2 个方程，可得

$$m\ddot{r} - mr\dot{\theta}^2 - \frac{C^2}{mr^3\sin^2\theta} + \frac{1}{4\pi\varepsilon_0}\frac{Ze^2}{r^2} = 0$$

$$\frac{\mathrm{d}}{\mathrm{d}t}\left(mr^2\dot{\theta}\right) = \frac{C^2\cos\theta}{mr^2\sin^3\theta}$$

上面两式中均不含 φ，故知电子在平面内运动。这是质点在中心力场中运动的重要性质，在 4.2 节中已做过证明。如果令此平面是 $\varphi = 0$ 的平面，则 $\dot{\varphi} = 0$，$C = 0$，于是电子的运动方程便成为

$$
\begin{cases}
m\ddot{r} - mr\dot{\theta}^2 + \dfrac{1}{4\pi\varepsilon_0}\dfrac{Ze^2}{r^2} = 0 \\
\dfrac{\mathrm{d}}{\mathrm{d}t}\left(mr^2\dot{\theta}\right) = 0
\end{cases}
$$

这个方程与开普勒问题的微分方程是相同的，差别只在势能项的系数上。

5.4 守恒定律

5.4.1 拉格朗日函数

如果在力学系上只有保守力的作用，则力学系及其运动条件就完全可以用拉格朗日函数表示出来。这里说的运动条件是指系统所受的主动力和约束的性质。因此，给定了拉格朗日函数的明显形式

$$L = L\left(q_1,\cdots,q_s;\dot{q}_1,\cdots,\dot{q}_s,t\right)$$

就等于给出了一个确定的力学系。拉格朗日函数是力学系的特性函数。

在使用广义坐标时，由于约束方程自动满足，使得人们对于力学系的看法发生了变化。以前，力学系的含义只是“质点的集合”，而现在则应理解为“一个确定的拉格朗日函数所表征的系统”。因此，在许多情况下也就没有必要再去考究质点组本身了。例如，刚体被看成是不变质点组。当选取广义坐标之后，原来构成刚体的“质点”和它们之间的“相互约束”两个方面合二为一，形成一个特定的力学系。这个力学系完全由一个拉格朗日函数所表征。这种合二为一是很自然的事情。因为采用了广义坐标就意味承认了约束。从物理上讲，就等于肯定了一种特定的约束力作用在力学系上。这时当然应该认为约束体已经解除，不再需要用一些特殊的几何形象来显示约束的存在了。

另外，拉格朗日函数中反映出的质点间的相互作用，是以瞬时传递和遵守伽利略相对性原理为前提的。拉格朗日函数并不违背经典力学的绝对时空观。

在力学系的运动过程中，决定其力学状态的 $2s$ 个量 q_α 和 $\dot{q}_\alpha$ 随时间而变化。但是，这 $2s$ 个量的一些函数却会表现出守恒的性质。这些守恒物理量的数值只由初始条件决定，不因系统的运动而变化，它们称为运动积分。需要注意的是，并不是所有的运动积分都有相同的价值，只有少数的几个运动积分才具有重要的物理意义。这些运动积分的不变性导致人们所熟知的几个守恒定律。

由于拉格朗日函数是力学系的特性函数，力学系如果存在某些守恒量，则它的拉格朗日函数必然会显出某些特点。下面研究二者的对应关系。

5.4.2 广义动量守恒

由于力学系的势能与速度无关，广义动量 p_α 可表示为

$$p_\alpha = \frac{\partial L}{\partial \dot{q}_\alpha} \qquad (\alpha = 1,2,\cdots,s) \tag{5-4-1}$$

如果拉格朗日函数 L 中不含有某个广义坐标 q_α，则 q_α 称为循环坐标。由拉格朗日方程式（5-3-13）可知，与循环坐标 q_α 相对应的有

$$p_\alpha = \text{常量}$$

即与循环坐标相应的广义动量是守恒的，这个结论称为广义动量守恒定理。

例如，一个质点在重力场中自由运动，以直角坐标为广义坐标时其拉格朗日函数是

$$L = \frac{1}{2}m\left(\dot{x}^2 + \dot{y}^2 + \dot{z}^2\right) - mgz$$

显然 x 与 y 都是循环坐标。所以由广义动量守恒定理得知，质点在 x 轴、y 轴两个方向上动量都是守恒的。

5.4.3 广义能量守恒

若力学系的拉格朗日函数不显含时间 t，则此力学系的广义能量守恒。

下面证明这个定理。若拉格朗日函数 L 不显含时间 t，即 $\frac{\partial L}{\partial t} = 0$。因此有

$$\frac{\mathrm{d}L}{\mathrm{d}t} = \sum_{\alpha=1}^{s}\left(\frac{\partial L}{\partial q_\alpha}\dot{q}_\alpha + \frac{\partial L}{\partial \dot{q}_\alpha}\ddot{q}_\alpha\right)$$

利用拉格朗日方程式（5-3-13）将上式中的 $\frac{\partial L}{\partial q_\alpha}$ 改换为 $\frac{\mathrm{d}}{\mathrm{d}t}\left(\frac{\partial L}{\partial \dot{q}_\alpha}\right)$，则得

$$\frac{\mathrm{d}L}{\mathrm{d}t} = \sum_{\alpha=1}^{s}\left[\dot{q}_\alpha \frac{\mathrm{d}}{\mathrm{d}t}\left(\frac{\partial L}{\partial \dot{q}_\alpha}\right) + \frac{\partial L}{\partial \dot{q}_\alpha}\ddot{q}_\alpha\right] = \sum_{\alpha=1}^{s}\frac{\mathrm{d}}{\mathrm{d}t}\left(\frac{\partial L}{\partial \dot{q}_\alpha}\dot{q}_\alpha\right)$$

上式也可写为

$$\frac{\mathrm{d}}{\mathrm{d}t}\left(\sum_{\alpha=1}^{s}\dot{q}_\alpha\frac{\partial L}{\partial \dot{q}_\alpha} - L\right) = 0$$

由此可见

$$H = \sum_{\alpha=1}^{s}\dot{q}_\alpha\frac{\partial L}{\partial \dot{q}_\alpha} - L = \text{常量} \tag{5-4-2}$$

定义 H 为力学系的广义能量，上式便表示广义能量守恒，于是定理得证。至于为什么称 H 为广义能量，那就需要研究 H 与能量 E 的关系了。

利用式（5-1-8）可将动能 T 写为

$$\begin{aligned}T &= \frac{1}{2}\sum_{i=1}^{n}m_i\dot{\boldsymbol{r}}_i^2 = \frac{1}{2}\sum_{i=1}^{n}m_i\left(\sum_{\alpha=1}^{s}\frac{\partial \boldsymbol{r}_i}{\partial q_\alpha}\dot{q}_\alpha + \frac{\partial \boldsymbol{r}_i}{\partial t}\right)^2\\ &= \frac{1}{2}\sum_{\substack{\alpha=1\\ \beta=1}}^{s}\sum_{i=1}^{n}m_i\frac{\partial \boldsymbol{r}_i}{\partial q_\alpha}\cdot\frac{\partial \boldsymbol{r}_i}{\partial q_\beta}\dot{q}_\alpha\dot{q}_\beta + \sum_{\alpha=1}^{s}\sum_{i=1}^{n}m_i\frac{\partial \boldsymbol{r}_i}{\partial q_\alpha}\cdot\frac{\partial \boldsymbol{r}_i}{\partial t}\dot{q}_\alpha + \frac{1}{2}\sum_{i=1}^{n}m_i\left(\frac{\partial \boldsymbol{r}_i}{\partial t}\right)^2\end{aligned}$$

$$=\frac{1}{2}\sum_{\substack{\alpha=1\\ \beta=1}}^{s}a_{\alpha\beta}\dot{q}_{\alpha}\dot{q}_{\beta}+\sum_{\alpha=1}^{s}a_{\alpha}\dot{q}_{\alpha}+\frac{1}{2}a \tag{5-4-3}$$

上式中的三项显然分别是广义速度的二次、一次和零次函数。

令

$$T_2=\frac{1}{2}\sum_{\substack{\alpha=1\\ \beta=1}}^{s}a_{\alpha\beta}\dot{q}_{\alpha}\dot{q}_{\beta}\,,\quad T_1=\sum_{\alpha=1}^{s}a_{\alpha}\dot{q}_{\alpha}\,,\quad T_0=\frac{1}{2}a$$

则动能可表示为

$$T=T_2+T_1+T_0$$

假如系统是定常的或稳定的，则式（5-1-5）中不含 t，因而 $\frac{\partial \boldsymbol{r}_i}{\partial t}=0$。由此得知 $a_\alpha=a=0$，动能 T 就成为 $\dot{q}_\alpha$ 的二次齐次函数。由齐次函数的欧拉定理可知，

$$\sum_{\alpha=1}^{s}\frac{\partial T}{\partial \dot{q}_{\alpha}}\dot{q}_{\alpha}=2T \tag{5-4-4}$$

又因

$$\frac{\partial T}{\partial \dot{q}_{\alpha}}=\frac{\partial L}{\partial \dot{q}_{\alpha}}$$

所以式（5-4-4）变为

$$\sum_{\alpha=1}^{s}\frac{\partial L}{\partial \dot{q}_{\alpha}}\dot{q}_{\alpha}=2T \tag{5-4-5}$$

将式（5-4-5）代入式（5-4-2），可知系统在这种情况下机械能守恒，即

$$H=T+V=E=常数$$

这说明，对于定常力学系，H 表示系统的机械能。

不难证明，对于非定常力学系，H 并不表示力学系的机械能，这时广义能量可表示为

$$H=T_2-T_0+V \tag{5-4-6}$$

如果拉格朗日函数 L 不显含时间 t，这时守恒的是系统的广义能量而不是机械能。可见 H 是能量概念的推广，故称为广义能量。

以开普勒问题为例，如果选取平面极坐标作为广义坐标，且以 μ 表示折合质量，则质点的拉格朗日函数为

$$L=T-V=\frac{1}{2}\mu\left(\dot{r}^2+r^2\dot{\varphi}^2\right)+\frac{mk^2}{r}$$

显而易见，L 中既不含广义坐标 φ 也不显含时间 t，所以系统的角动量守恒，机械能也守恒。

5.4.4 守恒定律与时空的性质

对完整保守系而言，如果广义坐标 x 是循环坐标，则

$$\frac{\partial L}{\partial x}=0$$

这说明坐标系在 x 方向的平移不影响 L 的性质。由于拉格朗日函数 L 表征着系统固有的动力学性质，坐标系在 x 方向的平移不影响力学系的性质。这反映了空间在 x 方向的均匀性。然而上面已经证明，x 成为循环坐标是与 x 方向的动量 p_x 守恒相对应的，所以动量守恒反映了空间的均匀性。

如果 φ 是循环坐标，则有

$$\frac{\partial L}{\partial \varphi}=0$$

可导出角动量 p_φ 守恒。这时，坐标系在 φ 方向的旋转显然不影响拉格朗日函数的性质。所以，角动量守恒反映了空间的各向同性。

由 L 中不显含 t，即

$$\frac{\partial L}{\partial t}=0$$

可导出广义能量守恒。这时，时间坐标原点的移动不影响拉格朗日函数 L 的性质。所以能量守恒反映了时间的均匀性。

总之，经典力学中的三个守恒定理具有深刻的物理意义。它们分别反映了空间的均匀性、各向同性和时间的均匀性。

例 5-10　质量为 m_1 的滑块可沿水平轴 x 自由滑动。质量为 m_2 的小球用长为 l 的轻杆与滑块相连，连杆可以在铅直面内自由转动。列出系统的动力学方程。当 $t=0$ 时，$\varphi=\alpha, \dot{\varphi}=0, \dot{x}=0$，求系统的运动规律。

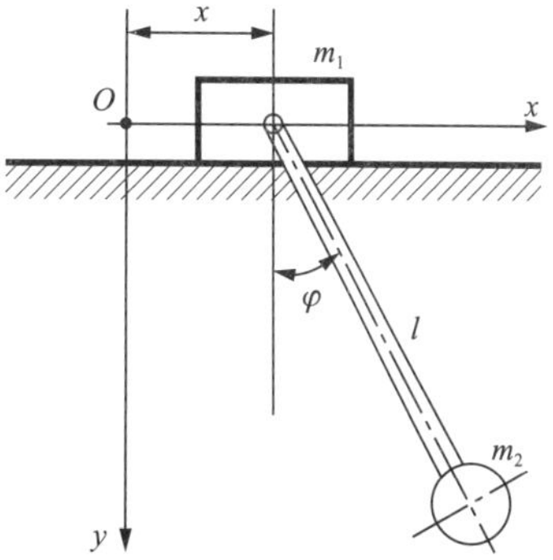

图 5-11

解　如图 5-11 所示，系统的自由度 $s=2$，取滑块的 x 坐标和连杆的摆角 φ 为广义坐标。m_2 的坐标和速度为

$$x_2=x+l\sin\varphi,\ y_2=l\cos\varphi$$

$$\dot{x}_2=\dot{x}+l\dot{\varphi}\cos\varphi,\ \dot{y}_2=-l\dot{\varphi}\sin\varphi$$

系统的动能为

$$T=\frac{1}{2}m_1\dot{x}^2+\frac{1}{2}m_2(\dot{x}_2^2+\dot{y}_2^2)$$

将 m_2 的速度代入上式得

$$T=\frac{1}{2}(m_1+m_2)\dot{x}^2+\frac{1}{2}m_2l^2\dot{\varphi}^2+m_2l\dot{x}\dot{\varphi}\cos\varphi$$

主动力是作用在两质点上的重力，取 x 轴为势能零点，则系统的势能为

$$V=-m_2gl\cos\varphi$$

系统的拉格朗日函数便为

$$L = T - V = \frac{1}{2}(m_1 + m_2)\dot{x}^2 + \frac{1}{2}m_2 l^2 \dot{\varphi}^2 + m_2 l\dot{x}\dot{\varphi}\cos\varphi + m_2 g l\cos\varphi$$

由拉格朗日方程式（5-3-13）便得系统的动力学方程

$$(m_1 + m_2)\ddot{x} + m_2 l\dot{\varphi}\cos\dot{\varphi} - m_2 l\dot{\varphi}^2 x\sin\varphi = 0$$

$$l\ddot{\varphi} + \dot{x}\cos\varphi + g\sin\varphi = 0$$

可以看出，由上面两式求解系统运动的规律 $x = x(t)$ 和 $\varphi = \varphi(t)$ 是比较繁难的。

下面利用首次积分求解系统的运动规律 $x = x(t)$ 和 $\varphi = \varphi(t)$。显然 x 是循环坐标，故可得到一个广义动量积分。由广义动量积分和初始条件可得

$$(m_1 + m_2)\dot{x} + m_2 l\dot{\varphi}\cos\varphi = 0$$

又因为 L 中不显含 t，故有广义能量积分。系统的约束是定常的，所以广义能量积分就是机械能守恒，即

$$\frac{1}{2}(m_1 + m_2)\dot{x}^2 + \frac{1}{2}m_2 l^2 \dot{\varphi}^2 + m_2 l\dot{x}\dot{\varphi}\cos\varphi - m_2 g l\cos\varphi = E$$

由初始条件可知

$$E = -m_2 g l\cos\alpha$$

消去 $\dot{x}$，得

$$(m_1 + m_2\sin^2\varphi)l\dot{\varphi}^2 = 2(m_1 + m_2)g(\cos\varphi - \cos\alpha)$$

因为初始时 $\varphi = \alpha, \dot{\varphi} = 0$，所以此时 $\dot{\varphi} < 0$。由上式得

$$\frac{\mathrm{d}\varphi}{\mathrm{d}t} = -\sqrt{\frac{g}{l}} \cdot \sqrt{\frac{m_1 + m_2}{m_1}} \sqrt{\frac{2(\cos\varphi - \cos\alpha)}{1 + \dfrac{m_2\sin^2\varphi}{m_1}}}$$

分离变量积分得

$$\sqrt{\frac{g}{l}} \cdot \sqrt{\frac{m_1 + m_2}{m_1}}\, t = -\int_\alpha^\varphi \sqrt{\frac{1 + \dfrac{m_2\sin^2\varphi}{m_1}}{2(\cos\varphi - \cos\alpha)}}\,\mathrm{d}\varphi$$

当 $m_1 \gg m_2$ 时，上式就变为单摆的结果。

如果最大摆角 α 不大，可当作小量，则将上式保留到 α 的二阶小量，可得

$$m_1 l\dot{\varphi}^2 = (m_1 + m_2)g(\alpha^2 - \varphi^2)$$

将上式积分，并利用初始条件，则得

$$\varphi = \alpha \cdot \cos\left(\sqrt{\frac{g}{l}} \cdot \sqrt{\frac{m_1 + m_2}{m_1}}\, t\right)$$

可见椭圆摆的频率高于单摆的频率。

读者可以在此基础上进一步计算出小球 m_2 的运动轨迹是一个椭圆，所以该系统称为椭圆摆。

例 5-11　质量为 M、半径为 a 的薄球壳。外表面是粗糙的，内表面则是完全光滑的。放在粗糙水平桌面上。在球壳内放一个质量为 m、长为 $2a\sin\alpha$ 的均质棒。设此系统由静止开始运动，且在开始时，棒在通过球心的竖直平面内，两端都与球壳相接触，并与水平线成 β 角。求在以后的运动中，此棒与水平线的夹角 θ 满足的关系。

解　如图 5-12 所示，系统在竖直平面内运动，该系统是定常约束的完整保守系。自由度 $s=2$，取 θ 和 x 为广义坐标。

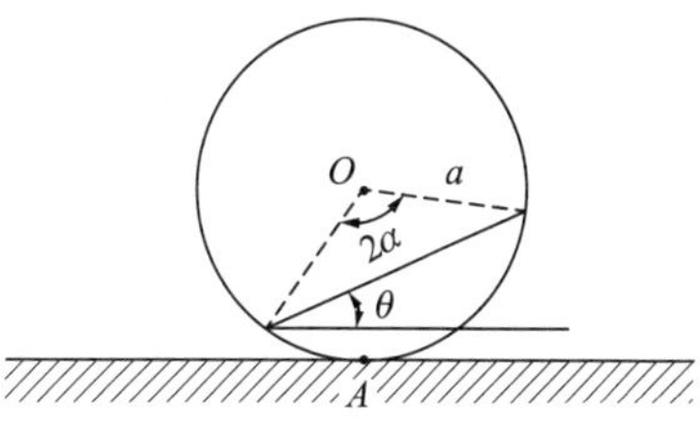

图 5-12

在平面直角坐标系下球壳质心坐标为 (x,a)，棒质心坐标为 $c(x_c,y_c)$，A 是初始时球壳与平面的接触点。球壳只滚不滑的条件为 $\dot{x}=a\omega$，球壳的转动惯量 $I_O=\dfrac{2}{3}Ma^2$。

用 (x,a) 表示棒的质心坐标

$$x_c = x + a\cos\alpha\sin\theta$$

$$y_c = a - a\cos\alpha\cos\theta$$

则质心的速度为

$$\dot{x}_c = \dot{x} + a\dot{\theta}\cos\alpha\cos\theta,\quad \dot{y}_c = a\dot{\theta}\cos\alpha\sin\theta$$

系统的动能为

$$\begin{aligned} T &= \frac{1}{2}M\dot{x}^2 + \frac{1}{2}I_O\omega^2 + \frac{1}{2}m(\dot{x}_c^{\ 2}+\dot{y}_c^{\ 2}) + \frac{1}{2}I_c\dot{\theta}^2 \\ &= \frac{5}{6}M\dot{x}^2 + \frac{1}{2}I_c\dot{\theta}^2 + \frac{1}{2}m\left[(\dot{x}+a\dot{\theta}\cos\alpha\cos\theta)^2 + (a\dot{\theta}\cos\alpha\sin\theta)^2\right] \end{aligned}$$

取水平桌面为零势面，系统的势能为

$$V = mgy_c + Mga = mg(a - a\cos\alpha\cos\theta) + Mga$$

系统的拉格朗日函数为

$$\begin{aligned} L &= T - V \\ &= \frac{5}{6}M\dot{x}^2 + \frac{1}{6}ma^2\dot{\theta}^2\sin^2\alpha + \frac{1}{2}m(\dot{x}^2 + 2a\dot{x}\dot{\theta}\cos\alpha\cos\theta + a^2\dot{\theta}^2\cos^2\alpha) \\ &\quad + mga\cos\alpha\cos\theta - (M+m)ga \end{aligned}$$

下面讨论守恒量。x 是循环坐标，$\dfrac{\partial L}{\partial x}=0$，于是

$$\frac{\partial L}{\partial \dot{x}} = \frac{5}{3}M\dot{x} + m\dot{x} + ma\dot{\theta}\cos\alpha\cos\theta = C$$

由于 $t=0,\theta=\beta,\dot{\theta}=0,\dot{x}=0$，则 $C=0$。把 $C=0$ 代入上式，得

$$\dot{x} = \frac{-3ma\cos\alpha\cos\theta}{5M+3m}\dot{\theta}$$

因为 $\partial L/\partial t=0$，故广义能量守恒。对于定常约束的保守系，机械能守恒

$$\frac{5}{6}M\dot{x}^2+\frac{1}{6}ma^2\dot{\theta}^2\sin^2\alpha+\frac{1}{2}m(\dot{x}^2+2a\dot{x}\dot{\theta}\cos\alpha\cos\theta+a^2\dot{\theta}^2\cos^2\alpha)$$
$$-mga\cos\alpha\cos\theta+(M+m)ga=(M+m)ga-mga\cos\alpha\cos\beta$$

整理后得

$$[(5M+3m)(3\cos^2\alpha+\sin^2\alpha)-9m\cos^2\alpha\cos^2\theta]a\dot{\theta}^2$$
$$=6g(5M+3m)\cos\alpha(\cos\theta-\cos\beta)$$

例 5-12 质量为m、半径为$3R$的均质大圆环在粗糙的水平面上做纯滚动。另一个质量亦为m、半径为R的均质小圆环又在粗糙的大圆环内壁做纯滚动。如图 5-13 所示，整个系统处于铅垂面内，不计滚动摩阻。求系统的守恒量。

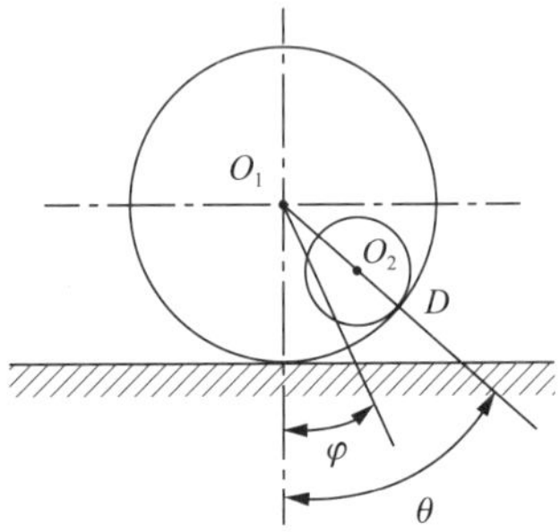

图 5-13

解 系统的约束为完整约束，主动力为有势力。系统具有自由度$s=2$，取φ、θ为广义坐标。由运动学可知

$$v_{O_1}=3R\dot{\varphi}$$
$$\omega_{O_1}=\dot{\varphi}$$

由柯尼希定理得系统的动能为

$$T=\frac{1}{2}mv_{O_1}^2+\frac{1}{2}I_{O_1}\omega_{O_1}^2+\frac{1}{2}mv_{O_2}^2+\frac{1}{2}I_{O_2}\omega_{O_2}^2$$

建立随质心O_1平动的运动坐标$O_1\text{-}x_1y_1$。

设O_1上与O_2轮相接触的点为D，则轮缘D和轮心O_2的相对速度

$$v_{Dr}=3R\dot{\varphi}$$
$$v_{O_2r}=2R\dot{\theta}$$

O_2轮在轮缘D处只滚不滑的条件是

$$v_{Dr}-v_{O_2r}=R\omega_{O_2}$$

于是有

$$\omega_{O_2}=\frac{v_{Dr}-v_{O_2r}}{R}=3\dot{\varphi}-2\dot{\theta}$$

根据速度合成定理

$$\boldsymbol{v}_{O_2}=\boldsymbol{v}_{O_1}+\boldsymbol{v}_{O_2r}$$

其中$\boldsymbol{v}_{O_1}$与$\boldsymbol{v}_{O_2}$的夹角为$\pi-\theta$，因此

$$v_{O_2}^2=v_{O_1}^2+v_{O_2r}^2-2v_{O_1}v_{O_2r}\cos\theta=9R^2\dot{\varphi}^2+4R^2\dot{\theta}^2-12R^2\dot{\varphi}\dot{\theta}\cos\theta$$

把以上计算的结果代入系统动能的表达式，有

$$T=18mR^2\dot{\varphi}^2+4mR^2\dot{\theta}^2-6mR^2\dot{\varphi}\dot{\theta}(1+\cos\theta)$$

系统的势能

$$V = -2mgR\cos\theta$$

由 $L = T - V$ 得系统的拉格朗日函数为

$$L = 18mR^2\dot{\varphi}^2 + 4mR^2\dot{\theta}^2 - 6mR^2\dot{\varphi}\dot{\theta}(1+\cos\theta) + 2mgR\cos\theta$$

因为 L 中不显含 φ，所以根据广义动量守恒定理，得

$$p_\varphi = \frac{\partial L}{\partial \dot{\varphi}} = 36mR^2\dot{\varphi} - 6mR^2\dot{\theta}(1+\cos\theta) = C_1'$$

即

$$6\dot{\varphi} - \dot{\theta}(1+\cos\theta) = C_1$$

又因为 L 中不显含 t，且系统的约束是定常约束，所以根据广义能量守恒定理可知，此时系统的机械能守恒，即

$$T + V = 18mR^2\dot{\varphi}^2 + 4mR^2\dot{\theta}^2 - 6mR^2\dot{\varphi}\dot{\theta}(1+\cos\theta) - 2mgR\cos\theta = C_2'$$

亦即

$$[9\dot{\varphi}^2 + 2\dot{\theta}^2 - 3\dot{\varphi}\dot{\theta}(1+\cos\theta)]R - g\cos\theta = C_2$$

关于系统的运动微分方程，可以由拉格朗日方程给出。

5.5　小　振　动

小振动问题是物理学中和工程技术中的一个很重要的问题。小振动可以分为有限自由度和无限自由度两类，本节只讨论有限自由度的振动。在分析力学中研究这个课题具有三方面的意义，首先是明了一维谐振的基本概念和基本理论是如何推广到多自由度情况的，其次可以掌握拉格朗日方程对小振动问题的应用，再次可以学会用代数中的本征值理论处理物理学问题。

5.5.1　小振动方程的建立

设有一个完整、定常、保守的力学系统在其稳定平衡位置附近发生小振动。所谓小振动，是指系统振动时广义位移和广义速度为一阶小量，且计算系统的动能与势能时可以略去三阶和三阶以上的小量。

假设系统的稳定平衡位置在广义坐标的原点，而且系统在稳定平衡时的势能为零。这种假定能使问题便于处理，并且不影响理论的普遍意义。

由于约束是稳定的，系统的动能是广义速度的二次齐次函数，即

$$T = T_2 = \frac{1}{2}\sum_{\alpha\beta}^{s} a_{\alpha\beta}\dot{q}_\alpha\dot{q}_\beta$$

因为 $a_{\alpha\beta} = f(q_1, q_2, \cdots, q_s)$，故可将 $a_{\alpha\beta}$ 在 O 点的附近展为泰勒级数，即

$$a_{\alpha\beta} = (a_{\alpha\beta})_0 + \sum_{r=1}^{s}\left(\frac{\partial a_{\alpha\beta}}{\partial q_r}\right)_0 q_r + \cdots$$

将上式代入 T 的表达式，由于系统为小振动，$q_r(t)$ 值很小，所以只取第一项，即

$$T=\frac{1}{2}\sum_{\alpha\beta}^{s}\left(a_{\alpha\beta}\right)_0\dot{q}_\alpha\dot{q}_\beta \tag{5-5-1}$$

系统的势能 V 也可在 O 点的附近展为泰勒级数，即

$$V=V_0+\sum_{\alpha=1}^{s}\left(\frac{\partial V}{\partial q_\alpha}\right)_0 q_\alpha+\frac{1}{2}\sum_{\alpha\beta}^{s}\left(\frac{\partial^2 V}{\partial q_\alpha\partial q_\beta}\right)_0 q_\alpha q_\beta+\cdots$$

上式取到二阶小量，并设

$$\left(c_{\alpha\beta}\right)_0=\left(\frac{\partial^2 V}{\partial q_\alpha\partial q_\beta}\right)_0$$

则有

$$V=\frac{1}{2}\sum_{\alpha\beta}^{s}\left(c_{\alpha\beta}\right)_0 q_\alpha q_\beta \tag{5-5-2}$$

把动能与势能的表达式与一维谐振相类比，称式（5-5-1）与式（5-5-2）中的 $a_{\alpha\beta}$ 及 $c_{\alpha\beta}$ 为广义质量和广义弹性系数。$a_{\alpha\beta}$ 和 $c_{\alpha\beta}$ 都是广义坐标的函数；$(a_{\alpha\beta})_0$ 与 $(c_{\alpha\beta})_0$ 则表示在平衡位置的值，只要不误会，可以省去下标不写。

由式（5-5-1）和式（5-5-2），可立即写出系统的拉格朗日函数

$$L=\frac{1}{2}\sum_{\alpha\beta}^{s}a_{\alpha\beta}\dot{q}_\alpha\dot{q}_\beta-\frac{1}{2}\sum_{\alpha=1}^{s}c_{\alpha\beta}q_\alpha q_\beta \tag{5-5-3}$$

将上式代入拉格朗日方程，不难得到系统在其平衡位置附近做小振动的微分方程

$$\sum_{\beta=1}^{s}(a_{\alpha\beta}\ddot{q}_\beta-c_{\alpha\beta}q_\beta)=0\quad(\alpha=1,2,\cdots,s) \tag{5-5-4}$$

这是一个线性的、齐次的二阶常微分方程组。若系统的自由度 s=1，上式显然退化为一维简谐振动方程。

5.5.2 小振动方程的求解

由微分方程的理论可知，式（5-5-4）的解具有以下形式

$$q_\beta=A_\beta e^{\lambda t}\quad(\beta=1,2,\cdots,s) \tag{5-5-5}$$

式中，A_β、λ 分别为两个待定的常数。

先来确定 λ。把式（5-5-5）代入式（5-5-4）可以得到关于 A_β 的线性方程

$$\sum_{\beta=1}^{s}\left(a_{\alpha\beta}\lambda^2+c_{\alpha\beta}\right)A_\beta=0\quad(\alpha=1,2,\cdots,s) \tag{5-5-6}$$

由于目的是研究系统的运动，只需要 A_β 的非零解。因此式（5-5-6）有非零解的条件是

$$\begin{vmatrix} a_{11}\lambda^2+c_{11} & a_{12}\lambda^2+c_{12} & a_{1s}\lambda^2+c_{1s} \\ a_{21}\lambda^2+c_{21} & a_{22}\lambda^2+c_{22} & a_{2s}\lambda^2+c_{2s} \\ \vdots & \vdots & \vdots \\ a_{s1}\lambda^2+c_{s1} & a_{s2}\lambda^2+c_{s2} & a_{ss}\lambda^2+c_{ss} \end{vmatrix}=0 \tag{5-5-7}$$

这是以 λ^2 为未知量的 s 次代数方程，称为特征方程或频率方程。这个方程与单自由度情况的频率方程 $k-\omega^2 m=0$ 相当。特征方程的解称为 λ 的特征值。由于式（5-5-7）是 λ^2 的 s 次代数方程，可求出 λ^2 的 s 个根。因此有 $2s$ 个特征值，并且是正负成对的 s 对。一般说来，每个本征值 λ_l 代入式（5-5-6）后均可求出 s 个 A_β，成为一组 A_β。$2s$ 个特征值可求出 $2s$ 组 A_β，总共是 $2s^2$ 个 A_β，并记为 $A_\beta^{(l)}$ $(\beta=1,2,\cdots,s;l=1,2,\cdots,2s)$。

可是由式（5-5-7）可知 A_β 的系数阵并不是满秩的，所以问题不是上述的那样简单。假定系数阵只降一秩，则在式（5-5-6）中每代进一个 λ_l 的值时，并不能确定 s 个 A_β 的值；在 s 个 A_β 中必有一个成为任意常数。

因为 λ 的一个特征值确定式（5-5-4）的一组特解，所以由叠加原理可知，式（5-5-4）的通解是 $2s$ 个特解 $A_\beta^{(l)}e^{\lambda_l t}$ 的线性组合，即

$$q_\beta=\sum_{l=1}^{2s}P_l A_\beta^{(l)}e^{\lambda_l t}\quad(\beta=1,2,\cdots,s) \tag{5-5-8}$$

下面对小振动的解式（5-5-8）略加分析：

因为 λ_l 的值正负成对，所以若 λ_l 取实数值时，必出现 λ_l 的正实值。由式（5-5-8）可见，这种情况表明 $t\to\infty$ 时，$q_\beta\to\infty$，显然不是小振动。只有 λ_l 为纯虚数时，式（5-5-8）才描述系统在其稳定平衡位形的附近做小振动。

既然 λ_l 是纯虚数，而且成对，故可令 $\lambda_l=\pm i\omega_l(l=1,2,\cdots,s)$，于是式（5-5-8）可写为

$$q_\beta=\sum_{l=1}^{s}C_l A_\beta^{(l)}e^{i\omega_l t}+D_l A_\beta^{(l)}e^{-i\omega_l t}\quad(\beta=1,2,\cdots,s) \tag{5-5-9}$$

既然上式描述小振动，则 q_β 必须是实数，而不是虚数。可以证明，只有当组合系数是共轭复数时，q_β 才能取实值。所以 q_β 的实数解可写成

$$q_\beta=\sum_{l=1}^{s}a_\beta^{(l)}\cos\omega_l t+b_\beta^{(l)}\sin\omega_l t\quad(\beta=1,2,\cdots,s) \tag{5-5-10}$$

由式（5-5-10）不难得出结论：当力学系在其稳定平衡位置的附近做小振动时，每个广义坐标都是 t 的周期函数，这些周期函数都是 s 个频率不同的谐振线性叠加的结果。这些谐振称为系统的本征谐振。ω_l 是本征谐振的本征频率，由系统自身的广义质量 $a_{\alpha\beta}$ 和广义弹性系数 $c_{\alpha\beta}$ 加以确定。

式（5-5-10）中的 $2s^2$ 个常数 $a_\beta^{(l)}$、$b_\beta^{(l)}$ 在本质上就是式（5-5-8）中的 $2s^2$ 个 $A_\beta^{(l)}$。前面已经指出。$A_\beta^{(l)}$ 中存在 $2s$ 个任意常数，所以 $a_\beta^{(l)}$、$b_\beta^{(l)}$ 中也必有 $2s$ 个任意常数。这些常数恰好可由系统的 $2s$ 个初始条件决定。

5.5.3 简正坐标

从上面的求解过程可以看出，多自由度体系的小振动问题之所以复杂，在于势能V和动能T中都含有广义坐标或广义速度的交叉项$q_\alpha q_\beta$或$\dot{q}_\alpha \dot{q}_\beta$。如果能够设法使这些交叉项不出现，则求解便可大为简化。根据线性代数的理论，这是可以办到的。

对于多自由度系统的小振动，动能是正定的二次型。由此可知：必定存在坐标的一个满秩、线性变换，能使动能T和势能V同时化为正则形式。设这个变换式是

$$q_\beta = \sum_{l=1}^{s} q_{\beta l}\xi_l \qquad (\beta = 1,2,\cdots,s) \tag{5-5-11}$$

则T和V的正则形式是

$$\begin{cases} T = \dfrac{1}{2}\displaystyle\sum_{l=1}^{s} a_l^0 \dot{\xi}_l^2 \\ V = \dfrac{1}{2}\displaystyle\sum_{l=1}^{s} c_l^0 \xi_l^2 \end{cases} \tag{5-5-12}$$

这样一组特殊的广义坐标$\xi_l (l = 1,2,\cdots,s)$称为系统的简正坐标。

由式（5-5-12）得到系统在简正坐标下的拉格朗日函数L，再将L代入简正坐标下的拉格朗日方程，便可得到小振动的运动微分方程组。方程组的形式是

$$a_l^0 \ddot{\xi}_l + c_l^0 \xi_l = 0 \qquad (l = 1,2,\cdots,s) \tag{5-5-13}$$

这是谐振方程，其解为

$$\xi_l = A_l \cos(\omega_l t) + B_l \sin(\omega_l t) = C_l \cos(\omega_l t + \varepsilon_l) \qquad (l = 1,2,\cdots,s) \tag{5-5-14}$$

式中，ω_l为本征频率，其表达式为

$$\omega_l = \sqrt{\frac{c_l^0}{a_l^0}} \tag{5-5-15}$$

由式（5-5-14）可知，每个简正坐标ξ_l均以一个本征频率ω_l作本征谐振。如果把式（5-5-14）代入式（5-5-11），便知q_β的运动是s个本征谐振的叠加。这正是式（5-5-10）的物理意义。

例 5-13 两个相同的单摆，长为l，摆锤的质量为m，用弹性系数为k的无重弹簧相耦合。弹簧的自然长度等于两摆悬点之间的距离。略去阻尼，求此系统的运动。

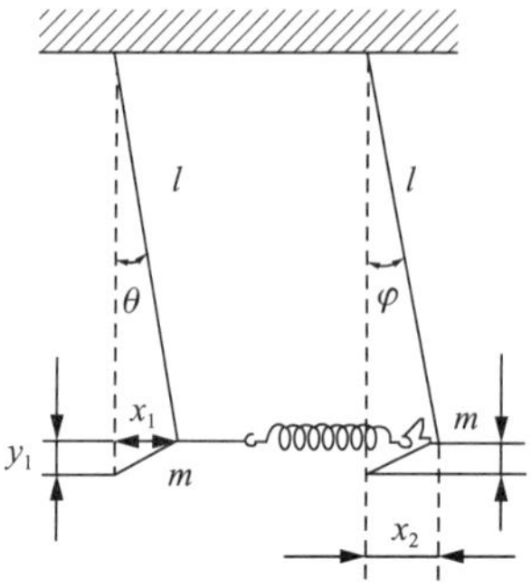

图 5-14

解 如图 5-14 所示，取振动平面为O-xy平面，并设两摆锤的坐标分别为(x_1, y_1)及(x_2, y_2)，摆线与竖直方向的夹角分别为θ和φ。设两个单摆的摆长为l，因为它是常量，所以系统的自由度$s = 2$。本题的广义坐标有多种选法，例如，可以选取x_1与x_2为系统的广义坐标，也可以选取y_1与y_2为系统的广义坐标，还可以选取

$$\xi_1 = \frac{1}{\sqrt{2}}(x_1 + x_2)$$

$$\xi_2 = \frac{1}{\sqrt{2}}(x_1 - x_2)$$

为系统的广义坐标。下面选取 θ 和 φ 为系统的广义坐标。

系统的动能为

$$T = \frac{1}{2}ml^2(\dot{\theta}^2 + \dot{\varphi}^2)$$

系统的势能由重力势能和弹簧势能两部分组成，以 $\theta = 0$ 、 $\varphi = 0$ 的位置为系统的零势点，则系统的势能为

$$V = mgl(1-\cos\theta) + mgl(1-\cos\varphi) + \frac{1}{2}kl^2(\sin\theta - \sin\varphi)^2$$

因为小振动的条件是 θ 和 φ 均为小量，所以把上式的势能在 $\theta = 0$、$\varphi = 0$ 处做泰勒级数展开并忽略二阶以上的小量，得

$$V \approx \frac{1}{2}(mgl + kl^2)\theta^2 - \frac{1}{2}kl^2\theta\varphi - \frac{1}{2}kl^2\varphi\theta + \frac{1}{2}(mgl + kl^2)\varphi^2$$

根据式（5-5-7），并且取 θ 和 φ 的实数解，即 $\lambda = \pm \mathrm{i}\omega$ ，系统小振动的频率方程为

$$\begin{vmatrix} \dfrac{(mgl + kl^2)}{2} - \dfrac{\omega^2 ml^2}{2} & -\dfrac{kl^2}{2} \\ -\dfrac{kl^2}{2} & \dfrac{(mgl + kl^2)}{2} - \dfrac{\omega^2 ml^2}{2} \end{vmatrix} = 0$$

把行列式展开，得到频率的代数方程为

$$\left[\frac{(mgl + kl^2)}{2} - \frac{\omega^2 ml^2}{2}\right]^2 - \left(\frac{kl^2}{2}\right)^2 = 0$$

解之得

$$\begin{cases} \omega_1^2 = \dfrac{g}{l} \\ \omega_2^2 = \dfrac{g}{l} + \dfrac{2k}{m} \end{cases} \Rightarrow \begin{cases} \omega_1 = \sqrt{\dfrac{g}{l}} \\ \omega_2 = \sqrt{\dfrac{g}{l} + \dfrac{2k}{m}} \end{cases}$$

下面求振动的通解。对于 $\omega_1 = \sqrt{g/l}$ ，根据式（5-5-6）得

$$\begin{pmatrix} \dfrac{mgl + kl^2 - \omega_1^2 ml^2}{2} & -\dfrac{kl^2}{2} \\ -\dfrac{kl^2}{2} & \dfrac{mgl + kl^2 - \omega_1^2 ml^2}{2} \end{pmatrix} \begin{pmatrix} A_1^{(1)} \\ A_2^{(1)} \end{pmatrix} = 0 \Rightarrow A_1^{(1)} = A_2^{(1)}$$

同理，对于 $\omega_2 = \sqrt{g/l + 2k/m}$ ，有

$$\begin{pmatrix} \dfrac{mgl+kl^2-\omega_2^2 ml^2}{2} & -\dfrac{kl^2}{2} \\ -\dfrac{kl^2}{2} & \dfrac{mgl+kl^2-\omega_2^2 ml^2}{2} \end{pmatrix} \begin{pmatrix} A_1^{(2)} \\ A_2^{(2)} \end{pmatrix} = 0 \Rightarrow A_1^{(2)} = -A_2^{(2)}$$

振动的通解为

$$\begin{cases} \theta = A_1^{(1)}\cos(\omega_1 t+\alpha_1) + A_1^{(2)}\cos(\omega_2 t+\alpha_2) \\ \varphi = A_1^{(1)}\cos(\omega_1 t+\alpha_1) - A_1^{(2)}\cos(\omega_2 t+\alpha_2) \end{cases}$$

这里 $A_1^{(1)}$、$A_1^{(2)}$、α_1、α_2 由初始条件确定。

现在对不同的初始条件做简单的讨论。

1）$t=0$ 时，$\theta=\varphi=A,\ \dot\theta=\dot\varphi=0$，特解为

$$\theta_1 = A\cos\omega_1 t,\quad \varphi = A\cos\omega_1 t$$

两个单摆完全同步。

2）$t=0$ 时，$\theta=A, \varphi=-A,\ \dot\theta=\dot\varphi=0$，特解为

$$\theta_1 = A\cos\omega_1 t,\quad \varphi = -A\cos\omega_1 t$$

两个单摆反相振动。

3）$t=0$ 时，$\theta=A, \varphi=0,\ \dot\theta=\dot\varphi=0$，则 $A_1^{(1)}=A_1^{(2)}=A/2,\ \alpha_1=\ \alpha_2=0$，特解为

$$\begin{cases} \theta = \dfrac{1}{2}A(\cos\omega_1 t+\cos\omega_2 t) = A\cos\left(\dfrac{\omega_2-\omega_1}{2}\right)t\cdot\cos\left(\dfrac{\omega_2+\omega_1}{2}\right)t \\ \varphi = \dfrac{1}{2}A(\cos\omega_1 t-\cos\omega_2 t) = A\sin\left(\dfrac{\omega_2-\omega_1}{2}\right)t\cdot\sin\left(\dfrac{\omega_2+\omega_1}{2}\right)t \end{cases}$$

两个单摆的振动称为差拍振动。

有兴趣的读者可以用 x_1 和 x_2 为广义坐标求解本题。也可以取

$$\xi_1 = \frac{1}{\sqrt{2}}(x_1+x_2),\quad \xi_2 = \frac{1}{\sqrt{2}}(x_1-x_2)$$

为广义坐标进行求解，在这种情况下 ξ_1 和 ξ_2 将以单一的频率 ω_1 和 ω_2 振动。所以，ξ_1 和 ξ_2 就是本问题的简正坐标。

例 5-14 求线性三原子对称分子 ABA 的振动频率。如图 5-15 所示，假定分子的势能仅依赖于 $A-B$ 和 $B-A$ 的距离及其夹角。

解 系统的振动自由度 $s=4$，其中 2 个自由度描述分子 ABA 保持直线型的纵向振动，另外 2 个自由度描述分子扭曲的横向振动，但是 2 个横向振动的频率是相同的。

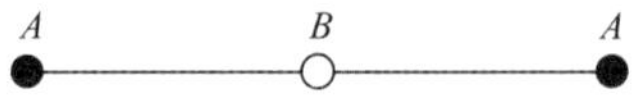

图 5-15

下面先讨论纵向振动，取 x_1、x_2 和 x_3 为纵向振动的三个坐标，由分子总动量为零的条件经过积分可以得到这三个坐标之间的关系为

$$m_A(x_1+x_3)+m_B x_2 = 0$$

分子作纵向振动的动能、势能为

$$\begin{cases} T_1 = \dfrac{1}{2}m_A(\dot{x}_1^2 + \dot{x}_3^2) + \dfrac{1}{2}m_B\dot{x}_2^2 \\ V_1 = \dfrac{1}{2}k_1[(x_1 - x_2)^2 + (x_2 - x_3)^2] \end{cases}$$

式中，k_1 为分子纵向劲度系数。

由上式可知，x_1、x_2 和 x_3 这三个坐标并不是简正坐标。根据简正坐标的物理意义，如果能够找到两个相互独立的，只以单一频率振动的方式，那么反映这种振动方式的坐标一定是简正坐标。不难发现，下面两种振动方式满足这一要求。B 原子不动，2 个 A 原子相对 B 原子做对称振动，这种振动满足 $x_1 + x_3 = 0$，如图 5-16（a）所示；2 个 A 原子以相同速度向同一方向运动，B 原子则向相反的方向运动，这种振动满足 $x_1 - x_3 = 0$，如图 5-16（b）所示。因此

$$\begin{cases} q_1 = x_1 + x_3 \\ q_2 = x_1 - x_3 \end{cases}$$

是简正坐标。把上式和 $m_A(x_1 + x_3) + m_B x_2 = 0$ 代入系统纵向振动的拉格朗日函数，得

$$L_1 = T_1 - V_1 = \frac{1}{4}\frac{m_A m}{m_B}\dot{q}_1^{\ 2} + \frac{1}{4}m_A\dot{q}_2^{\ 2} - \frac{1}{4}\frac{k_1 m^2}{m_B^{\ 2}}q_1^{\ 2} - \frac{1}{4}k_1 q_2^{\ 2}$$

式中 $m = 2m_A + m_B$ 是整个分子的质量。上式表明 q_1 和 q_2 的确是三原子对称分子做纵向振动的两个简正坐标，而其简正频率为

$$\omega_1 = \sqrt{\frac{\dfrac{k_1}{4}}{\dfrac{m_A}{4}}} = \sqrt{\frac{k_1}{m_A}}, \quad \omega_2 = \sqrt{\frac{\dfrac{k_1 m^2}{4m_B^{\ 2}}}{\dfrac{m_A m}{4m_B}}} = \sqrt{\frac{k_1 m}{m_A m_B}}$$

ω_1 所对应的是图 5-16（a）的相对于分子中心的对称振动，ω_2 所对应的就是图 5-16（b）中的相对于分子中心的反对称振动。

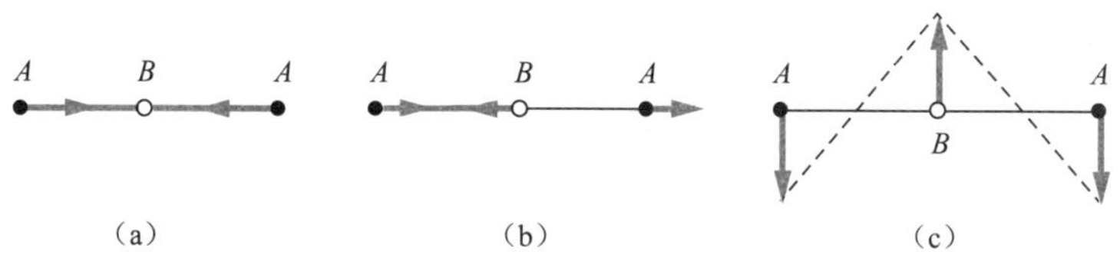

图 5-16

下面讨论分子的横向振动。在横向振动的情况下，仍由分子总动量为 0 的条件经过积分得到这三个坐标之间满足的关系为

$$m_A(y_1 + y_3) + m_B y_2 = 0$$

由总角动量为零的条件得到

$$\sum_{\alpha=1}^{3} m_\alpha \boldsymbol{r}_{\alpha 0} \times \boldsymbol{u}_\alpha = m_A(l\boldsymbol{i} \times y_1\boldsymbol{j}) + m_A(-l\boldsymbol{i} \times y_3\boldsymbol{j}) = m_A l(y_1 - y_3) = 0$$

式中，$\boldsymbol{r}_{\alpha 0}$为其平衡时的位置矢量；$\boldsymbol{u}_{\alpha}$为分子偏离平衡位置的位移。于是有

$$y_1 = y_3$$

所以横向振动是对称的扭曲振动。

如图 5-16（c）所示，如果把分子扭曲所产生的位移用 AB 和 BA 的夹角对 π 值的偏离 δ 来表示，则

$$\delta \approx \frac{1}{l}[(y_1 - y_2) + (y_3 - y_2)]$$

分子的扭曲势能可以表示为

$$V_2 = \frac{1}{2}k_2 l^2 \delta^2$$

系统横向振动的动能为

$$T_2 = \frac{1}{2}m_A(\dot{y}_1^{\ 2} + \dot{y}_3^{\ 2}) + \frac{1}{2}m_B \dot{y}_2^{\ 2}$$

把 T_2 用 δ 表示出来，经过计算可得

$$T_2 = \frac{m_A m_B}{4m} l^2 \dot{\delta}^2$$

于是分子横向振动的拉格朗日函数为

$$L_2 = \frac{m_A m_B}{4m} l^2 \dot{\delta}^2 - \frac{k_2}{2} l^2 \delta^2$$

其振动频率

$$\omega_3 = \sqrt{\frac{\frac{k_2}{2} l^2}{\frac{m_A m_B}{4m} l^2}} = \sqrt{\frac{2k_2 m}{m_A m_B}}$$

习　　题

5-1　半径为 r 的光滑半球形碗，固定在水平面上。一个均质棒斜靠在碗缘，一端在碗内，一端在碗外，且知在碗内的长度为 c。试用虚功原理证明棒的全长为 $\frac{4\left(c^2 - 2r^2\right)}{c}$。

5-2　如图所示，均质杆 AB 长为 $2l$，一端靠在铅直光滑墙上，另一端放在固定光滑曲面 DK 上，欲使 AB 能在铅直平面内的任意位置上保持静止。试求曲面的曲线 DK 的形状。

5-3　如图所示，小球 A 重 W，小球 B 重 $W/2$，以长为 30cm，不计重力的 AB 杆相连，放在一个半径为 R=25 cm 的半圆槽内。试求平衡时 AB 杆与水平方向的夹角 θ。

5-4　杆 OA 和 AB 以光滑铰链相连，O 端固定，$OA=a$，$AB=b$，杆的质量不计。在 A 点作用一铅垂向下的力 $\boldsymbol{P}$，在自由端 B 作用一水平力 $\boldsymbol{F}$，又在 AB 杆上作用一力偶，其力矩为 $\boldsymbol{M}$，如图所示。当整个系统在铅垂平面内处于平衡时，求杆 OA 和 AB 分别与铅垂线

所成的夹角 φ_1 和 φ_2。

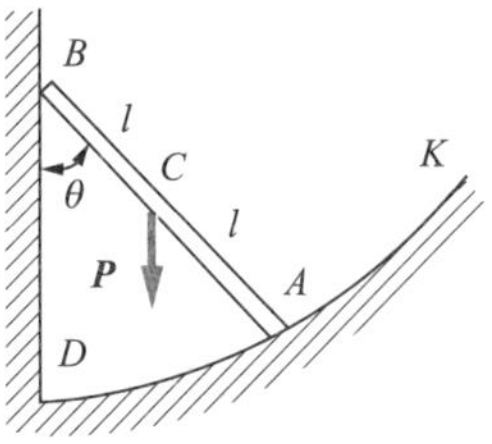

题 5-2 图

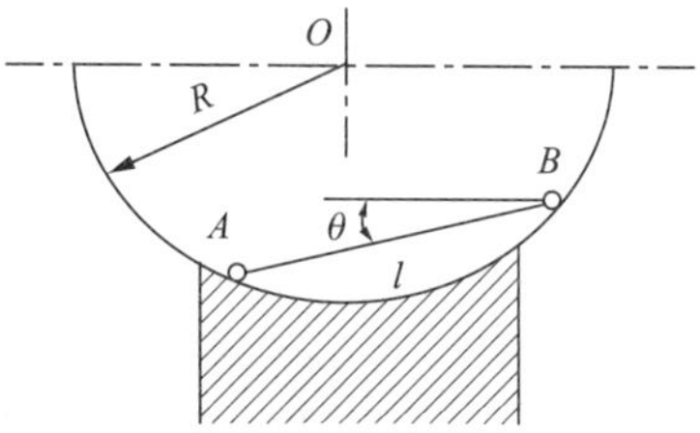

题 5-3 图

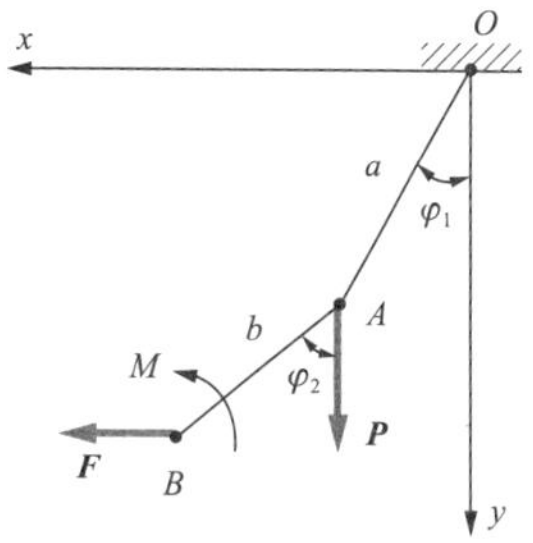

题 5-4 图

5-5 如图所示，均质杆 AB 的长度为 a，放在一内壁光滑的固定容器内，该容器的形状为一旋转抛物面。如果抛物面的方程为 $x^2=2py$。求杆的平衡位置。

5-6 试由拉格朗日方程推导出开普勒问题的运动微分方程。

5-7 行星齿轮机构如图所示，曲柄 OA 带动行星齿轮Ⅱ在固定齿轮Ⅰ上滚动。已知曲柄的质量为 m_1，且可认为是均质棒。齿轮Ⅰ的半径为 R；齿轮Ⅱ的质量为 m_2、半径为 r，且可认为是均质圆盘。在曲柄上作用一个不变的力矩 $\boldsymbol{M}$。如果重力的作用可以略去不计，试用拉格朗日方程研究此曲柄的运动。

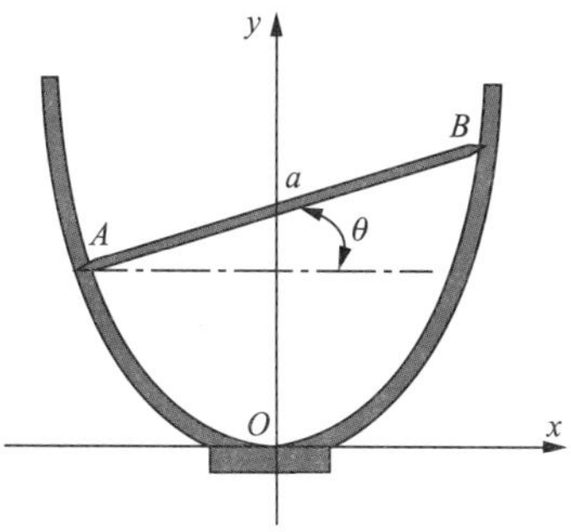

题 5-5 图

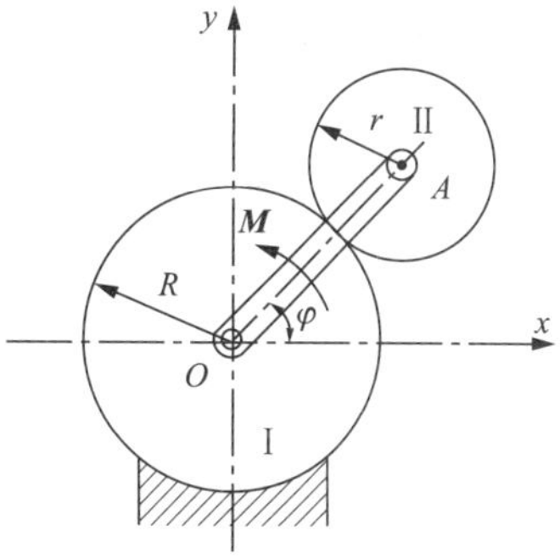

题 5-7 图

5-8 均质棒 AB，质量为 m、长为 $2a$，其 A 端可在光滑水平导槽内运动。而棒本身又可在竖直面内绕 A 端摆动。如除重力作用外 B 端还受一个水平的力 F 的作用。试用拉格朗日方程求其运动微分方程。如摆动的角度很小，则如何？

5-9 如图所示，质点 M_1，其质量为 m_1，用长为 l_1 的绳子系在固定点 O 上。在质点 M_1 上，用长为 l_2 的绳子系另一个质点 M_2，其质量为 m_2，以绳与竖直线所成的角度 θ_1 与 θ_2 为广义坐标。求此系统在竖直平面内做微振动的运动方程。如 $m_1=m_2=m$，$l_1=l_2=l$，试再求出此系统的振动周期。

5-10 如图所示，一个水平的固定光滑钉子 M 与光滑铅直墙面的距离为 d，一个长为 l 的均匀棒 AB 搁在钉子上，下端靠在墙上。求平衡时棒与墙所夹的角度 φ。

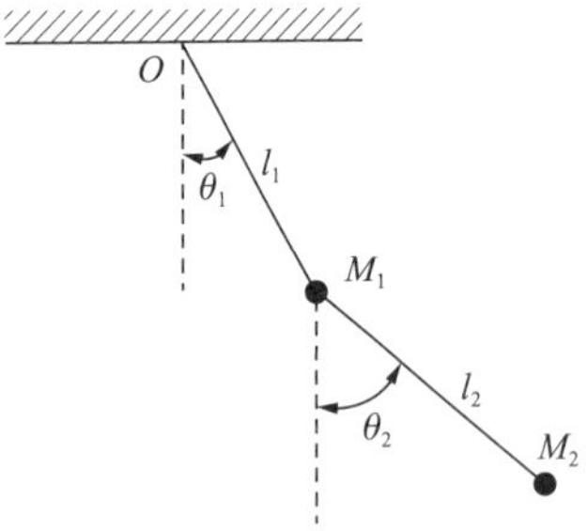

题 5-9 图

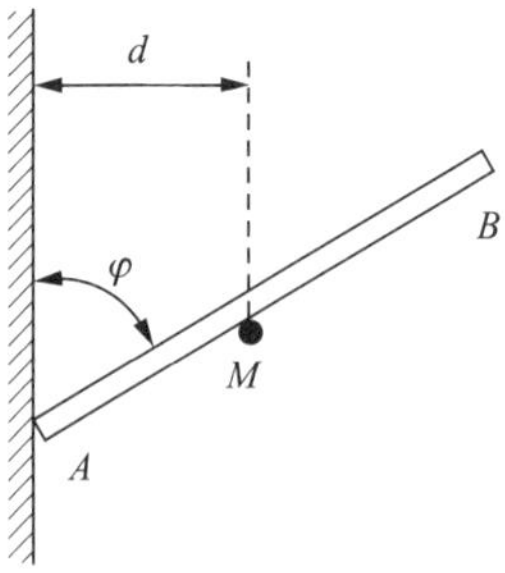

题 5-10 图

5-11 长为 $2l$ 的均匀杆 AB，一端靠在光滑竖直墙面上，另一端搁在光滑固定曲面上，曲面的方程式为 $x^2+(2y-l)^2=l^2$。求杆的平衡位置。

5-12 在光滑的、半径为 r 的圆柱体上放置两根长为 $2l$、质量为 m 的用铰链连接的均匀长杆。求杆的平衡位置。

5-13 一个均质圆盘，半径为 R、质量为 M，可绕水平轴 O 转动。在盘缘上用一条长为 l 的绳悬挂一个质量为 m 的质点，如图所示。试求系统的运动微分方程。

5-14 由两个相同的重物 P 和用铰链连接着的四根长度为 l 的轻棒及一个质量可忽略的弹簧 k 所组成的力学体系，其结构如图所示，体系处于铅直平面内，O 点是固定的，当图中的 $\theta=45^\circ$ 时弹簧处于固有长度。求平衡时体系的位置。

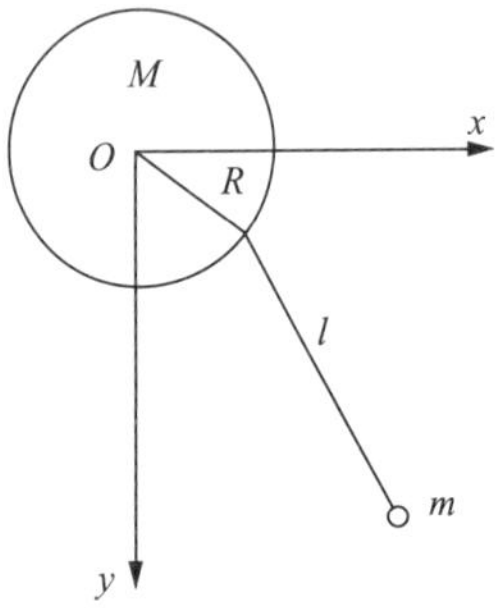

题 5-13 图

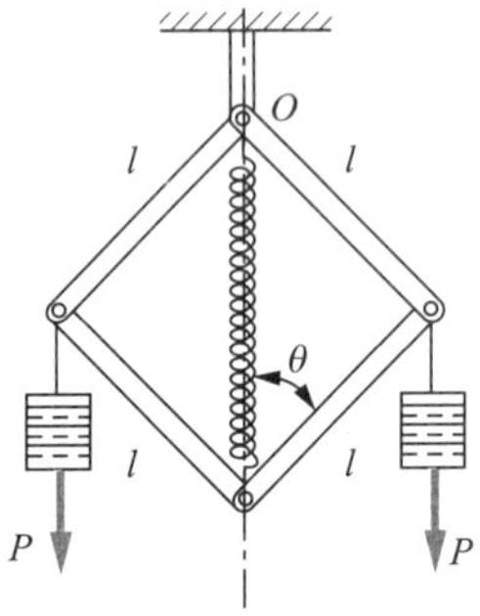

题 5-14 图

5-15 设人造地球卫星在地球引力场中做平面运动，写出它的拉格朗日函数，并判断它是否有能量积分和循环积分。

5-16 写出质点在下列各势场中运动时的守恒量：①无限均匀半平面场；②两点源的场；③均匀圆锥体的场；④无限均匀圆柱螺旋线的场。

5-17 质量为 m 的质点能在半径为 R 的铅直放置的圆形细管内无摩擦地滑动，圆管绕垂直于直径的轴以角速度 ω 转动。写出质点的守恒量及其运动微分方程。

5-18 质量为 m_1 的三角柱 ABC 放在光滑的水平面上，质量为 m 的均质圆柱体沿 AB 斜面向下无滑动地滚动。如斜面的倾角为 α，试用拉格朗日方程求三角柱的加速度。

5-19 球坐标 r、θ、φ 与直角坐标 x、y、z 的关系为

$$\begin{cases} x=r\sin\theta\cos\varphi \\ y=r\sin\theta\sin\varphi \\ z=r\cos\theta \end{cases}$$

试由拉格朗日方程推导出质点在球坐标系中的加速度。

5-20　一个质点在螺旋面上运动，螺旋面的方程为：$x = R\cos\varphi$，$y = R\sin\varphi$，$z = b\varphi$。此质点受轴向斥力，其大小和质点到轴的距离成正比。写出此质点的拉格朗日函数和运动方程。

5-21　质量为 m 的细管弯成半径为 r 的圆环，管圆周上某点铰接于固定点 O，一个质量为 m 的质点 P 在管内无摩擦地滑动，如图所示。①试用拉格朗日方程写出质点的运动微分方程；②假定为微振动，试求运动微分方程、固有频率及振幅比。

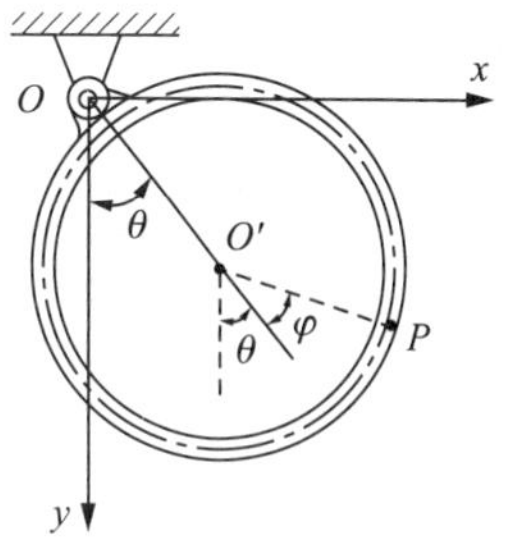

题 5-21 图

5-22　双摆在一个铅垂面内振动。①写出力学体系的拉格朗日函数；②写出力学体系的运动微分方程。

5-23　一个长为 l 的轻质刚性杆连接着质量为 m_1 和 m_2 的两个质点，原来绕质心 C 以角速度 $\boldsymbol{\omega}$ 在水平面上转动，若突然将 C 点的轴去掉，同时将 m_2 固定。求此后 m_1 绕 m_2 转动的角速度 $\boldsymbol{\omega}'$ 及体系受到的广义冲量 $\boldsymbol{I}$。

5-24　飞球离心调速器。如图所示，两个质量为 m 的飞球用四根长为 l 的轻杆铰链于 O 和套筒 C 上，绕定轴 Oy 转动。质量为 M 的套筒 C 可沿 Oy 轴上下滑动。设在时刻 t，杆与铅直轴 Oy 成 θ 角，系统在力矩 $\boldsymbol{G}$ 的作用下，绕 Oy 轴的转速 $\omega = \dot{\varphi}$。试求：①系统的动力学方程；②系统做稳定转动时，套筒 C 的高度 y_C。

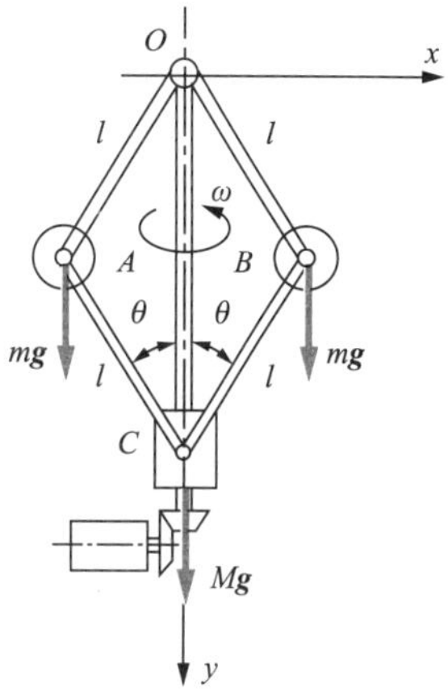

题 5-24 图

5-25　如图所示，曲柄连杆机构中参与运动的部件包括活塞、连杆、曲柄及飞轮。已知活塞质量 m_1，截面积 S，气缸的压力 p；连杆质量 m_2，它对活塞销 A 的转动惯量为 I_2，杆长 $AB = l$，重心在 C 点，$AC = a$，连杆的偏角 $\alpha \leqslant \angle BAO$ 很小，即 $|\alpha| \ll 1$；飞轮及曲柄的转动惯量为 I_3，它受到的阻力矩为 $\boldsymbol{M}$，曲柄长 $OB = r$。销及气缸的接触面都是光滑的。以飞轮转角 φ 为变量，不计重力影响，列出系统的动力学方程。

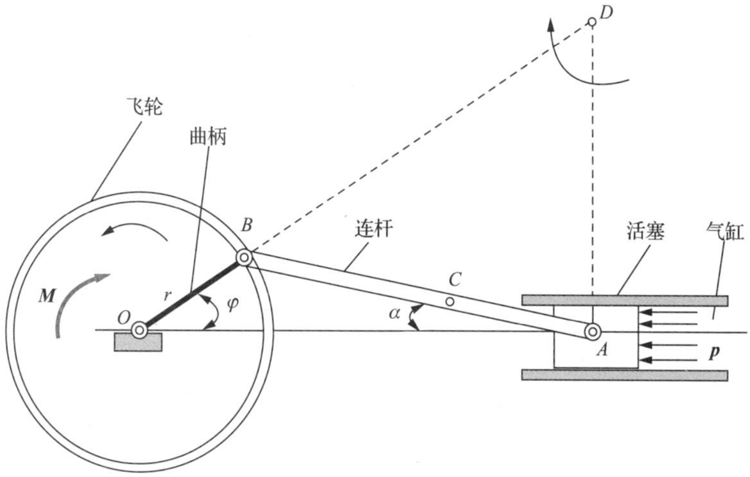

题 5-25 图

第 6 章　哈密顿原理

经典力学可以用各种形式加以表述。在矢量力学中，从牛顿方程出发构造力学的理论体系，描述力学系的运动规律。在分析力学中，可以用拉格朗日函数刻画力学系的性质，以拉格朗日方程为出发点构造力学理论，描述力学系的运动。本节将介绍经典力学的另一种重要的表述形式——哈密顿表述。

6.1　哈密顿原理及其应用

凡是以变分的形式表述的物理学原理都称为变分原理。力学中的变分原理有微分形式和积分形式两类。虚功原理是微分式的变分原理。本节叙述的哈密顿原理是分析力学中的一个很重要的原理，它是积分式的变分原理。为使读者便于理解哈密顿原理的物理内容和数学形式，先简要地介绍一下变分的基本概念。

6.1.1　变分法

变分法是研究泛函极值的一种数学理论，它是由力学中最速落径问题的启示而发展起来的。由伯努利提出来的最速落径是这样一个问题：A、B 不是位于同一铅直线上的两个定点。如图 6-1 所示，在连接 A、B 的所有光滑曲线中找出一条曲线 C，使初速为零的质点在重力的作用下，沿着 C 由 A 滑落到 B 所用的时间最短。由机械能守恒定律可知，质点自 A 沿任意一条光滑曲线 $y = y(x)$ 下滑时，速率均为

$$v = \sqrt{2gy}$$

式中，g 为重力加速度；y 为质点的纵坐标。

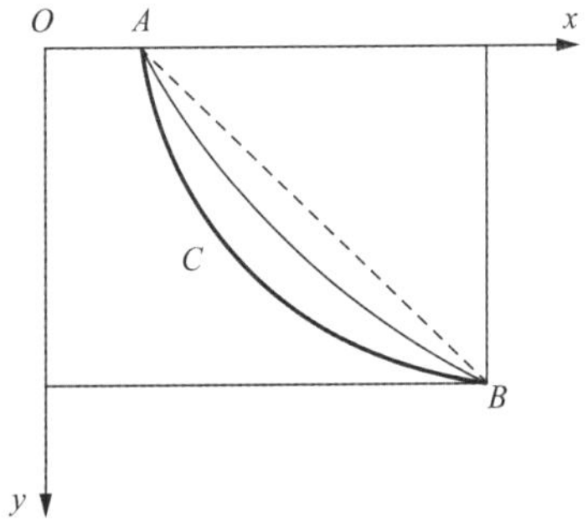

图 6-1

由速率的定义可得

$$v = \frac{\mathrm{d}s}{\mathrm{d}t} = \frac{\sqrt{\mathrm{d}x^2 + \mathrm{d}y^2}}{\mathrm{d}t} = \frac{\sqrt{1 + y'^2}}{\mathrm{d}t}\mathrm{d}x$$

于是可知，质点沿曲线 $y = y(x)$ 从 A 点运动到 B 点所用的时间应是

$$J = \int_A^B \mathrm{d}t = \int_{x_A}^{x_B} \frac{\sqrt{1 + y'^2(x)}}{\sqrt{2gy(x)}}\mathrm{d}x \tag{6-1-1}$$

由式（6-1-1）可知，质点滑落的时间依赖于曲线的形状，即 J 依赖于函数 $y(x)$ 的形状。J 与 $y(x)$ 的关系在本质上类似于函数与自变量之间的关系，不过这时 $y(x)$ 不是一个变量，而是一个变化的函数结构。因此，$J[y(x)]$ 称为函数 $y(x)$ 的泛函数。很明显，最速落径问题实际上是求泛函 $J[y(x)]$ 的极小值问题。

把上面的问题稍加推广，可以得到一个一般的提法：对于某个函数形式 $f(x,y,y')$，作 x 的定积分

$$J=\int_{x_1}^{x_2} f(x,y,y')\,\mathrm{d}x \tag{6-1-2}$$

J 的值依赖于函数 $y(x)$，是 $y(x)$ 的泛函。J 取极值时所对应的曲线 $y(x)$ 称为泛函 $J[y(x)]$ 的极值曲线。由于曲线 $y=y(x)$ 必须通过 (x_1,y_1) 和 (x_2,y_2) 两点，有

$$y(x_1)=y_1$$

$$y(x_2)=y_2$$

在极值曲线 $y(x)$ 的附近可以作出它的近旁曲线。把近旁曲线表示为

$$\bar{y}(x,\alpha)=y(x)+\alpha\eta(x) \tag{6-1-3}$$

式中，$\eta(x)$ 为 x 的任意函数；α 为任意的小参数，α 取不同的值，便可得到极值曲线 $y=y(x)$ 不同的近旁曲线。

自变量 x 的增量 $\mathrm{d}x$ 引起函数 y 的增量 $\mathrm{d}y$，称为 y 的微分。可是，在自变量 x 不变时，由于参数 α 的改变也会引起函数值的变化。α 的增量为 $\delta\alpha$ 时，函数的增量记为 δy，称为函数 $y(x)$ 的变分。变分是由于函数结构的改变而引起的增量。由变分的定义可知

$$\delta y=\bar{y}(x)-y(x)=\delta\alpha\eta(x) \tag{6-1-4}$$

从式（6-1-2）可以看出，函数 $y(x)$ 的变分 δy 将引起 $f(x,y,y')$ 的变分 δf 和泛函 J 的变分 δJ。

对于普通的函数 $f(x,y)$，达到极值的条件是

$$\frac{\partial f}{\partial x}=0,\quad \frac{\partial f}{\partial y}=0$$

或

$$\mathrm{d}f(x,y)=0 \tag{6-1-5}$$

与式（6-1-5）相仿，当泛函 J 随参量 α 变化时，它达到极值的条件是 $\delta J=0$，即

$$\begin{aligned}0=\delta J&=\delta\int_{x_1}^{x_2} f(y,y',x)\,\mathrm{d}x\\&=\int_{x_1}^{x_2}\delta f(y,y',x)\,\mathrm{d}x\\&=\int_{x_1}^{x_2}\left(\frac{\partial f}{\partial y}\delta y+\frac{\partial f}{\partial y'}\delta y'\right)\mathrm{d}x\end{aligned}$$

$$=\int_{x_1}^{x_2}\left[\frac{\partial f}{\partial y}\delta y+\frac{\mathrm{d}}{\mathrm{d}x}\left(\frac{\partial f}{\partial y'}\delta y\right)-\frac{\mathrm{d}}{\mathrm{d}x}\left(\frac{\partial f}{\partial y'}\right)\delta y\right]\mathrm{d}x$$

$$=\left[\frac{\partial f}{\partial y'}\delta y\right]_{x_1}^{x_2}-\int_{x_1}^{x_2}\left(\frac{\mathrm{d}}{\mathrm{d}x}\frac{\partial f}{\partial y'}-\frac{\partial f}{\partial y}\right)\delta y\,\mathrm{d}x$$

由于 x_1 和 x_2 对应固定的 A、B 两点，$\delta y_A=\delta y_B=0$，因此上式第一项为零，所以由 $\delta J=0$ 可得

$$\int_{x_1}^{x_2}\left(\frac{\mathrm{d}}{\mathrm{d}x}\frac{\partial f}{\partial y'}-\frac{\partial f}{\partial y}\right)\delta y\,\mathrm{d}x=0 \tag{6-1-6}$$

由于 δy 是任意的，要使上式成立，必有

$$\frac{\mathrm{d}}{\mathrm{d}x}\frac{\partial f}{\partial y'}-\frac{\partial f}{\partial y}=0 \tag{6-1-7}$$

式（6-1-7）称为欧拉方程，它是式（6-1-2）的泛函取极值时函数 $y(x)$ 必须满足的条件。

如果式中的 f 不显含自变量 x，则欧拉方程有初积分

$$f-y'\frac{\partial f}{\partial y'}=\text{常数} \tag{6-1-8}$$

变分运算的法则在有些方面与微分运算的法则相同。例如

$$\delta(A+B)=\delta A+\delta B$$

$$\delta(AB)=A\delta B+B\delta A$$

$$\delta\left(\frac{A}{B}\right)=\frac{B\delta A-A\delta B}{B^2}$$

$$\frac{\mathrm{d}}{\mathrm{d}x}(\delta A)=\delta\left(\frac{\mathrm{d}A}{\mathrm{d}x}\right)$$

$$\delta\int_{x_1}^{x_2}A\,\mathrm{d}x=\int_{x_1}^{x_2}(\delta A)\,\mathrm{d}x$$

例 6-1 求最速落径方程。

解 如图 6-1 所示，质点沿曲线 $y=y(x)$ 从 A 点运动到 B 点所用的时间由式（6-1-1）给出。与式（6-1-2）比较可知，在最速落径问题中有

$$f=\sqrt{\frac{1+y'^2}{2gy}}$$

因为它不显含 x，因此式（6-1-8）成立。将上式代入式（6-1-8）化简得

$$y(1+y'^2)=c_1$$

引入参数 θ，使

$$y'=\cot\theta$$

将上式代入 $y(1+y'^2)=c_1$，得

$$y=\frac{c_1}{1+\cot^2\theta}=\frac{c_1}{2}(1-\cos 2\theta)$$

由于

$$\mathrm{d}x=\frac{\mathrm{d}y}{y'}=2c_1\sin^2\theta\,\mathrm{d}\theta$$

积分得

$$x=\frac{c_1}{2}(2\theta-\sin 2\theta)+c_2$$

最速落径的参数方程为

$$\begin{cases} x-c_2=\dfrac{c_1(2\theta-\sin 2\theta)}{2} \\ y=\dfrac{c_1(1-\cos 2\theta)}{2} \end{cases}$$

这是一条旋轮线。

6.1.2　可能运动与真实运动

设一个完整、保守的质点系，在 t_1 到 t_2 时间中发生了一个运动。在约束许可的条件下，系统有许多可能的运动。在这些可能运动中，必然有一个而且只能有一个是系统的真实运动。

如图 6-2 所示，设 A_1 与 A_2 是质点系在 t_1 与 t_2 两个时刻在 q 空间中的位形点。图中以实线画出的位轨线代表质点系的真实运动，称为真实位轨线。连接 A_1 与 A_2 的其他位轨线可能运动则对应称为可能位轨线，用虚线表示。由于考虑的是 t_1 到 t_2 时间中的运动，一切可能位轨线均在 A_1 和 A_2 点相交，设 P 是 t 时刻质点系的位形点，其坐标为 q_α，Q 是 $t+\mathrm{d}t$ 时刻的位形点，坐标为 $q_\alpha+\mathrm{d}q_\alpha$。这就是说，描述质点系运动的函数 $q_\alpha=q_\alpha(t)$ 在 $\mathrm{d}t$ 时间中产生了一个微分 $\mathrm{d}q_\alpha$。再设 P' 是可能位轨线 C' 上对应于 t 时刻的位形点。由 P 点到 P' 点，函数也有增量，但这不是自变量 t 的变化引起的，而是函数 $q_\alpha=q_\alpha(t)$ 的结构变化所引起的，所以这是 $q_\alpha(t)$ 的变分 δq_α。综上所述，位形点在一条位轨线上运动时，得到 $q_\alpha(t)$ 的微分；位形点若在两条位轨线之间发生等时跳动，则得到 $q_\alpha(t)$ 的变分。对于 A_1 与 A_2 两点而言，显然有

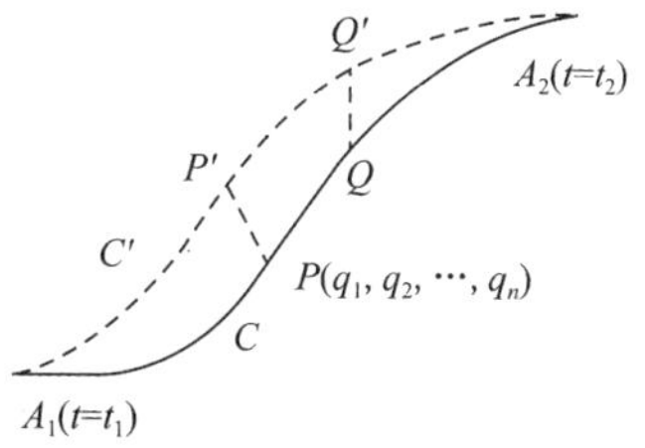

图 6-2

$$\left[\delta q_\alpha\right]_{t_1}=\left[\delta q_\alpha\right]_{t_2}=0\quad(\alpha=1,2,\cdots,s)\tag{6-1-9}$$

质点系的运动是一个客观存在的事实，力学的任务是对运动作出正确的描述。矢量力学的理论是指出一切真实运动所应服从的规律，并以此为依据，去论断各个具体运动的特征。可是分析力学并不这样。分析力学研究约束所允许的一切可能运动，设法在可能运动

所构成的集合中把真实运动挑选出来。由此可见，分析力学与矢量力学在思想方法上有重大的差别。

在可能运动的集合中选出唯一的真实运动可以采用各种方法。变分法便是其中的一种。如果能构造一个物理量S，使它不但能对不同的可能运动取不同的值，而且还能对真实运动取到极值，则挑选真实运动的问题就变成了求S的极值问题。倘能如此，力学的根本问题便立刻转化为变分问题了。在物理学的各个领域中，如在弹性力学、量子力学、天体力学、核子理论中都存在着求泛函极值的问题。因此，变分法的应用十分广泛，许多学科中都出现了各式各样的变分原理。力学中的变分原理除了哈密顿原理之外，还有最小作用量原理（莫培督，1747）、最小约束原理（高斯，1828），虽然哈密顿原理提出的时间（1834年）较晚，但是内容简洁明了，因而应用最广泛，价值也最大。

6.1.3 哈密顿原理的表述

要想发现或构造一个物理量使它在某种物理过程中达到极值是颇不容易的。哈密顿用拉格朗日函数L构造了一个积分

$$S=\int_{t_1}^{t_2} L\left(q_\alpha,\dot{q}_\alpha,t\right)\mathrm{d}t \tag{6-1-10}$$

这个积分S称为作用量，是$q_\alpha(t)$的泛函。将式（6-1-10）与式（6-1-2）对比，显然结构一样，只不过J是一元函数$y(x)$的泛函，S是多元函数$q_\alpha(t)$的泛函。

在约束允许的条件下，任意给一个函数$q_\alpha(t)$，就对应系统的一个可能运动，因而也对应q_α空间中的一条位轨线。作用量S的值依赖于函数$q_\alpha(t)$，也就意味着S依赖于位轨线。如图 6-2 所示，给出A_1与A_2两点间的一条可能位轨线$q_\alpha=q_\alpha(t)\ (\alpha=1,2,\cdots,s)$，便可由式（6-1-10）求出作用量$S$的一个值。使$\delta S=0$的那条位轨线就是$S$的极值曲线。

哈密顿在 1834 年提出了一条力学的基本原理：作用量S的极值曲线就是质点系的真实位轨线。

如果说得周详一些，哈密顿原理可以表述为：在相同的时间、相同的初末位置和相同的约束条件下，完整保守系统的真实运动对应于作用量的极值，即对应于

$$\delta\int_{t_1}^{t_2} L\left(q_\alpha,\dot{q}_\alpha,t\right)\mathrm{d}t=0 \tag{6-1-11}$$

哈密顿原理表明：求质点系的真实运动等价于求作用量泛函的极值，即等价于求解变分方程$\delta S=0$。这个变分方程的解$q_\alpha=q_\alpha(t)$就是质点系的真实运动。

哈密顿原理具有高度的概括性和简明性。它的优越之处主要表现在以下几个方面：首先，s个自由度的拉格朗日方程是s个二阶微分方程，而哈密顿原理却只有一个极为简单的变分方程。其次，哈密顿原理不但适用于有限自由度的质点系，而且适用于无限自由度的连续介质。此外，它在相对论和场论等领域中也有很多应用。再次，求解变分方程的方法很多。除了精确解法以外，哈密顿原理特别适合于近似解法，因此在连续介质力学和结构力学中的应用极为广泛。

6.1.4 哈密顿原理的公理性

对于完整保守系而言，哈密顿原理与牛顿方程、拉格朗日方程是等价的，可以用它作为最高原理来表述经典力学。以哈密顿原理为基本原理建立起来的力学体系称为哈密顿力学。牛顿力学、拉格朗日力学、哈密顿力学虽然都是经典的力学理论，但是由于在思想方法和表述形式上有很大的差别，因而各具特点，自成体系，可以看作是力学理论的三个独立分支。

下面将从哈密顿原理出发，导出拉格朗日方程。研究 s 个自由度的完整、保守质点系的运动，对任意的两个时刻 t_1、t_2 均有

$$\delta S=\delta\int_{t_1}^{t_2}L\left(q_\alpha,\dot{q}_\alpha,t\right)\mathrm{d}t=\int_{t_1}^{t_2}\delta L\left(q_\alpha,\dot{q}_\alpha,t\right)\mathrm{d}t \tag{6-1-12}$$

由于是等时变分，即 $\delta t=0$，求变分得

$$\begin{aligned}\delta S&=\int_{t_1}^{t_2}\left(\sum_{\alpha=1}^{s}\frac{\partial L}{\partial q_\alpha}\delta q_\alpha+\frac{\partial L}{\partial\dot{q}_\alpha}\delta\dot{q}_\alpha\right)\mathrm{d}t\\&=\int_{t_1}^{t_2}\left[\sum_{\alpha=1}^{s}\frac{\partial L}{\partial q_\alpha}\delta q_\alpha+\frac{\partial L}{\partial\dot{q}_\alpha}\frac{\mathrm{d}}{\mathrm{d}t}\left(\delta q_\alpha\right)\right]\mathrm{d}t\\&=\int_{t_1}^{t_2}\left[\sum_{\alpha=1}^{s}\frac{\partial L}{\partial q_\alpha}\delta q_\alpha+\frac{\mathrm{d}}{\mathrm{d}t}\left(\frac{\partial L}{\partial\dot{q}_\alpha}\delta q_\alpha\right)-\frac{\mathrm{d}}{\mathrm{d}t}\left(\frac{\partial L}{\partial\dot{q}_\alpha}\right)\delta q_\alpha\right]\mathrm{d}t\\&=\int_{t_1}^{t_2}\left[\frac{\partial L}{\partial q_\alpha}-\frac{\mathrm{d}}{\mathrm{d}t}\left(\frac{\partial L}{\partial\dot{q}_\alpha}\right)\right]\delta q_\alpha\,\mathrm{d}t+\sum_{\alpha=1}^{s}\left(\frac{\partial L}{\partial\dot{q}_\alpha}\delta q_\alpha\right)\Bigg|_{t_1}^{t_2}\end{aligned}$$

由于 t_1 和 t_2 确定了两个固定的边界，由式（6-1-9）可知上式中的第二项为零。于是 δS 可写为

$$\delta S=\int_{t_1}^{t_2}\left[\sum_{\alpha=1}^{s}\left(\frac{\partial L}{\partial q_\alpha}-\frac{\mathrm{d}}{\mathrm{d}t}\frac{\partial L}{\partial\dot{q}_\alpha}\right)\delta q_\alpha\right]\mathrm{d}t \tag{6-1-13}$$

哈密顿原理指出，对于质点系的真实运动，$\delta S=0$，即上式中的积分为零。由积分区间是任意的可知，被积函数为零。又因为 δq_α 彼此独立，所以 δq_α 的 s 个系数应全为零，于是得到拉格朗日方程

$$\frac{\mathrm{d}}{\mathrm{d}t}\left(\frac{\partial L}{\partial\dot{q}_\alpha}\right)-\frac{\partial L}{\partial q_\alpha}=0\qquad(\alpha=1,2,\cdots,s) \tag{6-1-14}$$

这说明：如果质点系的运动 $q_\alpha=q_\alpha(t)$ 使 $\delta S=0$，则 $q_\alpha=q_\alpha(t)$ 必满足拉格朗日方程。将上面的推导反序进行，也可以由拉格朗日方程推导出哈密顿变分原理。

显而易见，令式（6-1-6）中的泛函 $J[y(x)]$ 为哈密顿函数 $S[q_\alpha(t)]$，则式（6-1-7）中的 $f\left(y,\dot{y},t\right)$ 将成为拉格朗日函数 $L\left(q_\alpha,\dot{q}_\alpha,t\right)$，欧拉方程就变成质点系的拉格朗日方程了。

6.1.5 李兹近似解法

当质点系的运动方程不能或难以得到精确解法时，就要寻求有效的近似解法。哈密顿原理是一个变分方程，适于近似求解，这是它的一大优点。变分方程的近似解法很多，李兹法是其中的一种。现在用一个实例，介绍李兹法。

一个质量$m=1$的质点沿x轴运动，受到常力$F_x=2$的作用。已知$t_1=0$和$t_2=1$时的位置分别是$x(0)=0, x(1)=1$，求此质点的运动规律。

为了便于比较，先求精确解。质点的拉格朗日函数为

$$L=\frac{1}{2}\dot{x}^2+2x \tag{6-1-15}$$

故作用量是

$$S=\int_0^1\left(\frac{1}{2}\dot{x}^2+2x\right)\mathrm{d}t \tag{6-1-16}$$

由哈密顿原理$\delta S=0$，很容易得到质点运动的微分方程

$$\ddot{x}=2$$

积分上式，并利用边界条件定出积分常数，便可得到真实运动的精确解

$$x=t^2$$

将上式代入作用量S的表达式，就可求出S的最小值

$$S_{\min}=\int_0^1\left[\frac{1}{2}(2t)^2+2t^2\right]\mathrm{d}t=\frac{4}{3}=1.\dot{3} \tag{6-1-17}$$

下面用李兹法近似求解。首先构造一个满足端点条件的函数$x=t^n$，n是参数。显然，当n取各种不同的正值时，$x=t^n$就是可能运动的一个子集合。将它代入作用量S中，得

$$S(n)=\int_0^1\left[\frac{1}{2}\left(nt^{n-1}\right)^2+2t^n\right]\mathrm{d}t=\frac{n^3+n^2+8n-4}{2\left(2n^2+n-1\right)} \tag{6-1-18}$$

令$\mathrm{d}S/\mathrm{d}n=0$就可求出使$S$取驻值的那个$n$。不难解得$n=2$。由变分原理可知，$n=2$对应质点的真实运动，即真实运动的规律是

$$x=t^2$$

用上述的办法，不解微分方程也求出了质点的运动。不过这是一种侥幸；真实运动恰好属于构造的函数$x=t^n$。可是，当构造可能运动函数时，是绝不会有这种把握的。下面另外构造一个可能运动函数，看结果如何。如图 6-3 所示，假定可能运动曲线$x=x(t)$是由三段直线组成的折线。这条折线满足题给的端点条件$x(0)=0$及$x(1)=1$，但同时包含着两个可供选择的参数α_1和α_2。这三段直线的方程分别是

$$x=3\alpha_1 t \quad \left(0\leqslant t\leqslant\frac{1}{3}\right)$$

$$x=\alpha_1+3(\alpha_2-\alpha_1)\left(t-\frac{1}{3}\right) \qquad \left(\frac{1}{3}<t\leqslant\frac{2}{3}\right)$$

$$x=\alpha_2+3(1-\alpha_2)\left(t-\frac{2}{3}\right) \qquad \left(\frac{2}{3}<t\leqslant 1\right)$$

两个转折点的坐标是$\left(\frac{1}{3},\alpha_1\right)$和$\left(\frac{2}{3},\alpha_2\right)$。

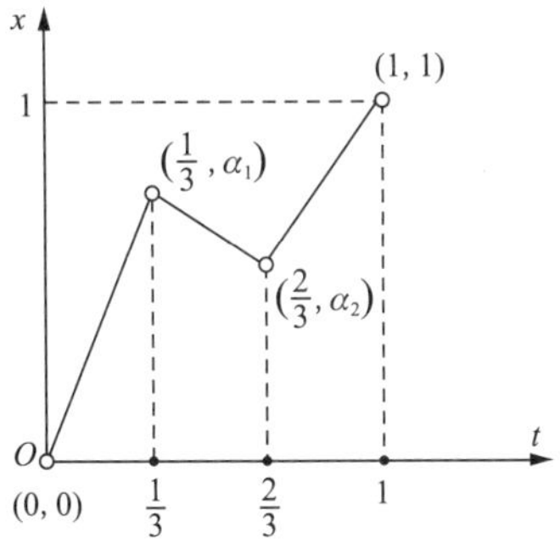

图 6-3

以此折线作为可能运动函数，代入式（6-1-18）中去计算S。积分显然应分三段进行，然后相加，即

$$S=\frac{3}{2}a_1^2+\frac{3}{2}(\alpha_2-\alpha_1)^2+\frac{3}{2}(1-\alpha_2)^2+\frac{2}{3}\alpha_1+\frac{2}{3}\alpha_2+\frac{1}{3}$$

于是S就成了α_1和α_2的函数，即

$$S=S(\alpha_1,\alpha_2)$$

S取驻值的条件是

$$\frac{\partial S}{\partial \alpha_1}=0$$

即

$$6\alpha_1-3\alpha_2+\frac{2}{3}=0$$

$$\frac{\partial S}{\partial \alpha_2}=0$$

即

$$-3\alpha_1+6\alpha_2-\frac{7}{3}=0$$

由上面两式解得$\alpha_1=1/9$，$\alpha_2=4/9$。代入S，求出S的驻值为S=1.325。如此确定的一条折线就是真实运动的解。不过由于$S\neq S_{\min}$，解是近似的。解的近似程度可由S对$S_{\min}=1.\dot{3}$的接近程度得知。

为了提高近似解的精确度，可以用四段、五段……的折线来构造可能运动函数。用同样的方法计算四段折线的情况，得 $S=1.344$，这就比 1.32 更接近 $1.\dot{3}$。

如果用 k 段直线组成的折线来逼近真实运动，则与 $k-1$ 个转折点对应的有 $k-1$ 个参数：α_1，α_2，$\cdots$，α_{k-1}。将时间间隔作成 k 等份，按照上述的方法计算，可求出使 S 取驻值时参数 α 的值分别是

$$\alpha_1=\left(\frac{1}{k}\right)^2,\ \alpha_2=\left(\frac{2}{k}\right)^2,\ \cdots,\ \ \alpha_{k-1}=\left(\frac{k-1}{k}\right)^2$$

同时 S 的值是

$$S=\frac{4}{3}+\frac{1}{6k^2}$$

可见，k 取值越大，近似解越好；$k\to\infty$ 时，S 便无限接近 $S_{\min}$，即近似解无限逼近真实运动。

上面所述的近似解法称为**李兹近似法**。其要点是：

任设一组近似解，使其满足给定的端点条件，而且包含 n 个可供调整的参数 α_1，$\cdots$，α_n。于是 S 就成为这些参数的函数

$$S=S(\alpha_1,\cdots,\alpha_n)$$

然后令

$$\frac{\partial S}{\partial \alpha_i}=0 \qquad (i=1,2,\cdots,n)$$

求出使 S 达到驻值时 $\alpha_i\,(i=1,2,\cdots,n)$ 的值，由此得到这个问题的近似解。一般说来，包含的参数愈多，近似解与精确解愈接近。此外，近似解的形状也很重要。在参数的数目相同的条件下，近似解的形状选得不同，其近似的程度也就不同。

6.2 正 则 方 程

如果不使用拉格朗日变数 q_α 和 $\dot{q}_\alpha$，而使用力学系的广义坐标 q_α 和广义动量 p_α 为变数，并且用广义能量 H 取代 L，作为刻画系统的特性函数，就可以得到一组简单而对称的方程组。这组方程可以取代拉格朗日方程，作为力学的出发点，称为哈密顿方程。以哈密顿方程为基本方程的力学理论称为哈密顿力学。q_α 与 p_α 称为系统的正则变量，H 称为系统的哈密顿函数。由于方程组简明对称，哈密顿方程也常称为正则方程。

6.2.1 正则方程的推导

如果采用拉格朗日变数 q_α、$\dot{q}_\alpha$、t，并注意到

$$\begin{cases} p_\alpha=\dfrac{\partial L}{\partial \dot{q}_\alpha} \\ \dot{p}_\alpha=\dfrac{\partial L}{\partial q_\alpha} \end{cases}$$

可得

$$\mathrm{d}L=\sum_{\alpha=1}^{s}\left(\frac{\partial L}{\partial q_\alpha}\mathrm{d}q_\alpha+\frac{\partial L}{\partial \dot{q}_\alpha}\mathrm{d}\dot{q}_\alpha\right)+\frac{\partial L}{\partial t}\mathrm{d}t$$

$$=\sum_{\alpha=1}^{s}\left(\dot{p}_\alpha\,\mathrm{d}q_\alpha+p_\alpha\,\mathrm{d}\dot{q}_\alpha\right)+\frac{\partial L}{\partial t}\mathrm{d}t \tag{6-2-1}$$

现在定义哈密顿函数为

$$H=\sum_{\alpha=1}^{s}p_\alpha\dot{q}_\alpha-L \tag{6-2-2}$$

于是

$$\mathrm{d}H=\sum_{\alpha=1}^{s}\left(p_\alpha\,\mathrm{d}\dot{q}_\alpha+\dot{q}_\alpha\,\mathrm{d}p_\alpha\right)-\mathrm{d}L$$

$$=\sum_{\alpha=1}^{s}\left(-\dot{p}_\alpha\,\mathrm{d}q_\alpha+\dot{q}_\alpha\,\mathrm{d}p_\alpha\right)-\frac{\partial L}{\partial t}\mathrm{d}t \tag{6-2-3}$$

另外，如果采用正则变量 q_α、p_α、t，则

$$H=H\left(q_\alpha,p_\alpha,t\right)$$

便可把 dH 写为

$$\mathrm{d}H=\sum_{\alpha=1}^{s}\left(\frac{\partial H}{\partial q_\alpha}\mathrm{d}q_\alpha+\frac{\partial H}{\partial p_\alpha}\mathrm{d}p_\alpha\right)+\frac{\partial H}{\partial t}\mathrm{d}t \tag{6-2-4}$$

由于 dq_α、dp_α、dt 是相互独立的，比较式（6-2-3）与式（6-2-4），可得

$$\begin{cases}\dot{q}_\alpha=\dfrac{\partial H}{\partial p_\alpha}\\[2ex]\dot{p}_\alpha=-\dfrac{\partial H}{\partial q_\alpha}\end{cases}\quad\left(\alpha=1,2,\cdots,s\right) \tag{6-2-5}$$

和

$$\frac{\partial H}{\partial t}=-\frac{\partial L}{\partial t} \tag{6-2-6}$$

方程组（6-2-5）就是哈密顿方程，或称为正则方程。

正则方程是关于哈密顿变数 q_α、p_α、t 的一阶微分方程组。它与拉格朗日方程是等价的。因此，正则方程也只能适用于具有完整、理想约束的保守力学系。拉格朗日方程是 s 个二阶微分方程，可以解出 $q_\alpha=q_\alpha(t)$；而正则方程却是 2s 个一阶微分方程，可以解出 $q_\alpha=q_\alpha(t),p_\alpha=p_\alpha(t)$（$\alpha=1$，2，…，$s$）。由常微分方程的理论可知，任何二阶微分方程组，都可以通过引入新的变量转化为一阶微分方程组。

哈密顿正则方程讨论简单的运动并不见得有什么优越性，但是用它来处理多自由度的复杂问题却是比较简明方便的。天体力学中的摄动法就是应用正则方程的一个典型事例。另外，哈密顿正则方程虽然是经典力学的方程，但是却能被推广应用到微观和高速领域，

在理论物理的许多方面中都有重要的应用。

下面再由哈密顿原理推导正则方程。由哈密顿函数的定义式（6-2-2）得

$$L=\sum_{\alpha=1}^{s}p_\alpha\dot{q}_\alpha-H\left(p_\alpha,q_\alpha,t\right)$$

把L代入作用量S的定义式，可写出δS的表达式

$$\begin{aligned}\delta S&=\delta\int_{t_1}^{t_2}L\,\mathrm{d}t=\int_{t_1}^{t_2}\delta L\,\mathrm{d}t\\&=\int_{t_1}^{t_2}\sum_{\alpha=1}^{s}\left(p_\alpha\delta\dot{q}_\alpha+\dot{q}_\alpha\delta p_\alpha-\frac{\partial H}{\partial p_\alpha}\delta p_\alpha-\frac{\partial H}{\partial q_\alpha}\delta q_\alpha\right)\mathrm{d}t\\&=\int_{t_1}^{t_2}\sum_{\alpha=1}^{s}\left(p_\alpha\frac{\mathrm{d}}{\mathrm{d}t}(\delta q_\alpha)+\dot{q}_\alpha\delta p_\alpha-\frac{\partial H}{\partial p_\alpha}\delta p_\alpha-\frac{\partial H}{\partial q_\alpha}\delta q_\alpha\right)\mathrm{d}t\end{aligned}$$

因为

$$p_\alpha\frac{\mathrm{d}}{\mathrm{d}t}(\delta q_\alpha)=\frac{\mathrm{d}}{\mathrm{d}t}(p_\alpha\delta q_\alpha)-\dot{p}_\alpha\delta q_\alpha$$

所以

$$\delta S=\left(\sum_{\alpha=1}^{s}p_\alpha\delta q_\alpha\right)\Bigg|_{t_1}^{t_2}+\int_{t_1}^{t_2}\left\{\sum_{\alpha=1}^{s}\left[\left(\dot{q}_\alpha-\frac{\partial H}{\partial p_\alpha}\right)\delta p_\alpha-\left(\dot{p}_\alpha+\frac{\partial H}{\partial q_\alpha}\right)\delta q_\alpha\right]\right\}\mathrm{d}t$$

由于t_1与t_2时刻对应两个固定端点，上式的第一项为零。又因为积分区间是任意的，且δq_α及δp_α是彼此独立的，所以由哈密顿原理$\delta S=0$可得出正则方程

$$\begin{cases}\dot{q}_\alpha=\dfrac{\partial H}{\partial p_\alpha}\\[2ex]\dot{p}_\alpha=-\dfrac{\partial H}{\partial q_\alpha}\end{cases}\qquad(\alpha=1,2,\cdots,s)$$

例 6-2 写出粒子在中心势场$V=-\dfrac{\alpha}{r}$中运动的哈密顿函数和正则方程。

解 粒子的拉格朗日函数为

$$L=\frac{1}{2}m(\dot{r}^2+r^2\dot{\theta}^2)+\frac{\alpha}{r}$$

所以

$$\begin{cases}p_r=\dfrac{\partial L}{\partial\dot{r}}=m\dot{r}\\[2ex]p_\theta=\dfrac{\partial L}{\partial\dot{\theta}}=mr^2\dot{\theta}\end{cases}$$

由上式得

$$\dot{r}=\frac{p_r}{m},\qquad\dot{\theta}=\frac{p_\theta}{mr^2}$$

由式（6-2-2），中心势场中运动粒子的哈密顿函数为

$$H=\sum_{\alpha=1}^{s}p_\alpha\dot{q}_\alpha-L=\frac{1}{2}m\left[\left(\frac{p_r}{m}\right)^2+r^2\left(\frac{p_\theta}{mr^2}\right)^2\right]-\frac{\alpha}{r}$$

$$=\frac{1}{2m}\left(p^2{}_r+\frac{p^2{}_\theta}{r^2}\right)-\frac{\alpha}{r}$$

于是得正则方程

$$\begin{cases}\dot{r}=\dfrac{\partial H}{\partial P_r}=\dfrac{P_r}{m}\\[2ex]\dot{p}_r=-\dfrac{\partial H}{\partial r}=\dfrac{p^2{}_\theta}{mr^3}-\dfrac{\alpha}{r^2}\end{cases}$$

$$\begin{cases}\dot{\theta}=\dfrac{\partial H}{\partial P_\theta}=\dfrac{P_\theta}{mr^2}\\[2ex]\dot{p}_\theta=-\dfrac{\partial H}{\partial \theta}=0\end{cases}$$

由正则方程得粒子的径向和横向运动的方程分别为

$$\begin{cases}m(\ddot{r}-r\dot{\theta}^2)=-\dfrac{\alpha}{r^2}\\[2ex]p_\theta=mr^2\dot{\theta}=mh\end{cases}$$

其中 h 是个常数，在第 4 章中知道它是单位质量的角动量，上式中的第二个方程就是熟知的角动量守恒定律。

例 6-3 写出粒子在等角速转动参考系中的哈密顿函数和正则方程。

解 在等角速 ω 转动的参考系中，以粒子的相对速度 $\boldsymbol{v}'$ 为广义速度，即 $\dot{q}_\alpha=\boldsymbol{v}'$。粒子在静止坐标系中的速度为 $\boldsymbol{v}=\boldsymbol{v}'+\boldsymbol{\omega}\times\boldsymbol{r}$，于是拉格朗日函数为

$$L=\frac{1}{2}mv^2-V=\frac{1}{2}m(\boldsymbol{v}'+\boldsymbol{\omega}\times\boldsymbol{r})^2-V$$

根据广义动量的定义 $p_\alpha=\partial L/\partial\dot{q}_\alpha$，可得

$$\boldsymbol{p}=\frac{\partial L}{\partial \boldsymbol{v}'}=\frac{1}{2}m\frac{\partial(\boldsymbol{v}'+\boldsymbol{\omega}\times\boldsymbol{r})^2}{\partial \boldsymbol{v}'}=m\boldsymbol{v}$$

粒子的哈密顿函数为

$$H=\boldsymbol{p}\cdot\boldsymbol{v}'-L=m\boldsymbol{v}\cdot\boldsymbol{v}'-\frac{1}{2}mv^2+V=m\boldsymbol{v}\cdot(\boldsymbol{v}-\boldsymbol{\omega}\times\boldsymbol{r})-\frac{1}{2}mv^2+V$$

即

$$H=\frac{p^2}{2m}-\boldsymbol{p}\cdot(\boldsymbol{\omega}\times\boldsymbol{r})+V$$

这就是粒子在等角速转动参考系中的哈密顿函数。

由正则方程，得

$$\begin{cases}\boldsymbol{v}' = \dfrac{\partial H}{\partial \boldsymbol{p}} = \dfrac{\boldsymbol{p}}{m} - \boldsymbol{\omega} \times \boldsymbol{r} \\ \dot{\boldsymbol{p}} = -\dfrac{\partial H}{\partial \boldsymbol{r}} = \boldsymbol{p} \times \boldsymbol{\omega} - \dfrac{\partial V}{\partial \boldsymbol{r}}\end{cases}$$

利用 $\dot{\boldsymbol{v}}' = \boldsymbol{a}'$、$\dot{\boldsymbol{\omega}} = 0$，并考虑到 $-\dfrac{\partial V}{\partial \boldsymbol{r}} = \boldsymbol{F}$ 是粒子所受的外力，可得

$$m\boldsymbol{a}' = \boldsymbol{F} - m\boldsymbol{\omega} \times (\boldsymbol{\omega} \times \boldsymbol{r}) - 2m\boldsymbol{\omega} \times \boldsymbol{v}'$$

它就是等角速转动参考系中的牛顿方程，其中 $-m\boldsymbol{\omega} \times (\boldsymbol{\omega} \times \boldsymbol{r})$ 是牵连惯性力，$-2m\boldsymbol{\omega} \times \boldsymbol{v}'$ 则是柯氏惯性力。

例 6-4 写出带电粒子在电磁场中的哈密顿函数。

解 设带电粒子的质量为 m，带电量为 q，电标量势为 φ，磁矢量势为 $\boldsymbol{A}$，以粒子的速度 $\boldsymbol{v}$ 为广义速度，即 $\dot{q}_\alpha = \boldsymbol{v}$，则带电粒子在电磁场中运动时的拉格朗日函数为

$$L = \frac{1}{2}mv^2 - q\varphi + q\boldsymbol{A} \cdot \boldsymbol{v}$$

根据广义动量的定义 $p_\alpha = \dfrac{\partial L}{\partial \dot{q}_\alpha}$，可知

$$\boldsymbol{p} = \frac{\partial L}{\partial \boldsymbol{v}} = m\boldsymbol{v} + q\boldsymbol{A}$$

根据哈密顿函数的定义式得

$$\begin{aligned} H &= \sum_\alpha p_\alpha \dot{q}_\alpha - L = \boldsymbol{p} \cdot \boldsymbol{v} - L \\ &= (m\boldsymbol{v} + q\boldsymbol{A}) \cdot \boldsymbol{v} - \frac{1}{2}mv^2 + q\varphi - q\boldsymbol{A} \cdot \boldsymbol{v} \end{aligned}$$

由 $m\boldsymbol{v} = \boldsymbol{p} - q\boldsymbol{A}$，得

$$H = \frac{1}{2m}(\boldsymbol{p} - q\boldsymbol{A})^2 + q\varphi$$

上式就是带电粒子在电磁场中运动的哈密顿函数，它在量子力学和量子场论中具有重要的应用。

6.2.2 相空间

哈密顿正则方程的几何意义可以在相空间中体现出来。由正则方程［式（6-2-5）］可以解出力学系的广义坐标和广义动量，即

$$\begin{cases} q_\alpha = q_\alpha(t) \\ p_\alpha = p_\alpha(t) \end{cases} \quad (\alpha = 1, 2, \cdots, s) \tag{6-2-7}$$

显然，式（6-2-7）能够确定力学系统在任意时刻广义坐标 q_α 与广义动量 p_α 的值，即确定系统的力学状态。

用 s 个 q_α 与 s 个 p_α 为坐标，可以构造一个 $2s$ 维空间。这个空间称为力学系的相空间。

相空间中的一点称为相点；相空间中的一条连续曲线则称为力学系的相轨线。

s 个 q_α 与 s 个 p_α 的一组值一方面确定力学系的一个状态，另一方面又确定了相空间中的一个相点。因此，一个相点表示系统的一个力学态；相点的运动表示力学态的变化；而一条相轨线则表示了力学系的一个特定的运动过程。哈密顿正则方程［式（6-2-5）］给出了相点沿相轨线的运动速度。在振动理论和统计力学中，相空间是很有用的表示方法。

当 $s \geqslant 2$ 时，相空间只能想象，而画不出直观的图形。当 $s=1$ 时，相空间是二维的，称为相平面，略加叙述。

在讨论单质点的一维运动时，如果作用在质点上的力仅仅是位置与速度的函数，则牛顿方程写为

$$m\ddot{x} = F(x,\dot{x})$$

把 $\dot{x}$ 当作一个新的变量，记为 v，则上式可写为

$$mv\frac{\mathrm{d}v}{\mathrm{d}x} = F(x,v) \tag{6-2-8}$$

式（6-2-8）是 $v(x)$ 的一阶微分方程。如果把 x 当作横坐标、v 当作纵坐标，则方程式（6-2-8）的解便对应 x-v 坐标平面上的一条曲线。从力学方面来看，x-v 坐标平面就是质点的相平面。因为，如果取 x 为广义坐标，则坐标 v 与广义动量 mv 只差一个比例常量 m，并没有本质的区别。当给定一组初始条件 (x_0,v_0) 之后，质点的运动便对应于相平面上经过初相点 (x_0,v_0) 的一条相轨线。通过对相轨线的分析，就可以了解质点的某些运动特征。尤其是在保守力作用的情况下，能量积分直接给出了 x 与 v 的关系，得到能量守恒定理。因此，相轨线的几何特征与质点的机械能守恒发生了密切的关系，是分析质点运动的有力工具。下面以弹簧振子为例，具体说明相平面的应用。

一个无阻尼弹簧振子系统的牛顿方程是

$$m\ddot{x} = -kx \tag{6-2-9}$$

设 $t=0$， $x=x_0$， $\dot{x}=v_0$，则上式可写为

$$\frac{\mathrm{d}v}{\mathrm{d}x} = -\frac{\omega^2 x}{v} \tag{6-2-10}$$

其中 $\omega^2 = k/m$。这个一阶微分方程的初始条件是当 $x=x_0$ 时，$v=v_0$。如图 6-4 所示，在相平面上这个初条件对应于一点 M_0，其坐标是 (x_0,v_0)。随着时间的增加，质点的位置与速度发生变化，相应的相点则在相平面上移动，并且移动的规律应满足式（6-2-10）。

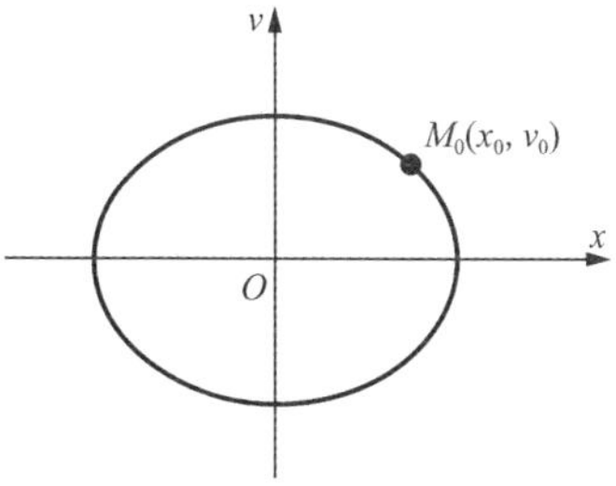

图 6-4

因为式（6-2-10）的通解是

$$v^2 + \omega^2 x^2 = 常数 \tag{6-2-11}$$

所以相轨线是 x-v 平面上的一族椭圆。对于给定的初条件，定出积分常数，便得到一个特解

$$v^2 + \omega^2 x^2 = {v_0}^2 + \omega^2 x_0^2 \tag{6-2-12}$$

这是一条经过初相点 M_0 的椭圆线，相点的运动如图 6-4 所示。

由相轨线的特征，可知振子的运动具有下述性质：

1）相轨线是闭合曲线，故知振子做周期运动。

2）椭圆的长半轴就是振子的振幅。不同的初始条件对应不同的椭圆，因而振子具有不同的振幅。

3）当相轨线是圆周时，相点运动的角速度就是振子振动的圆频率 ω。因为 $\omega^2 = k/m$ 是系统自身的物理属性，与初始状态无关，故相点沿任何相轨线运动都有相同的角速度。

4）由式（6-2-12）可知，当 $v_0 = x_0 = 0$ 时，$v = x = 0$，可见坐标原点 O 表示系统的平衡状态。

6.2.3 哈密顿函数与首次积分

哈密顿函数和拉格朗日函数一样，是力学系的特性函数，可以反映力学系的性质。特别是对于定常保守系统，哈密顿函数等于力学系的总机械能，因此比拉格朗日函数更富于物理意义。在 5.4 节中已经讲过，力学系如果有广义动量守恒或广义能量守恒的特性时，在它的拉格朗日函数上必定会有所反映。现在研究正则方程的首次积分与哈密顿函数的关系。

如果 H 中不显含某个广义动量 p_α，则由正则方程［式（6-2-5）］可知，与 p_α 共轭的广义坐标 q_α 是一个守恒量。这表明，虽然 q_α 是系统的广义坐标，但是在系统的运动过程中，它却是恒定不变的。

如果 H 中不显含某一广义坐标 q_α，则由正则方程［式（6-2-5）］可知，与 q_α 共轭的广义动量 p_α 是守恒的，即 p_α=常量是正则方程的首次积分。由哈密顿函数的定义式（6-2-2）不难看出：拉格朗日函数的循环坐标也是哈密顿函数的循环坐标。

如果 H 中不显含时间 t，即

$$\frac{\partial H}{\partial t} = 0$$

则由式（6-2-6）可知 L 也不显含时间 t。于是由守恒定理可知，此时系统的广义能量守恒。也就是说，当 H 不显含 t 时

$$H = 常数 \tag{6-2-13}$$

也是正则方程的首次积分。如同 5.4 节中证明的那样，若力学系受到稳定约束，则式(6-2-13)表示力学系的机械能守恒。

6.2.4 勒让德变换

在本节用哈密顿变数 q_α、p_α 和哈密顿函数 H 取代拉格朗日变数 q_α、$\dot{q}_\alpha$ 和拉格朗日函数 L，轻而易举地就得到了一组简明、对称的正则方程。乍看起来，这似乎是个侥幸，其实成功是必然的。正则方程的获得是以数学中的勒让德变换理论为依据的。下面略述勒让德变换的内容。

设有一个二元函数 $f = f(x, y)$，则

$$\mathrm{d}f = u\,\mathrm{d}x + v\,\mathrm{d}y$$

式中，u、v 分别为 f 对 x 和 y 的偏导数，即

$$\begin{cases} u = \dfrac{\partial f}{\partial x} = u(x,y) \\ v = \dfrac{\partial f}{\partial y} = v(x,y) \end{cases} \tag{6-2-14}$$

式（6-2-14）的两个关系式中含有 u、v、x、y 四个变数，因而可取其中的任意两个作为独立变量，其余的两个作为函数。若取 x 和 y 作为独立变量，便是上面叙述的情况。如果取 u 和 y 作为独立变量，则有

$$\bar{f}(u,y) = \bar{f}\left[x(u,y),y\right]$$

于是

$$\begin{cases} \dfrac{\partial \bar{f}}{\partial y} = \dfrac{\partial f}{\partial y} + \dfrac{\partial f}{\partial x}\dfrac{\partial x}{\partial y} = v + u\dfrac{\partial x}{\partial y} \\ \dfrac{\partial \bar{f}}{\partial u} = \dfrac{\partial f}{\partial x}\dfrac{\partial x}{\partial u} = u\dfrac{\partial x}{\partial u} \end{cases} \tag{6-2-15}$$

这表明，改换了变量之后，$\bar{f}$ 的偏导数不再是式（6-2-14）那样的规则形状了。但是，如果在选取新变量的同时选取一个新的函数

$$g(u,y) = ux - f = \frac{\partial f}{\partial x}x - f \tag{6-2-16}$$

则由式（6-2-15）可知，$\mathrm{d}g$ 恰可表示为

$$\mathrm{d}g = x\,\mathrm{d}u - v\,\mathrm{d}y$$

这时当然也有和式（6-2-14）相应的偏导数关系式

$$x = \frac{\partial g}{\partial u}, \qquad -v = \frac{\partial g}{\partial y} \tag{6-2-17}$$

以上就是勒让德变换，可以推广到任意多个变量的情况。由式（6-2-14）可知，在勒让德变换中构造新函数的法则是：将被取消的变量乘上原来的函数对此变量的偏导数，再减去原来的函数。

对于所研究的力学系，如果采用拉格朗日变数，并引入一组新的变量

$$p_\alpha = \frac{\partial L}{\partial \dot{q}_\alpha} \quad (\alpha = 1,2,\cdots,s)$$

则拉格朗日方程便可写为

$$\begin{cases} p_\alpha = \dfrac{\partial L}{\partial \dot{q}_\alpha} \\ \dot{p}_\alpha = \dfrac{\partial L}{\partial q_\alpha} \end{cases} \quad (\alpha = 1,2,\cdots,s) \tag{6-2-18}$$

上式称为拉格朗日正则方程。

不难看出，由拉格朗日正则方程［式（6-2-18）］变化到哈密顿正则方程［式（6-2-5）］，完全符合勒让德变换法则。也就是说，当把拉格朗日变数转变为哈密顿正则变数，把拉格朗日函数转变为哈密顿函数时，力学系的基本方程必然由拉格朗日方程转变为哈密顿正则方程。

例 6-5 质量为m_1、半径为r的均质圆轮在水平面上纯滚动，轮心与刚性系数为k的弹簧相连。均质杆AB长度为l，质量为m_2。求系统的哈密顿函数和守恒量。

解 如图 6-5 所示，系统的约束为完整约束，主动力为有势力。系统具有 2 个自由度，广义坐标选择为$q=(x,\varphi)$，x坐标的原点取在弹簧原长处。

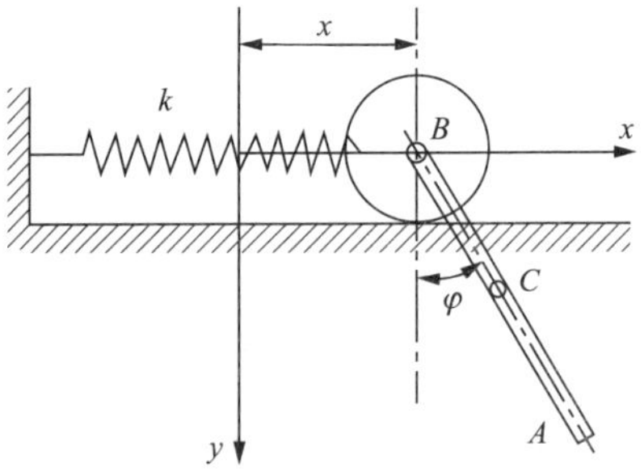

图 6-5

用广义坐标表示出直角坐标

$$x_C = x + \frac{l}{2}\sin\varphi$$

$$y_C = \frac{l}{2}\cos\varphi$$

均质杆AB质心的速度为

$$\dot{x}_C = \dot{x} + \frac{l}{2}\dot{\varphi}\cos\varphi$$

$$\dot{y}_C = -\frac{l}{2}\dot{\varphi}\sin\varphi$$

由柯尼希定理，系统的动能为

$$\begin{aligned} T &= \frac{1}{2}m_1\dot{x}^2 + \frac{1}{2}I_1\omega_1^2 + \frac{1}{2}m_2v_c^2 + \frac{1}{2}I_c\dot{\varphi}^2 \\ &= \frac{1}{4}(3m_1+2m_2)\dot{x}^2 + \frac{1}{6}m_2l^2\dot{\varphi}^2 + \frac{1}{2}m_2l\dot{x}\dot{\varphi}\cos\varphi \end{aligned}$$

系统的势能由弹力势能与重力势能所组成

$$V = \frac{1}{2}kx^2 - \frac{1}{2}m_2gl\cos\varphi$$

系统的拉格朗日函数为

$$
\begin{aligned}
L&=T-V\\
&=\frac{1}{4}(3m_1+2m_2)\dot{x}^2+\frac{1}{6}m_2l^2\dot{\varphi}^2+\frac{1}{2}m_2l\dot{x}\dot{\varphi}\cos\varphi-\frac{1}{2}kx^2+\frac{1}{2}m_2gl\cos\varphi
\end{aligned}
$$

对于广义坐标 $q_1=x$，计算拉格朗日函数 L 对 $\dot{x}$ 的偏导数得广义动量

$$
p_x=\frac{\partial L}{\partial\dot{x}}=\frac{1}{2}(3m_1+2m_2)\dot{x}+\frac{1}{2}m_2l\dot{\varphi}\cos\varphi
$$

同理，对于 $q_2=\varphi$，计算拉格朗日函数 L 对 $\dot{\varphi}$ 的偏导数得广义动量

$$
p_\varphi=\frac{\partial L}{\partial\dot{\varphi}}=\frac{1}{3}m_2l^2\dot{\varphi}+\frac{1}{2}m_2l\dot{x}\cos\varphi
$$

联立 p_x 和 p_φ，可以解出广义速度

$$
\dot{x}=\frac{2\left(2p_x-\dfrac{3p_\varphi\cos\varphi}{l}\right)}{2(3m_1+2m_2)-3m_2\cos^2\varphi}
$$

$$
\dot{\varphi}=\frac{6\left[\left(\dfrac{3m_1}{m_2}+2\right)\dfrac{p_\varphi}{l^2}-\dfrac{p_x\cos\varphi}{l}\right]}{2(3m_1+2m_2)-3m_2\cos^2\varphi}
$$

上面的两个方程实际上就是正则方程的一组。

根据 $H=\sum\limits_{\alpha=1}^{s}p_\alpha\dot{q}_\alpha-L$，系统的哈密顿函数为

$$
\begin{aligned}
H=&\frac{2p_x^2-\dfrac{3p_xp_\varphi\cos\varphi}{l}}{2(3m_1+2m_2)-3m_2\cos^2\varphi}\\
&+\frac{3\left[\left(\dfrac{3m_1}{m_2}+2\right)\dfrac{p_\varphi^2}{l^2}-\dfrac{p_xp_\varphi\cos\varphi}{l}\right]}{2(3m_1+2m_2)-3m_2\cos^2\varphi}-\frac{1}{2}m_2gl\cos\varphi+\frac{1}{2}kx^2
\end{aligned}
$$

在哈密顿函数 H 中，因为没有循环坐标，所以系统的广义动量均不守恒量。但是，因为 H 中不显含时间 t，所以系统的广义能量守恒，即

$$
\begin{aligned}
H=&\frac{2p_x^2-\dfrac{3p_xp_\varphi\cos\varphi}{l}}{2(3m_1+2m_2)-3m_2\cos^2\varphi}+\frac{3\left[\left(\dfrac{3m_1}{m_2}+2\right)\dfrac{p_\varphi^2}{l^2}-\dfrac{p_xp_\varphi\cos\varphi}{l}\right]}{2(3m_1+2m_2)-3m_2\cos^2\varphi}\\
&-\frac{1}{2}m_2gl\cos\varphi+\frac{1}{2}kx^2=H_0
\end{aligned}
$$

其中 H_0 是系统初始时刻的广义能量。又因为系统受到的是完整、定常约束，所以广义能量守恒就是机械能守恒，即

$$
\begin{aligned}
H &= T + V \\
&= \frac{1}{4}(3m_1 + 2m_2)\dot{x}^2 + \frac{1}{6}m_2 l^2 \dot{\varphi}^2 + \frac{1}{2}m_2 l\dot{x}\dot{\varphi}\cos\varphi + \frac{1}{2}kx^2 - \frac{1}{2}m_2 gl\cos\varphi \\
&= E
\end{aligned}
$$

当然，本题正则方程的另一组也可以通过把系统的哈密顿函数 H 代入式（6-2-5）而得到，但是，这组正则方程的表达式复杂而且没有太大的物理意义，有兴趣的读者可以作为练习自行计算。

6.3 泊松括号

正则方程是分析力学中的非常重要的方程。由于它优点多、应用广，人们就研究出了许多求解的方法。泊松括号方法是其中的一种。泊松括号不但可以用来求解正则方程，而且也是理论物理中经常使用的工具。本节首先介绍泊松括号的定义和性质，然后证明泊松定理，并且阐明如何使用泊松定理来求解正则方程。

6.3.1 泊松括号及其性质

设 φ 是正则变量 p_α、q_α 和 t 的函数。由于 p_α 与 q_α 均依赖于 t，有

$$\frac{\mathrm{d}\varphi}{\mathrm{d}t} = \frac{\partial\varphi}{\partial t} + \sum_{\alpha=1}^{s}\left(\frac{\partial\varphi}{\partial q_\alpha}\dot{q}_\alpha + \frac{\partial\varphi}{\partial p_\alpha}\dot{p}_\alpha\right)$$

利用正则方程式（6-2-5），可将上式改写为

$$\frac{\mathrm{d}\varphi}{\mathrm{d}t} = \frac{\partial\varphi}{\partial t} + \sum_{\alpha=1}^{s}\left(\frac{\partial\varphi}{\partial q_\alpha}\frac{\partial H}{\partial p_\alpha} - \frac{\partial\varphi}{\partial p_\alpha}\frac{\partial H}{\partial q_\alpha}\right) \tag{6-3-1}$$

如果引入一个缩写符号 $[\varphi, H]$ 来代替上式等号右侧的第二项，则上式便可简写为

$$\frac{\mathrm{d}\varphi}{\mathrm{d}t} = \frac{\partial\varphi}{\partial t} + [\varphi, H] \tag{6-3-2}$$

$[\varphi, H]$ 称为 φ 与 H 的泊松括号。

一般说来，对系统的任意两个力学量 $X(q_\alpha, p_\alpha, t)$ 和 $Y(q_\alpha, p_\alpha, t)$，都可按照上面的方式定义它们的泊松括号，即

$$[X, Y] = \sum_{\alpha=1}^{s}\left(\frac{\partial X}{\partial q_\alpha}\frac{\partial Y}{\partial p_\alpha} - \frac{\partial X}{\partial p_\alpha}\frac{\partial Y}{\partial q_\alpha}\right) \tag{6-3-3}$$

由上式可知，X 与 Y 的泊松括号 $[X, Y]$ 也是一个依赖于 q_α、p_α 和 t 的力学量。

从泊松括号的定义出发，很容易证明它具有下述各项性质：

$$[C, \varphi] = 0 \quad (C \text{ 为常数}) \tag{6-3-4}$$

$$[\varphi, \psi] = -[\psi, \varphi] \tag{6-3-5}$$

$$[\varphi,\psi]=\sum_{i=1}^{n}[\varphi,\psi_i] \qquad (\psi=\sum_{i=1}^{n}\psi_i) \tag{6-3-6}$$

$$[-\varphi,\psi]=[\varphi,-\psi]=-[\varphi,\psi] \tag{6-3-7}$$

$$\frac{\partial}{\partial t}[\varphi,\psi]=\left[\frac{\partial\varphi}{\partial t},\psi\right]+\left[\varphi,\frac{\partial\psi}{\partial t}\right] \tag{6-3-8}$$

$$[f,[\varphi,\psi]]+[\varphi,[\psi,f]]+[\psi,[f,\varphi]]\equiv 0 \tag{6-3-9}$$

最后一个等式称为泊松恒等式。可以按泊松括号的定义把等号左边的二重括号展开，共得 24 项，结果正负项相消，总和为零。不过这种证法较繁，还可以用线性微分算子去证明，读者可参阅有关书籍。

6.3.2 泊松定理

泊松括号是力学与理论物理中常常使用的方便工具。对任意一个质点组，由于其正则变量 p_α、q_α 是相互独立的，由泊松括号的定义可以证明

$$[q_\alpha,p_\alpha]=\delta_{\alpha\beta}=\begin{cases}1\ (\alpha=\beta)\\0\ (\alpha\neq\beta)\end{cases} \tag{6-3-10}$$

正则方程［式（6-2-5）］也可用泊松括号表示为

$$\begin{cases}\dot{q}_\alpha=[q_\alpha,H]\\\dot{p}_\alpha=[p_\alpha,H]\end{cases} \qquad (\alpha=1,2,\cdots,s) \tag{6-3-11}$$

在量子力学中，式（6-3-10）具有算符特性，称为对易关系。

可以证明，如果某一函数 $\varphi(q_\alpha,p_\alpha,t)$ 是力学系的一个守恒量，则 φ 必是正则方程的一个解，反之亦然。由于 $\varphi(q_\alpha,p_\alpha,t)=C$ 反映了力学系的运动规律，也称为运动积分。由式（6-3-2）可知：φ 成为正则方程的积分所应满足的充要条件是

$$\frac{\partial\varphi}{\partial t}+[\varphi,H]=0 \tag{6-3-12}$$

如果 φ 中不显含 t，则它成为运动积分的充要条件应是

$$[\varphi,H]=0 \tag{6-3-13}$$

在求解正则方程时，泊松定理是很有用的。泊松定理可叙述为：如果 f 和 g 是正则方程的两个运动积分，则其泊松括号 $[f,g]$ 也是正则方程的积分。下面给出证明。

如果 f 和 g 都是正则方程的积分，则按式（6-3-12）得

$$\begin{cases}\dfrac{\partial f}{\partial t}+[f,H]=0\\[2ex]\dfrac{\partial g}{\partial t}+[g,H]=0\end{cases} \tag{6-3-14}$$

由泊松括号的性质式（6-3-8），并利用上面两式，可得

$$\frac{\partial}{\partial t}[f,g]=-\left[[f,H],g\right]-\left[f[g,H]\right]$$

将上式两边均加上$\left[[f,g],H\right]$，又得

$$\frac{\partial}{\partial t}[f,g]+\left[[f,g],H\right]=-\left[[f,H],g\right]-\left[f,[g,H]\right]+\left[[f,g],H\right]$$

$$=\left[[f,g],H\right]+\left[[g,H],f\right]+\left[[H,f],g\right]$$

由泊松恒等式［式（6-3-9）］可知上式恒等于零，即

$$\frac{\partial}{\partial t}[f,g]+\left[[f,g],H\right]=0$$

这正是$[f,g]$成为运动积分的充要条件，定理得证。

由泊松定理可知，把力学系的两个独立的运动积分作成泊松括号，便可得到第三个运动积分。如此不休止地做下去，似乎可以获得任意多的运动积分。但事情并非如此美妙。这种推演到了一定的程度就不可能再获得新的运动积分，所得的结果只不过是已有运动积分的线性组合。所以，利用泊松定理也未必能求出力学系的全部运动积分。

前面曾经证明过，当哈密顿函数H不显含时间t时，其本身就是一个守恒量，即正则方程的运动积分。因此，如果已经知道正则方程的另一个运动积分$\varphi(q_\alpha,p_\alpha,t)=C_1$，则有

$$\frac{\partial\varphi}{\partial t}+[\varphi,H]=0$$

但是由泊松定理可知$[\varphi,H]$必是运动积分，即

$$[\varphi,H]=C_2$$

故知

$$\frac{\partial\varphi}{\partial t}=-C_2$$

也必是正则方程的积分。以此类推下去，可以证明$\frac{\partial^2\varphi}{\partial t^2},\frac{\partial^3\varphi}{\partial t^3},\cdots$，也都是正则方程的积分。但是，如果$\varphi$不是$t$的显函数，则

$$\frac{\partial\varphi}{\partial t}=0$$

即$[\varphi,H]=0$成为恒等式，就不能再向前提供新的运动积分了。

下面用泊松括号研究质点的角动量。设$\boldsymbol{J}$为质点的角动量，则

$$\boldsymbol{J}=\boldsymbol{r}\times m\boldsymbol{v}=(ym\dot{z}-zm\dot{y})\boldsymbol{i}+(zm\dot{x}-xm\dot{z})\boldsymbol{j}+(xm\dot{y}-ym\dot{x})\boldsymbol{k}$$

取直角坐标为广义坐标，即

$$q_1=x,q_2=y,q_3=z$$

则质点的线动量便是广义动量，即

$$p_1=m\dot{x},p_2=m\dot{y},p_3=m\dot{z}$$

于是，$\boldsymbol{J}$ 的三个分量可写为

$$J_x = q_2 p_3 - p_2 q_3$$

$$J_y = q_3 p_1 - q_1 p_3$$

$$J_z = q_1 p_2 - q_2 p_1$$

J_x 与 J_y 的泊松括号是

$$\left[J_x, J_y\right] = \sum_{\alpha=1}^{3}\left(\frac{\partial J_x}{\partial q_\alpha}\frac{\partial J_y}{\partial p_\alpha} - \frac{\partial J_x}{\partial p_\alpha}\frac{\partial J_y}{\partial q_\alpha}\right) = q_1 p_2 - q_2 p_1 = J_z$$

同理可求出$\left[J_y, J_z\right]$与$\left[J_z, J_x\right]$，与上式合并起来可写为

$$\begin{cases}\left[J_x, J_y\right] = J_z \\ \left[J_y, J_z\right] = J_x \\ \left[J_z, J_x\right] = J_y\end{cases} \tag{6-3-15}$$

由泊松定理便知：如果角动量的两个分量是守恒的，则第三分量必守恒。这一结论对质点组也是成立的，读者可自行验证。

6.4　正 则 变 换

6.4.1　正则变换的目的

已经熟知，对于同一个力学问题可以选择各种不同的坐标系去加以描述和解算。由于各个坐标系并不表现出同等程度的方便，人们总是期望选取最优良的坐标系。可是力学的具体问题千差万别，因而坐标系的优选主要是靠经验，并无成规可依。

在分析力学中，由于用来描述力学系的广义坐标有很多，人们必须加以选择，采用比较方便的一种。例如，求解中心力场问题时，选取极坐标 r、θ 作为广义坐标就很好，因为这时 θ 是循环坐标，使解算变得十分简易。对于一个具体问题来讲，所取的广义坐标并不一定就是循环的，因而人们期望寻求一种坐标变换的方法，使变换后的广义坐标尽可能多地成为循环坐标。

在哈密顿力学中，选择广义坐标还需要注意另外两个问题。第一，这时广义动量 p_α 与广义坐标 q_α 是处于同等地位的独立变量，坐标变换应当是这 $2s$ 个量的变换。第二，力学的基本方程是正则方程，不能变成其他形状的方程。由勒让德变换理论可知，只有在坐标变换的同时也变换哈密顿函数 H，才能保持方程的正则形状。也就是说，当哈密顿变数由 q_α、p_α 变为 Q_α、P_α 的同时，哈密顿函数由 $H(q_\alpha, p_\alpha, t)$ 变为 $H^*\left(Q_\alpha, P_\alpha, t\right)$，使得新的变量 Q_α、P_α 与新的函数 H^* 仍能满足正则形状的方程。符合上述要求的变换称为正则变换。

正则变换的目的是使变换后的哈密顿函数 H^* 中尽量多地出现循环坐标，因而使新的正则方程便于求解。

6.4.2 正则变换的条件

从质点系的一组正则变量 p_α、q_α 到任意一组变量 P_α、Q_α 的变换可写为

$$\begin{cases} P_\alpha = P_\alpha\left(p_\beta, q_\beta, t\right) \\ Q_\alpha = Q_\alpha\left(p_\beta, q_\beta, t\right) \end{cases} \quad (\alpha = 1,2,3,\cdots,s) \tag{6-4-1}$$

正则变换是一套正则变量到另一套正则变量的变换，或者说，正则变换是使力学方程保持正则形状的变量变换。要想使上述的变换是正则的，这两套变数之间必须要满足一定的关系，或服从一定的条件。下面来寻找这个条件。

由于质点系原来的正则变量是 q_α、p_α，哈密顿函数是 H，拉格朗日函数应是

$$L = \sum_{\alpha=1}^{s} p_\alpha \dot{q}_\alpha - H\left(p_\alpha, q_\alpha, t\right)$$

由哈密顿原理可知，质点系的真实运动应满足

$$\delta \int_{t_1}^{t_2} \left[\sum_{\alpha=1}^{s} p_\alpha \dot{q}_\alpha - H\left(p_\alpha, q_\alpha, t\right) \right] \mathrm{d}t = 0 \tag{6-4-2}$$

如果变换是正则的，则新的变数 Q_α、P_α 与新的函数 H^* 必然满足正则方程

$$\begin{cases} \dot{Q}_\alpha = \dfrac{\partial H^*}{\partial P_\alpha} \\ \dot{P}_\alpha = \dfrac{\partial H^*}{\partial Q_\alpha} \end{cases} \quad (\alpha = 1,2,3,\cdots,s) \tag{6-4-3}$$

新变数下的拉格朗日函数将是

$$L = \sum_{\alpha=1}^{s} P_\alpha \dot{Q}_\alpha - H^*\left(Q_\alpha, P_\alpha, t\right)$$

因而质点系的真实运动自然也应适合下面的变分方程

$$\delta \int_{t_1}^{t_2} \left[\sum_{\alpha=1}^{s} P_\alpha \dot{Q}_\alpha - H^*\left(Q_\alpha, P_\alpha, t\right) \right] \mathrm{d}t = 0 \tag{6-4-4}$$

由此可见，如果由 p_α、q_α 到 P_α、Q_α 是正则变换，则式（6-4-2）与式（6-4-4）应当同时成立。

由上述的结论不难证明：如果 F 是在 t_1、t_2 两点变分为零的任意函数，则要使式（6-4-2）与式（6-4-4）同时成立，必须两式中被积函数的差是 F 对 t 的全微分，即

$$\sum_{\alpha=1}^{s} \left(p_\alpha \dot{q}_\alpha - H\right) - \left(P_\alpha \dot{Q}_\alpha - H^*\right) = \frac{\mathrm{d}F}{\mathrm{d}t}$$

或

$$\sum_{\alpha=1}^{s} \left(p_\alpha \,\mathrm{d}q_\alpha - H\,\mathrm{d}t\right) - \left(P_\alpha \,\mathrm{d}Q_\alpha - H^*\,\mathrm{d}t\right) = \mathrm{d}F \tag{6-4-5}$$

上式就是正则变换的充要条件。F 称为正则变换的母函数。

6.4.3　母函数

式（6-4-5）是一切正则变换均应遵守的规则。现在研究怎样由这个规则得到具体的正则变换［式（6-4-1）］。

为了实现两组正则变量之间的变换，母函数 F 必须是新旧两组正则变量的函数。因此，除 t 而外，F 中的变量最多可以达到 $4S$ 个。但是，由于式（6-4-1）的限制，这 $4S$ 个变量只能有 $2S$ 个是独立的。虽然 F 的形式是任意的，但是从它所包含独立变量的类型来区别，F 只能呈现四种形式：

$$F_1(q_\alpha,Q_\alpha,t)$$
$$F_2(Q_\alpha,p_\alpha,t)$$
$$F_3(P_\alpha,p_\alpha,t)$$
$$F_4(q_\alpha,P_\alpha,t)$$

先研究第一种形式。由于母函数是

$$F=F(q_\alpha,Q_\alpha,t)\qquad(\alpha=1,2,3,\cdots,s)\tag{6-4-6}$$

知

$$\mathrm{d}F=\sum_{\alpha=1}^{s}\frac{\partial F}{\partial q_\alpha}\mathrm{d}q_\alpha+\frac{\partial F}{\partial Q_\alpha}\mathrm{d}Q_\alpha+\frac{\partial F}{\partial t}\mathrm{d}t$$

将上式与式（6-4-5）相比较，立刻得到母函数所满足的正则关系式

$$p_\alpha=\frac{\partial F(q_\alpha,Q_\alpha,t)}{\partial q_\alpha}\qquad(\alpha=1,2,\cdots,s)\tag{6-4-7}$$

$$P_\alpha=-\frac{\partial F(q_\alpha,Q_\alpha,t)}{\partial Q_\alpha}\qquad(\alpha=1,2,\cdots,s)\tag{6-4-8}$$

$$H^*-H=\frac{\partial F(q_\alpha,Q_\alpha,t)}{\partial t}\tag{6-4-9}$$

由此可知，只要给出了母函数 $F(q_\alpha,Q_\alpha,t)$ 的具体形式，就可首先由式（6-4-7）求出 $Q_\alpha=Q_\alpha(q_\alpha,p_\alpha,t)$，接着利用它由式（6-4-8）求出 $P_\alpha=P_\alpha(q_\alpha,p_\alpha,t)$，最后由式（6-4-9）求出 $H^*(Q_\alpha,P_\alpha,t)$。总而言之，只要规定一个母函数 $F(q_\alpha,Q_\alpha,t)$，就可由式(6-4-7)～式(6-4-9)求出一组新的正则变量，造出一个正则变换。

由于新的正则变量 p_α、Q_α 是由母函数生成的，这组变量是否优越，便完全仰仗于母函数 F 的选择了。母函数构造得好，新的正则变量中就会包含大量的循环坐标，方程的求解就可大为简化。因此，从正则变换来看，力学系的运动微分方程组能否顺利求解的问题，就变为能否构造出优良母函数的问题了。

然而，力学问题千种百样、各有特点，究竟怎样才能找到好的母函数，并无统一的法则可循。这说明正则变换方法在具体应用时，也有它的困难和局限性。

在特殊情况下，母函数不显含时间 t。这时由式（6-4-9）可知 $H^*=H$，即只需把 H 中

的q_α、p_α改为Q_α、P_α就是新的哈密顿函数H^*了。

6.4.4 正则变换的不同形式

前面已经提到，如果按母函数所含的变量来区别，F可分为四种形式，因而就造成四种不同形式的正则变换。

（1）$F_1(q_\alpha,Q_\alpha,t)$

这是通过q_α和Q_α实现的正则变换，上面已经详细地研究了。

（2）$F_2(Q_\alpha,p_\alpha,t)$

这是一种通过Q_α和p_α实现的正则变换。只要把式（6-4-5）中的第一项作下面的变换

$$\sum_{\alpha=1}^{s} p_\alpha \mathrm{d} q_\alpha = \sum_{\alpha=1}^{s} \mathrm{d}(q_\alpha p_\alpha) - \sum_{\alpha=1}^{s} q_\alpha \mathrm{d} p_\alpha$$

就可得到这种正则变换的充要条件

$$\sum_{\alpha=1}^{s}(-q_\alpha \mathrm{d} p_\alpha - H \mathrm{d} t) - (P_\alpha \mathrm{d} Q_\alpha - H^* \mathrm{d} t) = \mathrm{d} F_2(p_\alpha, Q_\alpha, t)$$

即

$$F_2 = F_1 - \sum_{\alpha=1}^{s} p_\alpha q_\alpha$$

以及F_2所满足的正则关系式

$$\begin{cases} P_\alpha = -\dfrac{\partial F_2}{\partial Q_\alpha} \\ q_\alpha = -\dfrac{\partial F_2}{\partial p_\alpha} \\ H^* - H = \dfrac{\partial F_2}{\partial t} \end{cases} \qquad (\alpha = 1, 2, \cdots, s) \tag{6-4-10}$$

（3）$F_3(P_\alpha,q_\alpha,t)$

这是通过P_α、q_α进行的正则变换。如果用同样的方法变换式（6-4-5）中的$\sum\limits_{\alpha=1}^{s} P_\alpha \mathrm{d}Q_\alpha$项，则可得

$$\sum_{\alpha=1}^{s}(p_\alpha \mathrm{d} q_\alpha - H \mathrm{d} t) - (Q_P \mathrm{d} P_\alpha - H^* \mathrm{d} t) = \mathrm{d} F_3(q_\alpha, P_\alpha, t)$$

即

$$F_3 = F_1 + \sum_{\alpha=1}^{S} P_\alpha Q_\alpha$$

以及F_3所满足的正则关系式

$$\begin{cases} p_\alpha = \dfrac{\partial F_3}{\partial q_\alpha} \\ Q_\alpha = \dfrac{\partial F_3}{\partial P_\alpha} \\ H^* - H = \dfrac{\partial F_3}{\partial t} \end{cases} \quad (\alpha = 1, 2, \cdots, s) \tag{6-4-11}$$

（4）$F_4(p_\alpha, P_\alpha, t)$

这是通过 p_α 和 P_α 作出的正则变换。要做这种形式的正则变换，只需按第（2）、第（3）种情况，同时变换式（6-4-5）中的两项就可以了。这时正则变换的条件是

$$\sum_{\alpha=1}^{s}\left(-q_\alpha \, \mathrm{d} p_\alpha - H \, \mathrm{d} t\right) - \left(Q_\alpha \, \mathrm{d} P_\alpha - H^* \, \mathrm{d} t\right) = \mathrm{d} F_4\left(p_\alpha, P_\alpha, t\right)$$

亦即

$$F_4 = F_1 + \sum_{\alpha=1}^{S} P_\alpha Q_\alpha - \sum_{\alpha=1}^{s} p_\alpha q_\alpha$$

母函数 $F_4(p_\alpha, P_\alpha, t)$ 所满足的正则关系式是

$$\begin{cases} Q_\alpha = \dfrac{\partial F_4}{\partial P_\alpha} \\ q_\alpha = -\dfrac{\partial F_4}{\partial p_\alpha} \\ H^* - H = \dfrac{\partial F_4}{\partial t} \end{cases} \quad (\alpha = 1, 2, \cdots, s) \tag{6-4-12}$$

从上述的讨论可知，由于母函数中独立变量的不同取法，可以导致四种不同的正则变换。读者可以验证一下：从任何一种出发，经过勒让德变换必可得到另外的三种。

例 6-6　用正则变换法求平面谐振子的运动。

解　用 x、y 代表谐振子的广义坐标，P_x、P_y 为它的广义动量。ω_1 和 ω_2 是谐振子沿 x 与 y 轴的振动频率，m 为振子的质量。于是此谐振子的哈密顿函数为

$$H = \frac{1}{2m}\left(P_x^2 + P_y^2\right) + \frac{1}{2} m\left(\omega_1^2 x^2 + \omega_2^2 y^2\right)$$

取母函数 F 为

$$F(q, Q) = \frac{1}{2} m\left(\omega_1 x^2 \cot Q_1 + \omega_2 y^2 \cot Q_2\right)$$

则得

$$\begin{cases} P_x = \dfrac{\partial F}{\partial x} = m\omega_1 x \cot Q_1 \\ P_y = \dfrac{\partial F}{\partial y} = m\omega_2 y \cot Q_2 \end{cases}$$

$$\begin{cases} P_1 = -\dfrac{\partial F}{\partial Q_1} = \dfrac{1}{2} m\omega_1 x^2 \csc^2 Q_1 \\ P_2 = -\dfrac{\partial F}{\partial Q_2} = \dfrac{1}{2} m\omega_2 y^2 \csc^2 Q_2 \end{cases}$$

将上式中的 P_x 及 P_y 代入哈密顿函数中，则得

$$\begin{aligned} H^* &= \frac{1}{2} m\left(\omega^2{}_1 x^2 \cot^2 Q_1 + \omega_2^2 y^2 \cot^2 Q_2\right) + \frac{1}{2} m\left(\omega_1^2 x^2 + \omega_2^2 y^2\right) \\ &= \frac{1}{2} m\omega^2{}_1 x^2 \left(1+\cot^2 Q_1\right) + \frac{1}{2} m\omega_2^2 y^2 \left(1+\cot^2 Q_2\right) \end{aligned}$$

再利用 P_1 及 P_2 的表达式，就可得到用新变量表示的哈密顿函数 H^*

$$H^* = \omega_1 P_1 + \omega_2 P_2$$

因而用新变量表示的谐振子运动方程为

$$\begin{cases} \dot{P}_1 = 0 \\ \dot{P}_2 = 0 \\ \dot{Q}_1 = \omega_1 \\ \dot{Q}_2 = \omega_2 \end{cases}$$

积分便得

$$\begin{cases} P_1 = C_1 \\ P_2 = C_2 \\ Q_1 = \omega_1 t + \delta_1 \\ Q_2 = \omega_2 t + \delta_2 \end{cases}$$

式中，C_1、C_2、δ_1、δ_2 分别为四个积分常数，由起始条件决定。

再变回到原来的坐标，即把上式代入 P_1 及 P_2 表达式中，可得到谐振子在 xy 平面上的运动方程

$$\begin{cases} x = \sqrt{\dfrac{2C_1}{m\omega_1}} \sin\left(\omega_1 t + \delta_1\right) \\ y = \sqrt{\dfrac{2C_2}{m\omega_2}} \sin\left(\omega_2 t + \delta_2\right) \end{cases}$$

由此可以看出，本问题经过正则变换之后能够有解，关键在于母函数选择得好。在本题中，用新变量表示的哈密顿函数 H^* 中只含 P_1 与 P_2，使得 Q_1 与 Q_2 均成为循环坐标。可是用旧变量表示的哈密顿函数 H 却没有一个循环坐标，所以不能由哈密顿函数直接得到 xy 平面上的运动方程，而需要通过一个正则变换。由此便可看出正则变换的目的和用途。

6.5　哈密顿–雅可比理论

本节再介绍一种求解正则方程的方法——雅可比方法。这种方法的实质是把 $2s$ 个一阶常微分方程组（正则方程）的求解转化为一个一阶偏微分方程的求解。这个一阶偏微分方程称为雅可比方程。由微分方程的理论可知，一阶常微分方程组总是等价于一阶偏微分方程的。因此，雅可比解法是一种有可靠根据的普遍方法。不过一般地讲，求解非线性一阶偏微分方程并不是一件容易的事。因此研究雅可比解法的主要目的不在于求解的简便，而是为了掌握一种较为抽象的方法，以利于以后在量子力学中加以应用。

6.5.1　哈密顿主函数

上节已经讲过：正则变换的目的是把难于求解的正则方程变为易于求解的正则方程。正则变换的关键是选取优良的母函数；可是母函数的优选，并无统一的法则可以遵循。现在撇开各种力学问题的具体特征，从纯理论方面研究一种特殊的母函数——哈密顿主函数。

使变换后的哈密顿函数 H^* 恒等于零的母函数 S 称为哈密顿主函数，简称主函数。

要想知道主函数的价值，必须研究它的各种性质。设主函数是第一类母函数，即 $S=S(q_\alpha,Q_\alpha,t)$。由于

$$H^*(q_\alpha,Q_\alpha,t)\equiv 0 \tag{6-5-1}$$

故知变换后的正则方程是

$$\begin{cases}\dot{Q}_\alpha=\dfrac{\partial H^*}{\partial P_\alpha}=0\\[2ex]\dot{P}_\alpha=-\dfrac{\partial H^*}{\partial Q_\alpha}=0\end{cases}\quad(\alpha=1,2,\cdots,s)$$

由上式直接得

$$\begin{cases}Q_\alpha=a_\alpha\text{（常量）}\\P_\alpha=b_\alpha\text{（常量）}\end{cases}(\alpha=1,2,\cdots,s) \tag{6-5-2}$$

从式（6-5-2）立即得知：变换后的广义坐标 Q_α 全是循环坐标。由此可见，主函数 S 是一个很好的母函数。

由于 $S=S(q_\alpha,Q_\alpha,t)$ 是母函数，由式（6-4-7）～式（6-4-9）可知

$$\begin{cases}p_\alpha=\dfrac{\partial S}{\partial q_\alpha}\\[2ex]P_\alpha=-\dfrac{\partial S}{\partial Q_\alpha}\\[2ex]H^*-H=\dfrac{\partial S}{\partial t}\end{cases}$$

再利用式（6-5-1）及式（6-5-2），上式遂变为

$$
\begin{cases}
p_\alpha = \dfrac{\partial S}{\partial q_\alpha} & (\alpha = 1, 2, \cdots, s) \\
b_\alpha = -\dfrac{\partial S}{\partial a_\alpha} & (\alpha = 1, 2, \cdots, s) \\
H = -\dfrac{\partial S}{\partial t}
\end{cases} \tag{6-5-3}
$$

并且还有

$$
\mathrm{d}S = \sum_{\alpha=1}^{s} p_\alpha \,\mathrm{d}q_\alpha - H\,\mathrm{d}t \tag{6-5-4}
$$

由上式又得

$$
\frac{\mathrm{d}S}{\mathrm{d}t} = \sum_{\alpha=1}^{s} p_\alpha \dot{q}_\alpha - H = L
$$

即主函数 S 的时间导数是系统的拉格朗日函数。将上式写成积分形式，并与作用量的定义式（6-1-9）相比较，立刻看出：力学系的主函数就是它的真实运动的作用量。这是主函数的一个重要性质。

6.5.2 哈密顿-雅可比方程

既然主函数 S 能生出很好的正则变换，就必须研究主函数的求法。由式（6-5-3）的第三式可得

$$
\frac{\partial S}{\partial t} + H(q_\alpha, p_\alpha, t) = 0
$$

再利用式（6-5-3）的第一式，上式便写为

$$
\frac{\partial S}{\partial t} + H\left(q_\alpha, \frac{\partial S}{\partial q_\alpha}, t\right) = 0 \tag{6-5-5}
$$

这是关于 S 的一阶二次偏微分方程，称为雅可比方程。到此可以看出，正则方程的求解已经转换为求解雅可比方程的问题了。

下面说明一下主函数 S 中的常数。由于 S 是第一类母函数，而且由式(6-5-2)知 $Q_\alpha = a_\alpha$，S 中包含 $s+1$ 个变量 q_α、t 和 s 个常数 a_α，即

$$
S = S(q_\alpha, t, a_\alpha) \tag{6-5-6}
$$

既然 $S(q_\alpha, t, a_\alpha)$ 中含有 $s+1$ 个变量，雅可比方程的解 S 中就应当含有 $s+1$ 个积分常数。不过由于雅可比方程中只出现 S 的偏导数，而不出现 S 本身，由偏微分方程的理论可知，必有一个积分常数是相加常数。又由于 S 是正则变换的母函数，相加常数是根本不起作用的，于是可以说，S 实际上含有 s 个积分常数 $C_1, C_2, \cdots, C_s$，即

$$
S = S(q_\alpha, t, C_\alpha) \tag{6-5-7}
$$

比较式（6-5-6）与式（6-5-7），为简明计算不妨取积分常数 C_α 作为新的广义坐标 a_α，使二者完全统一起来。这 S 个常数可由运动的初始条件确定。

现在对求解正则方程的雅可比方法作一扼要的总结：

1）将力学系的哈密顿函数 $H(q_\alpha,p_\alpha,t)$ 中的 p_α 改写为 $\partial S/\partial q_\alpha$，并按式（6-5-5）建立雅可比方程。

2）由雅可比方程解出主函数 $S=S(q_\alpha,t,a_\alpha)$。

3）将主函数 S 代入正则变换式（6-5-3）的前两式中，便可解得原来的正则变量

$$\begin{cases} q_\alpha = q_\alpha(t;a_1,a_2,\cdots,a_s;b_1,b_2,\cdots,b_s) \\ p_\alpha = p_\alpha(t;a_1,a_2,\cdots,a_s;b_1,b_2,\cdots,b_s) \end{cases} \quad (\alpha=1,2,\cdots,s)$$

4）由 q_α 和 p_α 的 $2s$ 个初始条件确定其中的 $2s$ 个常数 a_α 与 b_α，最后得到原来正则方程的解，求出系统的运动。

6.5.3　稳定力学系的求解

力学系的哈密顿函数 H 不显含时间 t 是一类非常重要的特殊情况。现在研究这类情况的雅可比解法。

当 H 不显含 t 时，可以把雅可比方程式（6-5-5）中的空间变量与时间变量分离开来。具体做法是令主函数 S 为

$$S(q_\alpha,Q_\alpha,t)=W(q_\alpha,Q_\alpha)+f(t) \tag{6-5-8}$$

并代入雅可比方程式（6-5-5），则得

$$H\left(q_\alpha,\frac{\partial W}{\partial q_\alpha}\right)=-f'(t) \tag{6-5-9}$$

上式的等号左侧不显含 t，而等号右侧却是 t 的函数，可见要相等只有两边等于同一个常数。把这个常数记作 E，于是式（6-5-9）分解为两个方程

$$f'(t)=-E \tag{6-5-10}$$

$$H\left(q_\alpha,\frac{\partial W}{\partial q_\alpha}\right)=E \tag{6-5-11}$$

积分式（6-5-10），容易得

$$f(t)=-Et$$

显而易见：约束为定常时，式中的 E 便是系统的机械能。

式（6-5-11）是 $W(q_\alpha,Q_\alpha)$ 的一阶非线性偏微分方程，通常也称为雅可比方程。其解称为哈密顿特征函数，简称特征函数。由于方程式（6-5-11）中含有 s 个变量 q_α，其解 W 中应出现 s 个积分常数。连同原来的常数 E，W 中就有 $s+1$ 个常数。但是由于积分常数中有一个不起作用的相加常数，可认为 W 中含有 s 个常数，并记为 E、C_2、C_3、$\cdots$、C_S。根据式（6-5-8）关于 W 的定义，就把这 s 个积分常数取为变换后的广义坐标 Q_α。

由方程式（6-5-10）解出 $f'(t)=-E(t)$，由雅可比方程式（6-5-11）解出特征函数 $W=W(q_\alpha,Q_\alpha)$，然后代入式（6-5-8）就可求出主函数

$$S(q_\alpha, Q_\alpha, t) = W(q_\alpha, Q_\alpha) - Et$$

接着是用已得的主函数 S 求解正则方程，不再重述了。

其实，上面叙述的解法还可以简化。如果不用式（6-5-8）中的主函数作正则变换，而直接采用特征函数 W 作为母函数进行正则变换，则不难证明变换后的哈密顿函数不再恒等于零，而是恒等于常数 E，即

$$H^* = H + \frac{\partial W}{\partial t} = H = E$$

这样变换后，新的广义坐标也都是循环坐标，力学系的运动也易于求解。

总括上述的解法，对于 H 不显含 t 的系统，可按下面的步骤进行求解：

1）将 $H(p_\alpha, q_\alpha, t)$ 中的 p_α 改写为 $\partial W / \partial q_\alpha$，按式（6-5-11）建立雅可比方程。

2）求解雅可比方程，得到特征函数 $W(q_1, q_2, \cdots, q_s; E, C_2, C_3, C_4, t)$。

3）用 W 作为母函数，作正则变换。其中积分常数 $E, C_2, C_3, \cdots, C_S$ 作为变换后的广义坐标。它们都是循环坐标。变换后的哈密顿函数 $H^*=E$。

4）按照式（6-4-7）、式（6-4-8）或式（6-5-3）中的前两式得到新旧两组变量的变换式，解出原来的正则变数 q_α 与 p_α。

例 6-7 用雅可比方程求解谐振子的运动。

解 设振子的坐标与动量分别为 x 与 p，则系统的哈密顿函数为

$$H = \frac{1}{2m}P^2 + \frac{1}{2}kx^2$$

由于 H 中不显含 t，可以用哈密顿特征函数 W 求解。按式（6-5-11）可得 W 满足的雅可比方程

$$\frac{1}{2m}\left(\frac{\partial W}{\partial x}\right)^2 + \frac{1}{2}kx^2 = E$$

现在不妨令 W 是第三类母函数，即 $W(q_\alpha, P_\alpha, t)$，则由上式解得

$$W(x, E) = \sqrt{mk}\int\sqrt{\frac{2E}{k} - x^2}\,\mathrm{d}x$$

其中含有一个常数 E，表示变换后的广义动量。

用 W 为母函数作正则变换，E 作为变换后的广义动量 P，则变换后的哈密顿函数 $H^* = E$。这就是说，变换后的广义坐标 X 是循环坐标，广义动量 E 守恒。依照变换后的哈密顿正则方程，可得

$$\dot{X} = \frac{\partial H^*}{\partial P} = \frac{\partial H^*}{\partial E} = \frac{\partial E}{\partial E} = 1$$

故得

$$X = t - t_0$$

其中 t_0 是积分常数。值得注意的是，能量 E 与时间 t 分别成了变换后的广义动量和广义坐标，可见 E 与 t 是一对共轭变数。此共轭关系在量子力学中也是存在的。

为了解出原来的正则变量，需要利用第三类母函数的正则变换式。由式（6-4-11）可得

$$X=\frac{\partial W}{\partial P}=\frac{\partial W}{\partial E}=\sqrt{\frac{m}{k}}\int\frac{\mathrm{d}x}{\sqrt{\frac{2E}{k}-x^2}}=\sqrt{\frac{m}{k}}\sin^{-1}\left(x\sqrt{\frac{k}{2E}}\right)$$

上式的逆变换是

$$x=\sqrt{\frac{2E}{k}}\sin\left(\sqrt{\frac{k}{m}}X\right)$$

将 $X=t-t_0$ 代入，便得到谐振子的解

$$x=\sqrt{\frac{2E}{k}}\sin\left(\sqrt{\frac{k}{m}}t-\sqrt{\frac{k}{m}}t_0\right)$$

本题当然也可以用主函数 $S(x,E,t)=W(x,E)-Et$ 求解。另外，以 W 或 S 作为母函数时，采用 4 种形式中的哪一种都是可以的。读者不妨自行练习。

例 6-8　用雅可比方程研究平方反比引力问题。

解　选取平面极坐标 (ρ,φ) 作为广义坐标，则系统的势能是

$$E_\rho=-\frac{mk^2}{\rho}$$

哈密顿函数是

$$H=\frac{1}{2}m\left(\dot{\rho}^2+\rho^2\dot{\varphi}^2\right)-\frac{mk^2}{\rho}=\frac{1}{2m}\left(p_\rho^2+\frac{1}{\rho^2}p_\varphi^2\right)-\frac{mk^2}{\rho}$$

因为 H 不显含 t，故可用特征函数 W 求解。设 W 是第三类母函数，则由式（6-4-11）得

$$\frac{1}{2m}\left(\frac{\partial W}{\partial\rho}\right)^2+\frac{1}{2m\rho^2}\left(\frac{\partial W}{\partial\varphi}\right)^2-\frac{mk^2}{\rho}=E$$

为了分离 ρ 和 φ，令

$$W\left(\rho,\varphi;P_1,P_2\right)=W_1\left(\rho;P_1,P_2\right)+W_2\left(\varphi;P_1,P_2\right)$$

代入上式可得

$$\left(\frac{\mathrm{d}W_2}{\mathrm{d}\varphi}\right)^2=-\rho^2\left(\frac{\mathrm{d}W_1}{\mathrm{d}\rho}\right)^2+2m^2k^2\rho+2mE\rho^2$$

上式的等号左侧与 ρ 无关，等号右侧与 φ 无关，只有等于同一常数，左右才能相等。设这个常数是 C_2^2，则上式分解为两个方程

$$\frac{\mathrm{d}W_2}{\mathrm{d}\varphi}=C_2$$

$$\frac{\mathrm{d}W_1}{\mathrm{d}\rho}=\sqrt{2mE+\frac{2m^2k^2}{\rho}-\frac{C_2^2}{\rho^2}}$$

于是解出

$$W(\rho,\varphi;E,C_2)=C_2\varphi+\int\sqrt{2mE+\frac{2m^2k^2}{\rho}-\frac{C_2^2}{\rho^2}}\mathrm{d}\rho$$

用W作为母函数进行正则变换，并将E和C_2作为变换后的广义动量，则变换后的哈密顿函数应是$H^*=E$。变换后的正则坐标Q_1与Q_2都是循环坐标，广义动量E和C_2均守恒。按照变换后的正则方程

$$\dot{Q}_1=\frac{\partial H^*}{\partial E}=1$$

$$\dot{Q}_2=\frac{\partial H^*}{\partial C_2}=0$$

可以解出

$$Q_1=t-t_0$$

$$Q_2=\varphi_0+\frac{1}{2}\pi$$

其中t_0和φ_0是积分常数。此处把Q_2的积分常数记为$\varphi_0+\dfrac{1}{2}\pi$，是为了后面可以把轨道方程写成标准形式。

为了解出原来的正则变数ρ和φ，需要利用变换公式（6-4-11）。由式（6-4-11）及

$$W(\rho,\varphi;E,C_2)=C_2\varphi+\int\sqrt{2mE+\frac{2m^2k^2}{\rho}-\frac{C_2^2}{\rho^2}}\mathrm{d}\rho$$

可得

$$Q_1=\frac{\partial W}{\partial P_1}=\frac{\partial W}{\partial E}=\int\frac{m\mathrm{d}\rho}{\sqrt{2mE+\dfrac{2m^2k^2}{\rho}-\dfrac{C_2^2}{\rho^2}}}$$

$$Q_2=\frac{\partial W}{\partial P_2}=\frac{\partial W}{\partial C_2}=-\int\frac{C_2\mathrm{d}\rho}{\rho^2\sqrt{2mE+\dfrac{2m^2k^2}{\rho}-\dfrac{C_2^2}{\rho^2}}}+\varphi$$

把$Q_1=t-t_0$，$Q_2=\varphi_0+\dfrac{\pi}{2}$与上式联立得

$$t-t_0=\int\frac{\rho\mathrm{d}\rho}{\sqrt{\dfrac{2E}{m}\rho^2+2k^2\rho-\dfrac{C_2^2}{m^2}}}$$

$$\varphi_0+\frac{\pi}{2}=-\int\frac{C_2\mathrm{d}\rho}{m\rho\sqrt{\dfrac{2E}{m}\rho^2+2k^2\rho-\dfrac{C_2^2}{m^2}}}+\varphi$$

只要能算出积分，就可从第一式得到问题的解 $\rho=\rho(t)$， $\varphi=\varphi(t)$。因为第二式不含 t，积分后便是质点的轨道方程。可以证明，雅可比解法总是能够在解出运动的同时，给出质点的轨道。这是雅可比解法的一个优点。

习　题

6-1　写出自由质点在柱坐标中的哈密顿函数。

6-2　写出复摆的哈密顿函数和正则方程。

6-3　质量为 m 的质点，在重力场中以初速度与水平线成 α 角抛射。试用哈密顿原理求该质点的运动积分方程和微分方程。

6-4　试由哈密顿原理求质点在万有引力作用下的运动微分方程。

6-5　试用哈密顿原理求复摆做微振动时的周期。

6-6　写出粒子在等角速度转动参考系中的哈密顿函数和正则方程。

6-7　用正则变换方法求平面谐振子的运动。

6-8　两端固定的均匀重链在重力场中处于平衡状态时链的形状称为悬链线。求悬链线方程。

6-9　半径为 a 的光滑圆形金属圈，以匀角速度 $\boldsymbol{\omega}$ 绕竖直半径转动，圈上套着一个质量为 m 的小环，起始时，小环自圆圈的最高点无初速度地沿着圆圈滑下，设环和圈中心的连线与竖直向上的直径夹角为 θ。用哈密顿原理求出小环的运动微分方程。

6-10　带电粒子（电荷 q，静止质量 m_0）在电磁场 $(\boldsymbol{E},\boldsymbol{B})$ 中运动，已知其拉格朗日函数为 $L=-m_0c^2\sqrt{1-v^2/c^2}-q(\varphi-\boldsymbol{v}\cdot\boldsymbol{A})$。其中 φ 为标势，$\boldsymbol{A}$ 为矢势。试用哈密顿原理确定该质点在电磁场中运动的相对论运动方程。

6-11　已知一带电粒子在磁场中的拉格朗日函数 $L=T-q\varphi+q\boldsymbol{A}\cdot\boldsymbol{v}=\frac{1}{2}mv^2-q\varphi+q\boldsymbol{A}\cdot\boldsymbol{v}$（式中，$\boldsymbol{v}$ 为粒子的速度，m 为粒子的质量，q 为粒子所带的电荷，φ 为标量势，$\boldsymbol{A}$ 为矢量势）。试写出它的哈密顿函数。

6-12　试写出自由质点在做匀速运动的坐标系中的哈密顿函数。

6-13　质量为 m 的质点在重力场中自由落下。试利用正则变换母函数 $F_1(y,\theta)=-mg\left(\frac{g}{6}\theta^3+y\theta\right)$，写出新的哈密顿函数和正则方程，并求其解。

6-14　利用力学量 $f(p,q,t)$ 的运动方程 $\frac{\mathrm{d}f}{\mathrm{d}t}=\frac{\partial f}{\partial t}+[H,f]$，证明开普勒问题的角动量 $\boldsymbol{L}$、能量 E 和龙格-楞次矢量 $\boldsymbol{B}=v\times\boldsymbol{L}-\frac{\alpha\boldsymbol{r}}{r}$ 都是守恒量。

6-15　试分别以笛卡儿坐标、柱坐标、球坐标表示自由质点在势场 $V(x,y,z)$ 中运动的哈密顿函数。

6-16 如图所示，一个无质量的弹簧，在其不受力时长为r_0，受力时，其张力与伸长成正比，比例系数为k。将弹簧的一端固定在坐标原点上，另一端系一个质量为m的质点。设质点在铅直平面内运动，试用正则方程求解质点的运动。

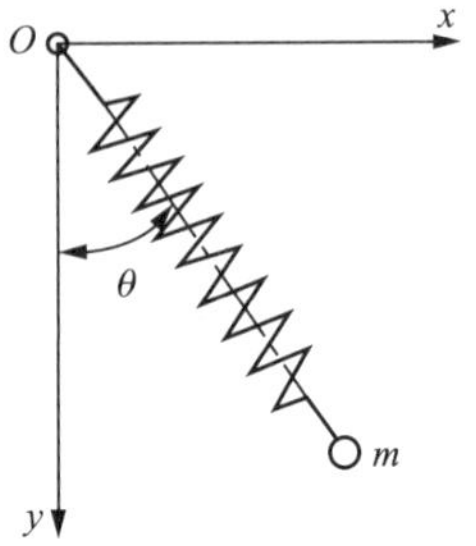

题 6-16 图

6-17 试求由质点组的动量矩$\boldsymbol{J}$的笛卡儿分量所组成的泊松括号。

6-18 试求由质点组的动量$\boldsymbol{p}$和动量矩$\boldsymbol{J}$的笛卡儿分量所组成的泊松括号。

6-19 如果φ是坐标和动量的任意标量函数，试证$[\varphi, J_z]=0$。

6-20 用球坐标写出球摆的正则方程，并用这组正则变量计算下列泊松括号：$[L_x, L_y]$，$[L_y, L_z]$，$[L_z, L_x]$。

6-21 试证$Q=\ln\left(\dfrac{1}{q}\sin p\right)$，$P=q\cot p$为正则变换。

6-22 试证变换$Q=\sqrt{\dfrac{2q}{k}}\cos p$，$P=\sqrt{2pk}\sin p$，是以$F=-\dfrac{1}{2}Q\sqrt{2qk-k^2Q^2}+q\cos^{-1}\sqrt{\dfrac{k}{2q}}Q$为母函数的正则变换。

6-23 空间谐振子的哈密顿函数为$H=\dfrac{1}{2m}(p_x^2+p_y^2+p_z^2)+\dfrac{1}{2}m(\omega_1^2x^2+\omega_2^2y^2+\omega_3^2z^2)$。试用正则变换求解其运动。

6-24 质量为m的粒子在柱对称的势场中运动，对称轴为z轴，做变换$X=x\cos\omega t+y\sin\omega t$，$Y=-x\sin\omega t+y\cos\omega t$，$Z=z$。说明这是一个正则变换，写出此变换的母函数和新的哈密顿函数，并讨论其物理意义。

6-25 试求质点在势场$V=\dfrac{\alpha}{r^2}-\dfrac{Fz}{r^3}$中运动的主函数$S$，式中$\alpha$、$F$为常数。

6-26 一个自由质点的质量为m，处于保守场中。试导出其哈密顿-雅可比方程（分别用笛卡儿坐标、柱坐标和球坐标）。

6-27 用哈密顿-雅可比方程求抛射体在真空中的运动轨道。

6-28 用哈密顿-雅可比方程求解平面谐振子问题。

6-29 质量为m的质点沿平面轨道运动，质点受到指向固定点的径向力$F_r=-kr$的吸引，其中k是常数。试采用极坐标和哈密顿-雅可比方程解出$r(t)$。假定初始条件为$\dot{r}(0)=0$，$\dot{r}(0)=r_{\max}$。

第 7 章　刚体的平衡

本章系统地介绍静力学的 4 条公理以及若干条推理，在此基础上进行物体受力及力学模型分析，重点介绍平面力系的相关知识，如平面汇交力系、平面力偶系、平面任意力系、平面平行力系以及这些力系的合成、简化与平衡，最后简要介绍空间力系的分析方法。本章内容将为解决工程实际问题打下基础。

7.1　静力学公理与约束力

7.1.1　静力学公理

公理是人们在生活和生产实践中长期积累的经验总结，又经过实践反复检验，被确认是符合客观实际的最普遍的规律。

1. 公理 1——力的平行四边形法则

作用在物体上同一点的两个力，可以合成为一个合力，合力的作用点也在该点，合力的大小和方向，由这两个力为边构成的平行四边形的对角线确定，如图 7-1 所示。或者说，合力矢等于这两个力矢的几何和，即

$$\boldsymbol{F}_R = \boldsymbol{F}_1 + \boldsymbol{F}_2$$

这条公理是复杂力系简化的基础。

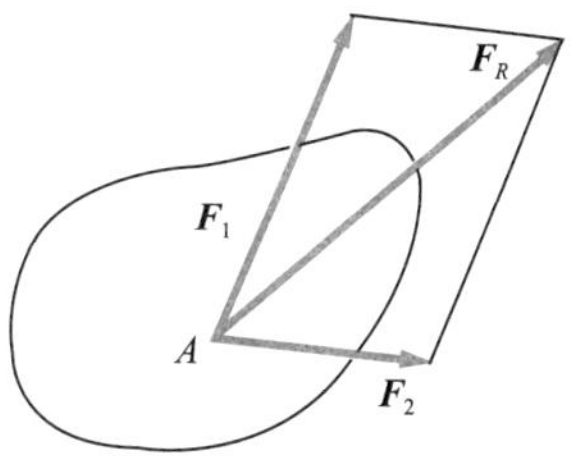

图 7-1

2. 公理 2——二力平衡条件

作用在同一刚体上的两个力，使刚体保持平衡的必要和充分条件是：这两个力的大小相等，方向相反，且作用在同一直线上。这条公理表明了作用于刚体上最简单力系平衡时所必须满足的条件。

3. 公理 3——加减平衡力系原理

在任一原有力系上加上或减去任意的平衡力系，与原力系对刚体的作用效果等效。这条公理是研究力系等效替换的重要依据。

根据上述公理可以导出下列两条推理。

（1）推理 1——力的可传性

作用于刚体上某点的力，可以沿着它的作用线移到刚体内任意一点，并不改变该力对

刚体的作用。

证 在刚体上的点 A 作用力 $\boldsymbol{F}$，如图 7-2（a）所示。根据加减平衡力系原理可在力的作用线上任取一点 B，并加上两个相互平衡的力 $\boldsymbol{F}_1$ 和 $\boldsymbol{F}_2$，使 $\boldsymbol{F}=\boldsymbol{F}_2=\boldsymbol{F}_1$，如图 7-2（b）所示。由于力 $\boldsymbol{F}$ 和 $\boldsymbol{F}_1$ 也是一个平衡力系，可除去，这样只剩下一个力 $\boldsymbol{F}_2$，如图 7-2（c）所示，即原来的力 $\boldsymbol{F}$ 沿其作用线移到了点 B。由此可见，对于刚体来说，力的作用点已由作用线所代替。因此，作用于刚体上的力的三要素是：力的大小、方向和作用线。

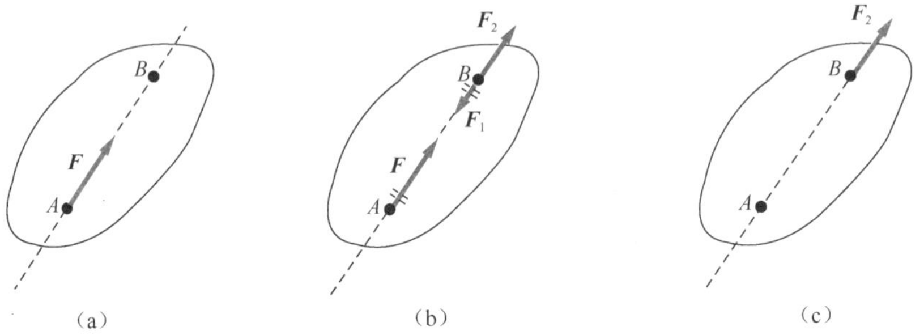

图 7-2

作用于刚体上的力可以沿着其作用线移动，这种矢量称为滑动矢量。

（2）推理 2——三力平衡汇交定理

刚体在三个力作用下平衡，若其中两个力的作用线交于一点，则第三个力的作用线必通过此汇交点，且三个力位于同一平面内。

证 如图 7-3 所示，在刚体的 A、B、C 三点上，分别作用三个力 $\boldsymbol{F}_1$、$\boldsymbol{F}_2$、$\boldsymbol{F}_3$，且刚体平衡，其中 $\boldsymbol{F}_1$、$\boldsymbol{F}_2$ 两力的作用线交于点 O，根据力的可传性，把力 $\boldsymbol{F}_1$、$\boldsymbol{F}_2$ 移到汇交点 O，再根据力的平行四边形公理，得合力 $\boldsymbol{F}_{12}$。由二力平衡公理，力 $\boldsymbol{F}_3$ 和 $\boldsymbol{F}_{12}$ 平衡。则力 $\boldsymbol{F}_3$、$\boldsymbol{F}_{12}$ 必共线，即力 $\boldsymbol{F}_3$ 必通过汇交点 O，且力 $\boldsymbol{F}_3$ 必位于力 $\boldsymbol{F}_1$、$\boldsymbol{F}_2$ 所在的平面内，三力共面。推理 2 得证。

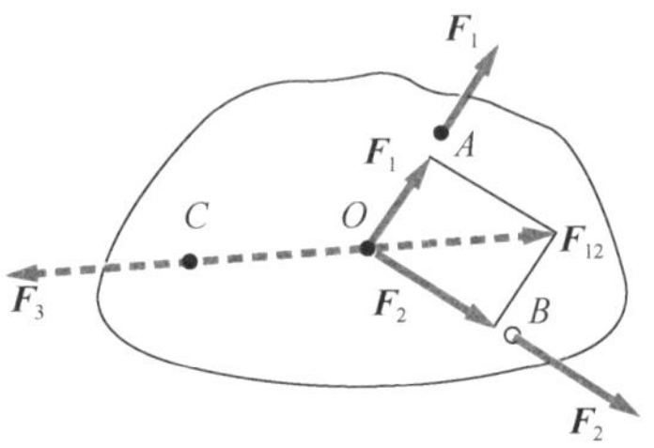

图 7-3

4. 公理 4——作用和反作用定律

作用力和反作用力总是同时存在，两力的大小相等、方向相反，沿着同一条直线，分别作用在两个相互作用的物体上。

作用和反作用定律与二力平衡条件的描述有相同之处，两力均是等值、反向、共线，但区别是，作用和反作用力作用在相互作用的两个物体上，二力平衡条件公理中的二力作用于同一个刚体上。

7.1.2 约束力

飞行的飞机、炮弹和火箭等物体，它们在空间的位移不受任何限制，称位移不受限制的物体为自由体。相反，有些物体在空间的位移却要受到一定的限制，例如：机车受铁轨的限制，只能沿轨道运动；电机转子受轴承的限制，只能绕轴线转动；重物由钢索吊住，不能下落；等等。位移受到限制的物体称为非自由体。对非自由体的某些位移起限制作用的周围物体称为约束。例如，铁轨对于机车，轴承对于电机转子，钢索对于重物等，都是约束。从力学角度来看，约束对物体的作用，实际上就是力，这种力称为约束力，因此，约束力的方向必与该约束所能够阻碍的位移方向相反。应用这个准则，可以确定约束力的方向或作用线的位置。至于约束力的大小则是未知的。在静力学问题中，约束力和物体受的其他已知力（称主动力）组成平衡力系，因此可用平衡条件求出未知的约束力。当主动力改变时，约束力一般也发生改变，因此约束力是被动的，这也是将约束力之外的力称为主动力的原因。

下面介绍几种在工程中常见的约束类型和确定约束力方向的方法。

1. 具有光滑接触表面的约束

例如，支持物体的固定面（图 7-4）、啮合齿轮的齿面（图 7-5）、机床中的导轨等，当摩擦忽略不计时，都属于这类约束。

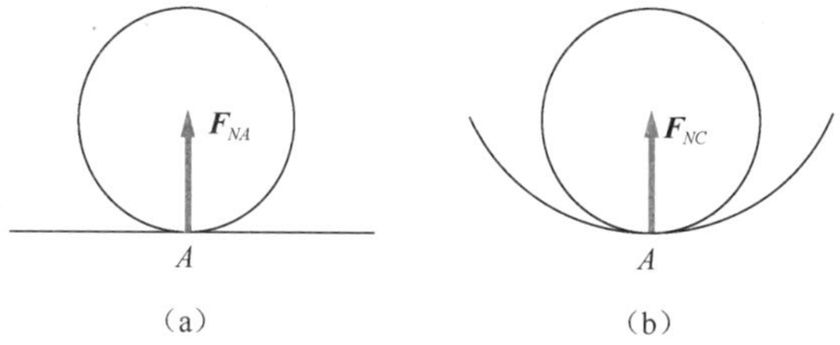

图 7-4

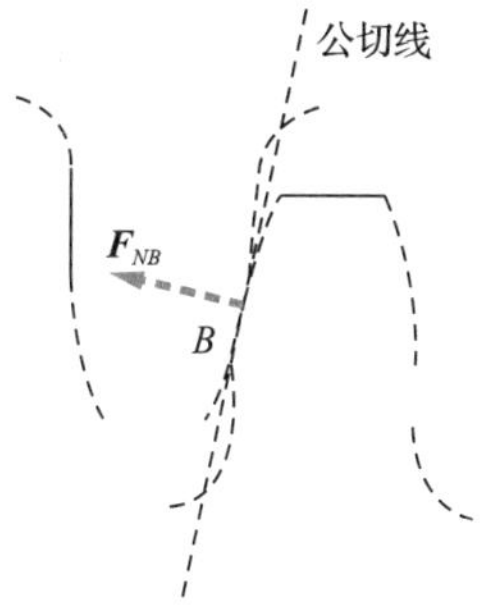

图 7-5

这类约束不能限制物体沿约束表面切线的位移，只能阻碍物体沿接触表面法线并向约束内部的位移。因此，光滑支承面对物体的约束力，作用在接触点处，方向沿接触表面的公法线，并指向被约束的物体，这种约束力称为法向约束。

2. 由柔软的绳索、链条或胶带等构成的约束

细绳吊住重物，如图 7-6 所示。由于柔软的绳索本身只能承受拉力，它给物体的约束力也只可能是拉力（图 7-6）。因此，绳索对物体的约束力，作用在接触点，方向沿着绳索背离物体。通常用 $\boldsymbol{F}$ 或 $\boldsymbol{F}_T$ 表示这类约束力。

链条或胶带也都只能承受拉力。当它们绕在轮子上，对轮子的约束力沿轮缘的切线方向（图 7-7）。这类约束通称为柔索约束。

3. 光滑铰链约束

这类约束有向心轴承、圆柱铰链和固定铰链支座等。

（1）向心轴承（径向轴承）

如图 7-8（a）、（b）所示为轴承装置，可画成如图 7-8（c）所示的简图。轴可在孔内任意转动，也可沿孔的中心线移动；但是，轴承阻碍着轴沿径向向外的位移。当轴约束力和轴承在某点 A 光滑接触时，轴承对轴的约束力 $\boldsymbol{F}_A$ 作用在接触点 A，且沿公法线指向轴心，

如图 7-8（a）所示。

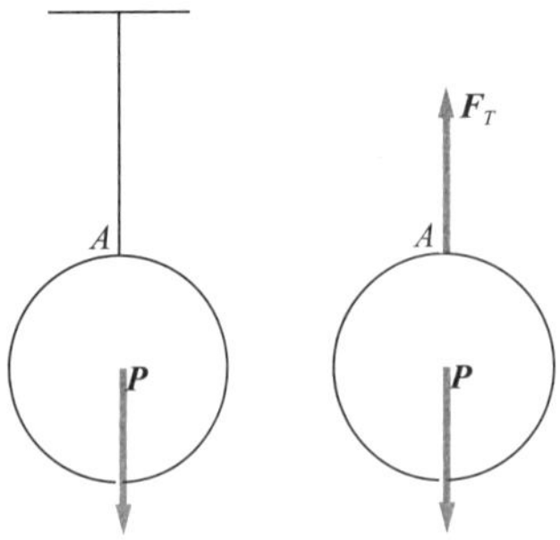

图 7-6

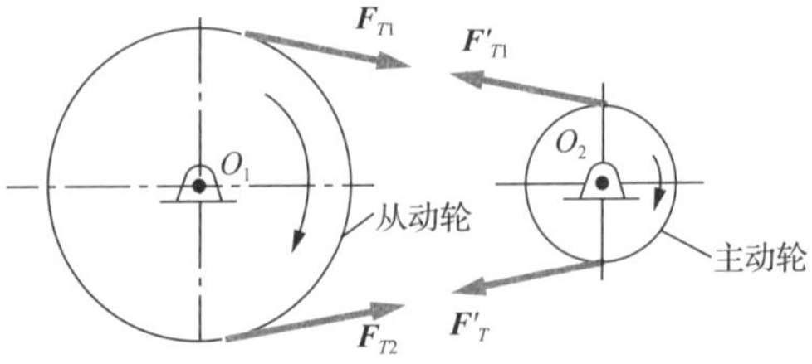

图 7-7

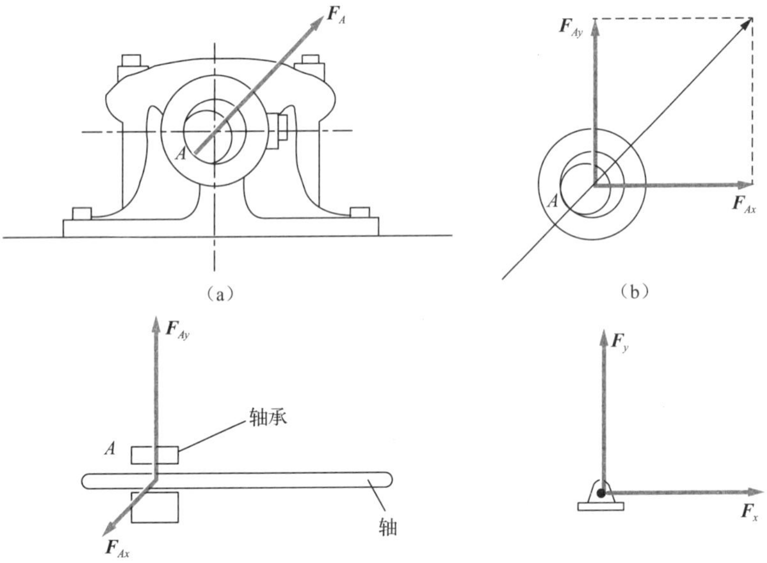

（a）（b）（c）（d）

图 7-8

但是，随着轴所受的主动力不同，轴和孔的接触点的位置也随之不同。所以，当主动力尚未确定时，约束力的方向预先不能确定。然而，无论约束力朝向何方，它的作用线必垂直于轴线并通过轴心。这样一个方向不能预先确定的约束力，通常可用通过轴心的两个大小未知的正交分力 $\boldsymbol{F}_{Ax}$、$\boldsymbol{F}_{Ay}$ 来表示，如图 7-8（b）和（c）所示，$\boldsymbol{F}_{Ax}$、$\boldsymbol{F}_{Ay}$ 的指向暂可任意假定。在平面问题中，此类约束一般用如图 7-8（d）所示的符号表示。

（2）圆柱铰链和固定铰链支座

如图 7-9（a）所示为一拱形桥示意图，它是由两个拱形构件通过圆柱铰链 C 和固定铰链支座 A、B 连接而成。圆柱铰链是由销钉 C 将两个钻有同样大小孔的构件连接在一起而成的［图 7-9（b）］，其简图如图 7-9（a）的铰链 C 所示。如果铰链连接中有一个固定在地面或机架上作为支座，则称这种约束为固定链支座，简称固定铰支，如图 7-9（b）中所示的支座 B，其简图如图 7-9（a）所示的固定铰链支座 A 和 B。

在分析铰链 C 处的约束力时，通常把销钉 C 固连在其中任意一个构件上，如构件Ⅱ上，则构件Ⅰ、Ⅱ互为约束。显然，当忽略摩擦时，构件Ⅱ上的销钉与构件Ⅰ的结合，实际上是轴与光滑孔的配合问题。因此，它与轴承具有同样的约束性质，即约束力的作用线不能预先定出，但约束力垂直轴线并通过链中心，故也可用两个未知的正交分力 $\boldsymbol{F}_{Cx}$、$\boldsymbol{F}_{Cy}$ 和 $\boldsymbol{F}'_{Cx}$、$\boldsymbol{F}'_{Cy}$ 来表示，如图 7-9（c）所示。其中 $\boldsymbol{F}_{Cx}$、$\boldsymbol{F}'_{Cx}$ 和 $\boldsymbol{F}_{Cy}$、$\boldsymbol{F}'_{Cy}$ 互为作用力与反作用力。

同理，把销钉固连在支座 A、B 上，则固定铰支 A、B 对构件Ⅰ、Ⅱ的约束力分 $\boldsymbol{F}_{Ax}$，$\boldsymbol{F}_{Ay}$ 与 $\boldsymbol{F}_{Bx}$、$\boldsymbol{F}_{By}$，如图 7-9（c）所示。

当需要分析销钉 C 的受力时，才把销钉分离出来单独研究。这时，销钉 C 将同时受到构件Ⅰ、Ⅱ上的孔对它的反作用力。其中 $\boldsymbol{F}_{C1x}$ 与 $\boldsymbol{F}'_{C1x}$，$\boldsymbol{F}_{C1y}$ 与 $\boldsymbol{F}'_{C1y}$ 为构件Ⅰ与销钉 C 的作用力与反作用力；$\boldsymbol{F}_{C2x}$ 与 $\boldsymbol{F}'_{C2x}$，$\boldsymbol{F}_{C2y}$ 与 $\boldsymbol{F}'_{C2y}$ 为构件Ⅱ与销钉 C 的作用力与反作用力。销钉 C 所受到的约束力如图 7-9（d）所示。

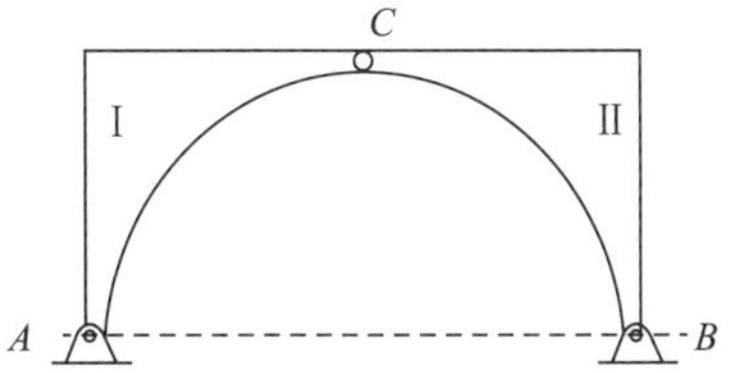

（a）

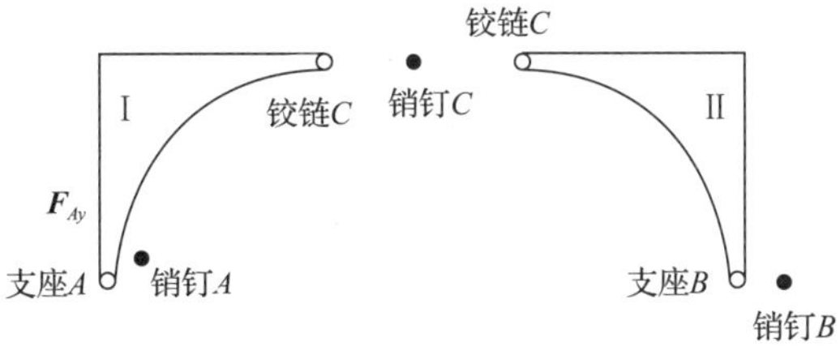

（b）

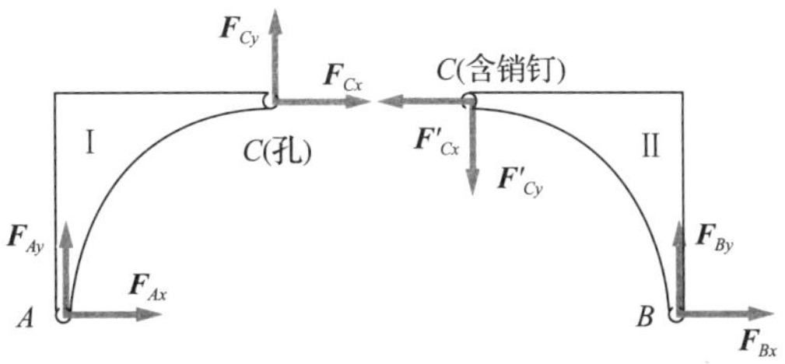

（c）

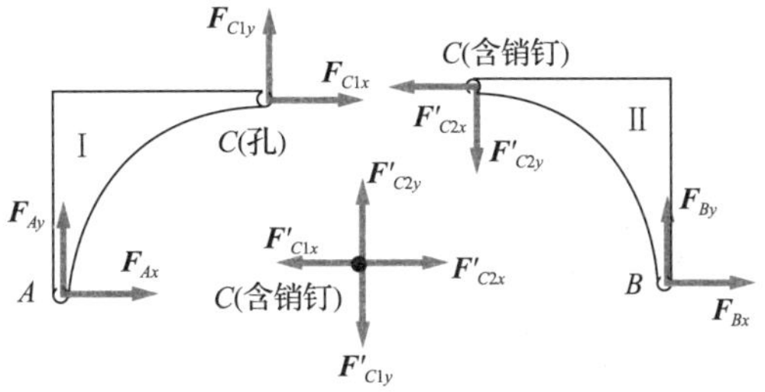

（d）

图 7-9

当销钉 C 与构件Ⅱ固连为一体时，$\boldsymbol{F}_{C2x}$ 与 $\boldsymbol{F}'_{C2x}$，$\boldsymbol{F}_{C2y}$ 与 $\boldsymbol{F}'_{C2y}$ 为作用在同一刚体上的成对的平衡力，可以消去不画。此时，力的下角不必再区分为 C_1 和 C_2，铰链 C 处的约束力如图 7-9（c）所示。

将如上述三种约束（向心轴承、圆柱铰链和固定铰链支座）进行对比分析可知，它们的具体结构虽然不同，但是构成约束的性质是相同的，一般通称为铰链约束，通常用如图 7-9（d）所示的符号表示。此类约束的特点是只限制两物体径向的相对移动，而不限制两物体绕铰链中心的相对转动与沿轴向的位移。此类约束的约束力一般用两个正交分力来表示，如图 7-9（d）所示。

4. 其他约束

（1）滚动支座

在桥梁、屋架等结构中经常采用滚动支座约束。这种支座是在固定铰链支座与光滑支承面之间，装有几个辊轴而构成，又称为辊轴支座，如图 7-10（a）所示，其简图如图 7-10（b）所示。它可以沿支承面移动，允许由于温度变化而引起结构跨度的自由伸长或缩短。显然，滚动支座的约束性质与光滑面约束相同，其约束力必垂直于支承面，且通过铰链中心。通常用 $\boldsymbol{F}_N$ 表示其法向约束力，如图 7-10（c）所示。

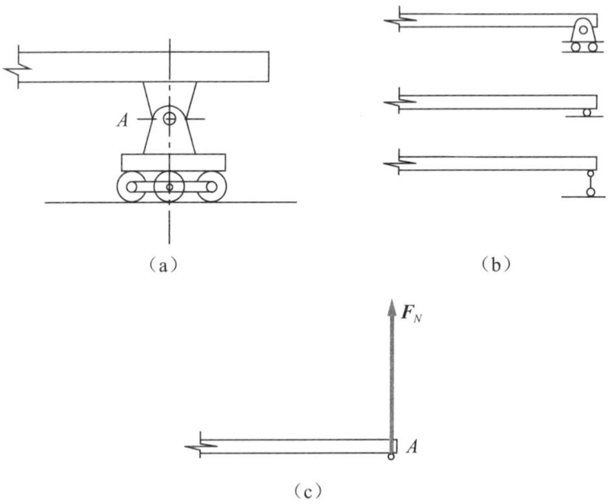

图 7-10

（2）球铰链

通过圆球和球壳将两个构件连接在一起的约束称为球铰链，如图 7-11（a）所示。它使构件的球心不能有任何位移，但构件可绕球心任意转动。若忽略摩擦，其约束力应是通过接触点与球心，但方向不能预先确定的一个空间法向约束力，一般用三个正交分力 $\boldsymbol{F}_x$、$\boldsymbol{F}_y$、$\boldsymbol{F}_z$ 表示，其简图及约束力如图 7-11（b）所示。

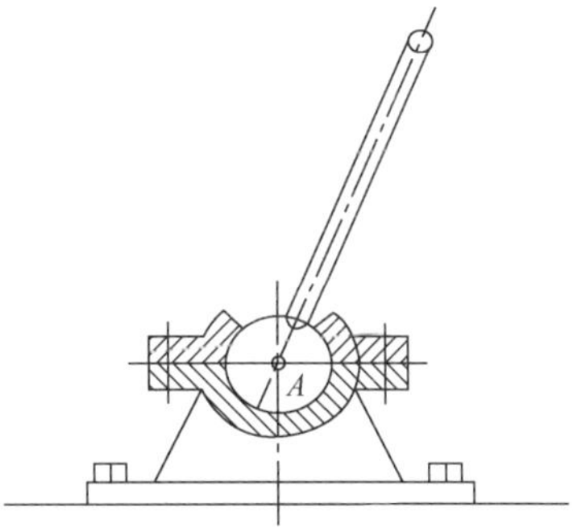

(a)

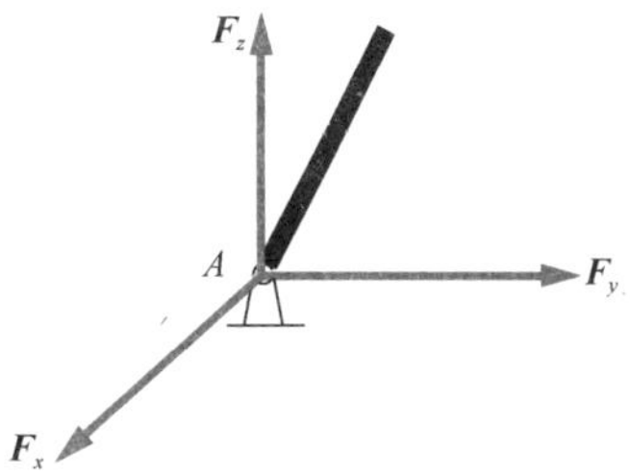

(b)

图 7-11

7.2　物体的受力分析与力学简图

7.2.1　物体的受力分析和受力图

在工程实际中，为了求出未知的约束力，需要根据已知力，应用平衡条件求解。为此，首先要确定构件受了几个力，每个力的作用位置和力的作用方向，这种分析过程称为物体的受力分析。

作用在物体上的力可分为两类：一类是主动力，例如，物体的重力、风力、气体压力等，一般是已知的；另一类是约束对于物体的约束力，为未知的被动力。

为了清晰地表示物体的受力情况，我们把需要研究的物体（称为受力体）从周围的物体（称为施力体）中分离出来，单独画出它的受力简图，这个步骤叫作取研究对象或取分离体。然后，把施力物体对研究对象的作用力（包括主动力和约束力）全部画出来。这种表示物体受力的简明图形，称为受力图。画物体受力图是解决静力学问题的一个重要步骤。

例 7-1　如图 7-12（a）所示，水平梁 *AB* 用斜杆 *CD* 支撑，*A*、*C*、*D* 三处均为光滑铰链连接。均质梁重 P_1，其上放置一重为 P_2 的电动机。不计杆 *CD* 的自重，分别画出杆 *CD* 和梁 *AB*（包括电动机）的受力图。

解　1）先分析斜杆 *CD* 的受力。由于斜杆的自重不计，根据光滑铰链的特性，*C*、*D* 处的约束力分别通过铰链 *C*、*D* 的中心，方向暂不确定。考虑到杆 *CD* 只存在 $\boldsymbol{F}_C$、$\boldsymbol{F}_D$。二力作用下平衡，根据二力平衡公理，这两个力必定沿同一直线，且等值、反向。由此可确定 $\boldsymbol{F}_C$ 和 $\boldsymbol{F}_D$ 的作用线应沿铰链中心 *C* 与 *D* 的连线，由经验判断，此处杆 *CD* 受压力，其受力图如图 7-12（b）所示。一般情况下，$\boldsymbol{F}_C$ 与 $\boldsymbol{F}_D$ 的指向不能预先判定，可先任意假设杆受拉力或压力。若根据平衡方程求得的力为正值，说明原假设力的指向正确；若为负值，则说明实际杆受力与原假设指向相反。

只在两个力作用下平衡的构件，称为二力构件。由于静力学中所指物体都是刚体，其形状对计算结果没有影响，不论其形状如何，一般均简称二力杆。它所受的两个力必定沿两力作用点的连线，且等值、反向。二力杆在工程实际中经常遇到，有时也把它作为一种约束，如图 7-12（b）所示。

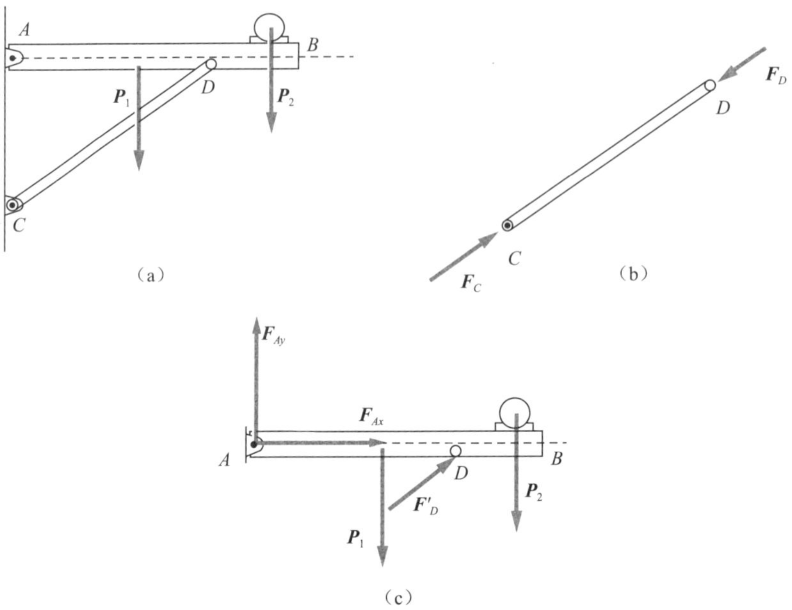

图 7-12

2）取梁 AB（包括电动机）为研究对象。它受有 $\boldsymbol{P}_1$、$\boldsymbol{P}_2$ 两个主动力的作用。梁在铰链 D 处受有二力杆 CD 给它的反作用力 $\boldsymbol{F}'_D$ 的作用。梁在 A 处受固定铰支给它的约束力的作用，由于方向未知，可用两个未定的正交分力 $\boldsymbol{F}_{Ax}$ 和 $\boldsymbol{F}_{Ay}$ 表示。梁 AB 的受力图如图 7-12（c）所示。

例 7-2 如图 7-13（a）所示的三铰拱桥，由左、右两拱铰接而成。不计自重及摩擦，在拱 AC 上作用有载荷 $\boldsymbol{F}$。试分别画出拱 AC 和 CB 的受力图。

解 1）先分析拱 BC 的受力。由于拱 BC 自重不计，且只在 B、C 两处受到铰链约束，拱 BC 为二力构件。在铰链中心 B、C 处分别受 $\boldsymbol{F}_B$、$\boldsymbol{F}_C$ 两力的作用，这两个力的方向如图 7-13（b）所示。

2）取拱 AC 为研究对象。由于自重不计，主动力只有载荷 $\boldsymbol{F}$。拱 AC 在铰链 C 处受有拱 BC 给它的反作用力 $\boldsymbol{F}'_C$ 的作用，拱在 A 处受有固定铰支给它的约束力 $\boldsymbol{F}_A$ 的作用，由于方向未定，可用两个未知的正交分力 $\boldsymbol{F}_{Ax}$ 和 $\boldsymbol{F}_{Ay}$ 代替。拱 AC 的受力图如图 7-13（c）所示。

再进一步分析可知，由于拱 AC 在 $\boldsymbol{F}$、$\boldsymbol{F}'_C$ 及 $\boldsymbol{F}_A$ 三个力作用下平衡，可根据三力平衡汇交定理，确定铰链 A 处约束力 $\boldsymbol{F}_A$ 的方向。点 D 为力 $\boldsymbol{F}$ 和 $\boldsymbol{F}'_C$ 作用线的交点，当拱 AC 平衡时，约束力 $\boldsymbol{F}_A$ 的作用线必通过点 D［图 7-13（d）］；至于 $\boldsymbol{F}_A$ 的指向，暂且假定如图，以后由平衡条件确定。请读者考虑：若左右两拱都计入自重时，各受力图有何不同？

例 7-3 如图 7-14（a）所示为一折叠梯子的示意图，梯子的 AB、AC 两部分在点 A 铰接，在 DE 两点用水平绳相连。梯子放在光滑水平地板上，自重忽略不计，点 H 处站立一人，其重为 P。要求分别画出绳子，以及梯子左、右两部分和梯子的整体受力图。

解 1）绳子为柔索约束，其受力图如图 7-14（b）所示。

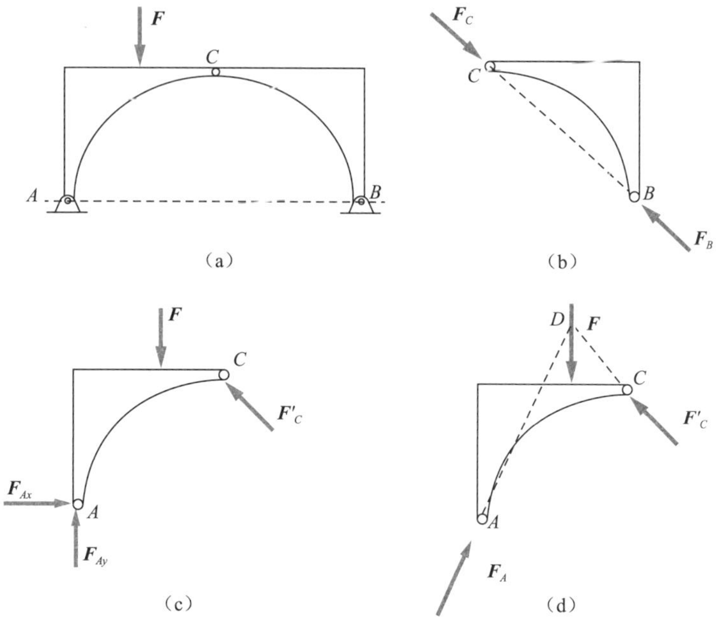

图 7-13

2）先画梯子左边部分 AB 的受力图。其在 B 处受到光滑地板对它的法向约束力作用，以 $\boldsymbol{F}_{NB}$ 表示。在 D 处受到绳子对它的拉力作用，以 $\boldsymbol{F}'_D$ 表示。在 H 处受到主动力人的重力 $\boldsymbol{P}$ 的作用。在铰链 A 处，可画为正交两分力，以 $\boldsymbol{F}_{Ax}$、$\boldsymbol{F}_{Ay}$ 表示。梯子左侧的受力图如图 7-14（c）所示。

3）画梯子右边部分 AC 的受力图。其在 C 处受到光滑地板对它的法向约束力作用，以 $\boldsymbol{F}_{NC}$ 表示。在 E 处受到绳子对它的拉力作用，以 $\boldsymbol{F}'_E$ 表示。在铰链 A 处，受到梯子左边部分对它的反作用力作用，以 $\boldsymbol{F}'_{Ax}$ 、$\boldsymbol{F}'_{Ay}$ 表示。右边梯子的受力图如图 7-14（d）所示。

4）画梯子整体的受力图。在画系统（梯子）的整体受力图时，AB 与 AC 两部分在 A 处有力相互作用，在点 D 与点 E 绳子对其也有力作用，这些力是存在的、成对地作用在系统内。系统内各物体之间相互作用的力称为**内力**，内力是成对出现的，对系统的作用效应相互抵消，因此在受力图上一般不画出。在受力图上只画出系统以外的物体对系统的作用力，这种力称为**外力**。这里，人的重力 $\boldsymbol{P}$ 和地板约束力 $\boldsymbol{F}_{NB}$、$\boldsymbol{F}_{NC}$ 是作用于系统上的外力，整个系统（梯子）的受力图如图 7-14（e）所示。

当然，内力与外力不是绝对的，例如，当把梯子两部分拆开时，A 处的作用力和绳子的拉力即为外力，但取整体时，这些力又为内力。所以，内力与外力的区分只有相对某一个确定的研究对象才有意义。

由上述例题可知，正确地画出物体的受力图，是分析、解决力学问题的基础，应该给以足够的重视。画受力图时必须注意以下几点：

1）必须明确研究对象，画出其分（隔）离体图。根据求解需要，可以取单个物体为研究对象，也可以取由几个物体组成的系统（有的称为子系统）为研究对象。一般情况下，不要在一个系统的简图上画某一物体或某子系统的受力图。

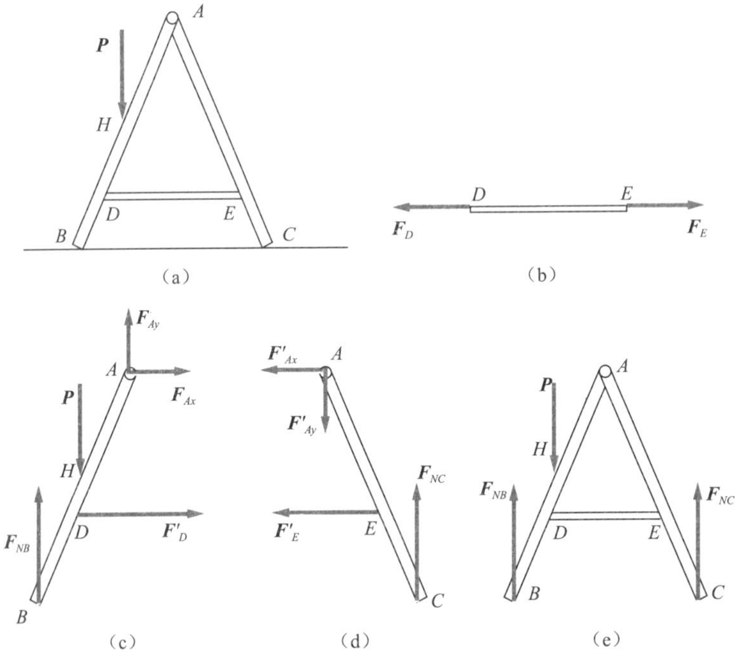

图 7-14

2）正确确定研究对象受力的数目。主动力、约束力均是物体受力，均应画在受力图上。所取研究对象（分离体）和其他物体接触处，一般均存在约束力，要根据约束特性来确定，严格按约束性质来画，不能主观臆测。

3）注意作用、反作用力的画法，作用力的方向一旦假定，图上的反作用力一定与之反向。

4）注意二力构件（杆）的判断，是二力构件（杆）最好按二力构件（杆）画受力图。

5）物体与物体未拆开（分离）处相互作用的力称为内力，内力一律不画在受力图上。

6）受力分析过程不要用文字写出，按要求画出受力图即可。

7.2.2 力学模型与力学简图

在理论力学教材的所有例题与习题中，给出的基本上都是称为力学模型的计算模型，把力学模型用简单图形表示出来，称为力学简图。对任何实际的力学问题进行分析、计算时，都要将实际的力学问题抽象为力学模型，这是分析、计算过程中关键的一环，这一环节的正确与否，直接影响计算过程和计算结果。在建立力学模型时，要抓住关键、本质的方面，忽略次要的方面。例如，在图 7-4 中的圆柱，它在受力时肯定会变形，但我们忽略它的变形，把它看成是刚体。它的几何形状不可能是严格数学意义上的圆，但我们把它看成是圆形。它是三维的物体，我们把它简化为平面问题。圆柱的重心不会恰好在图中的圆心，但我们将圆柱材料看成是均匀的，几何形状是圆形，因此其重心在圆心。A、C 处的约束也不会绝对光滑，但我们忽略摩擦；A、C 处实际上是面接触，但我们简化为平面问题中的点接触，如此才能用集中力 $\boldsymbol{F}_{NA}$、$\boldsymbol{F}_{NC}$ 表示约束力。可见，将一个实际问题简化为力学模型，要在多方面进行抽象化处理。

下面再举其他一些例子。

1. 简支梁的力学模型

图 7-15 是一种常见的力学模型，一般称为简支梁。那么，什么样的实际力学问题可以用此力学模型来表示呢？图 7-15 所示力学模型，可以是由一个实际单跨水泥桥梁简化而来，如图 7-16 所示。水泥桥板直接放在桥墩上。固定铰链支座并不是如图 7-9 所示，由销钉与穿孔的底座构成。滚动支座，也不是如图 7-10（a）所示，在底座和基础之间垫上滚子构成。但由于桥板直接放在桥墩上，接触处的摩擦，可以限制桥板产生很大的水平位移，就相当于有一个固定铰链支座。又由于物体的弹性，桥板可以自由热胀冷缩，就相当于垫有滚子。因此，一个实际单跨水泥桥梁可以简化为如图 7-15 所示的力学模型。

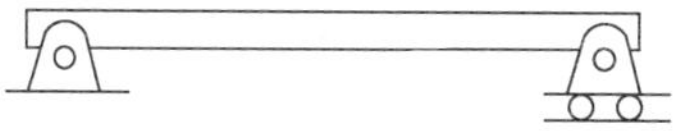

图 7-15

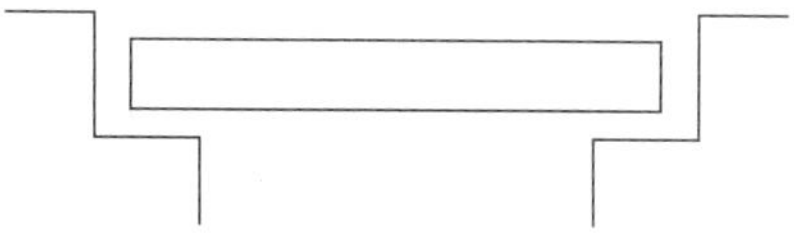

图 7-16

类似的实际问题还有独木桥，两端直接放在河岸上；平房上的木梁，两端直接放在砖墙或泥墙上。由于同样的原因，均可用如图 7-15 所示的力学模型表示。

2. 平面桁架的力学模型

工程中，房屋建筑、桥梁、起重机、油田井架、电视塔等结构物常用桁架结构。

桁架是一种由直杆在两端用铰链连接且几何形状不变的结构，桁架中各杆件的连接点称为节点。若桁架中各杆件轴线均在同一平面内（几何平面），且载荷也位于此平面内，该桁架称为平面桁架。平面桁架就是一种简化后的力学模型。实际中的许多结构均可简化为平面桁架。

如图 7-17（a）所示，为一木屋架示意图，经简化后，其力学模型如图 7-17（d）所示，为一平面桁架。此屋架两端直接放在墙上，两端并不是由如图 7-9 和图 7-10 所示的固定铰链支座和滚动支座构成，但如上所述，两端可用固定铰链支座与滚动支座表示。

此屋架中的五根竖直杆可为铁条或木头，其他主要部分为木头。局部①处为螺栓连接，如图 7-17（b）所示，局部②处用螺帽加箍钉连接，如图 7-17（c）所示。其各连接处并不是图 7-9 所示的圆柱铰链连接方式，但可以简化为圆柱铰链连接。原因是：这种约束主要限制杆件的线位移，而不是角位移。如同直细铁条，细铁条短，其轴线为直线；细铁条长，则自然会弯曲。因为，杆比较细长，杆件绕连接处（点）有些微转动，这种连接（约束）限制不了杆件的转动，所以可简化为铰链连接。

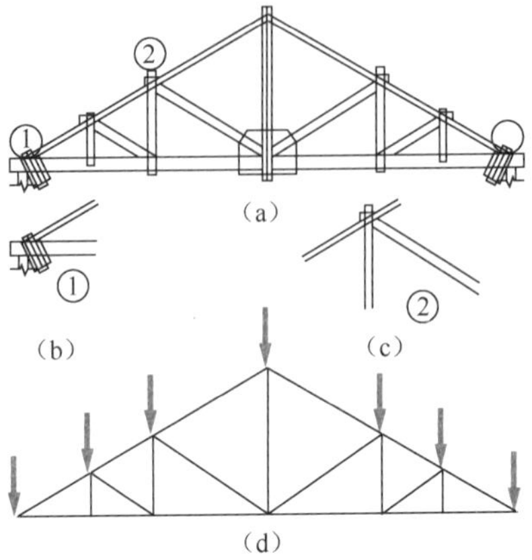

图 7-17

实际上，这些连接处还可以是铆接、焊接等，如图 7-18 所示。如果全是木质结构，这些连接处还可以是榫卯连接。

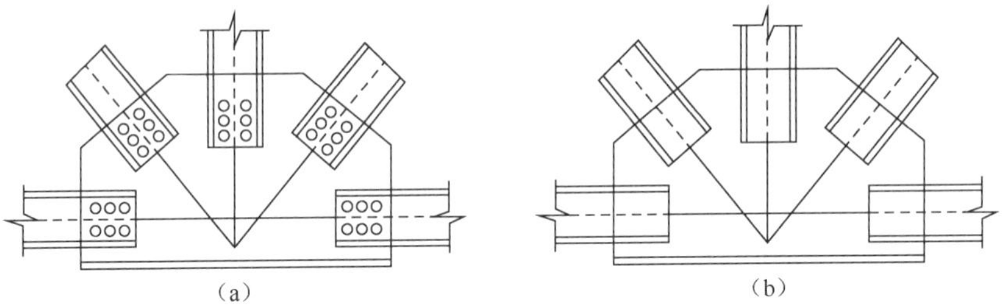

图 7-18

所以，铰链连接，可以是如图 7-9 所示的连接方式，但实际上，螺栓连接、铆接、焊接、榫卯连接等均可看作为铰链连接桁架，各杆件的连接点称为节点。实际中的桁架，各杆件均有自重，其载荷也不作用在节点上，这样计算起来非常复杂。为了满足工程要求且简化计算，通常用力系等效替换的方法，把所有载荷均等效到节点上，如图 7-17（d）所示。如图 7-17（d）所示就是图 7-17（a）实际屋架简化好的力学模型，计算图 7-17（a）实际屋架，就是通过计算图 7-17（d）的力学模型来完成。

7.3 平面力系及其平衡

当力系中各力的作用线处于同一平面内时，该力系称为平面力系。平面力系又可分为平面汇交力系、平面力偶系、平面任意力系、平面平行力系。本章主要研究这些力系的合成、简化与平衡，建立这些力系的平衡条件和平衡方程，为解决工程实际问题打下基础。

7.3.1 平面汇交力系

平面汇交力系是指各力的作用线都在同一平面内且汇交于一点的力系。本节用几何法与解析法讨论汇交力系的合成与平衡问题。所谓几何法就是几何画图的方法；解析法是建立坐标系，在坐标系里用矢量投影研究问题的方法。

1. 平面汇交力系合成的几何法、力多边形法则

如图 7-19（a）所示，在刚体上点 A 作用两个力 $\boldsymbol{F}_1$ 和 $\boldsymbol{F}_2$，由平行四边形法则，这两个力可以合成为一个力 $\boldsymbol{F}_R$。实际上，此两力的合力也可从任一点 O_1 或 O_2，如图 7-19（b）、（c）所示的图而求出。这两个由力构成的三角形均称为力三角形。这两个三角形虽然有所不同，但若把力矢的起端称为首，箭头端称为尾，如图 7-19（d）所示，这两个三角形各分力矢在顶点处均为首尾相接，而合力矢是从初始的力矢首与末端的力矢尾相连。此方法是多个汇交力合成的基础。

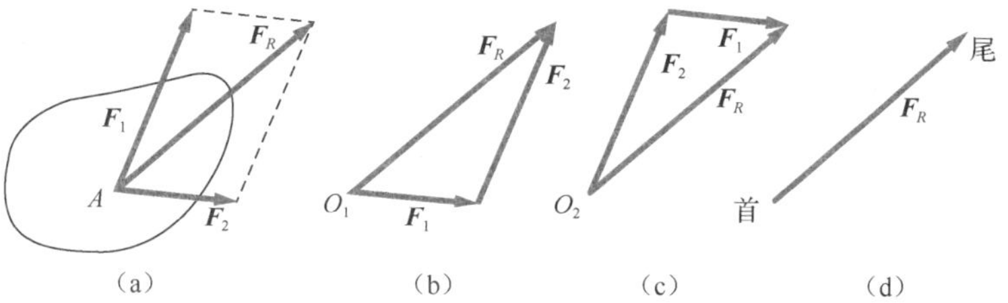

图 7-19

设一刚体受到平面汇交力系 $\boldsymbol{F}_1$、$\boldsymbol{F}_2$、$\boldsymbol{F}_3$、$\boldsymbol{F}_4$ 的作用，各力作用线汇交于点 A，根据刚体内部力的可传性，可将各力沿其作用线移至汇交点 A，如图 7-20（a）所示。

为合成此力系，根据上述方法，逐步两两合成各力，最后求得一个通过汇交点 A 的合力 $\boldsymbol{F}_R$。任取一点 a，先作力三角形求出 $\boldsymbol{F}_1$ 和 $\boldsymbol{F}_2$ 的合力大小与方向 $\boldsymbol{F}_{R1}$，再作力三角形合成 $\boldsymbol{F}_{R1}$ 与 $\boldsymbol{F}_3$ 得 $\boldsymbol{F}_{R2}$，最后合成 $\boldsymbol{F}_{R2}$ 与 $\boldsymbol{F}_4$ 得 $\boldsymbol{F}_R$，则 $\boldsymbol{F}_R$ 即为力系的合力，如图 7-20（b）所示。多边 $abcde$ 称为此平面汇交力系的力多边形，此力多边形的矢序规则是，各分力矢量依次首尾相接。由此组成的力多边形 $abcde$ 有一缺口，故称为不封闭的力多边形，矢量 $\boldsymbol{ae}$ 即表示了此平面汇交力系的合力 $\boldsymbol{F}_R$ 的大小与方向。当然，合力的作用线仍通过原汇交点 A，如图 7-20（a）所示的 $\boldsymbol{F}_R$。还注意到，在作力多边形，即求力系的合力时，图 7-20（b）中的虚线不必画出。

根据矢量相加的交换律，任意交换各分力矢的作图次序，可得形状不同的力多边形，但其合力矢不变，如图 7-20（c）所示。

总之，平面汇交力系可简化为一合力，其合力的大小与方向等于各分力的矢量和（几何和），合力的作用线通过汇交点。设平面汇交力系包含 n 个力，以 $\boldsymbol{F}$ 表示它们的合力矢，则有

$$\boldsymbol{F}_R=\boldsymbol{F}_1+\boldsymbol{F}_2+\cdots+\boldsymbol{F}_n=\sum_{i=1}^{n}\boldsymbol{F}_i$$

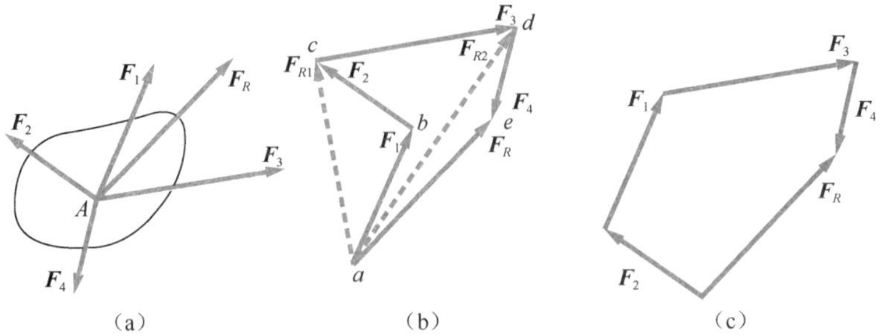

图 7-20

在理论力学教材中，为了以后书写方便，在无混淆的情况下，一般均略去求和号中的 $i=1,\cdots,n$，把上式写为

$$\boldsymbol{F}_R=\boldsymbol{F}_1+\boldsymbol{F}_2+\cdots+\boldsymbol{F}_n=\sum\boldsymbol{F}_i \tag{7-3-1}$$

如力系中各力的作用线都沿同一直线，则此力系称为共线力系，它是平面汇交力系的特殊情况，它的力多边形在同一直线上。若沿直线的某一指向为正，相反为负，则力系合力的大小与方向决定于各分力的代数和，即

$$\boldsymbol{F}_R=\sum\boldsymbol{F}_i \tag{7-3-2}$$

2. 平面汇交力系合成与平衡的解析法

设由 n 个力组成的平面汇交力系作用于一个刚体上，以汇交点 O 作为坐标原点，建立直角坐标系 Oxy，如图 7-21（a）所示。此汇交力系的合力 $\boldsymbol{F}_R$ 的解析表达式为

$$\boldsymbol{F}_R=F_{Rx}\boldsymbol{i}+F_{Ry}\boldsymbol{j} \tag{7-3-3}$$

式中，$\boldsymbol{F}_{Rx}$、$\boldsymbol{F}_{Ry}$ 分别为合力 $\boldsymbol{F}_R$ 在 x、y 轴上的投影，如图 7-21（b）所示，有

$$F_{Rx}=F_R\cos\theta\ ,\quad F_{Ry}=F_R\sin\theta \tag{7-3-4}$$

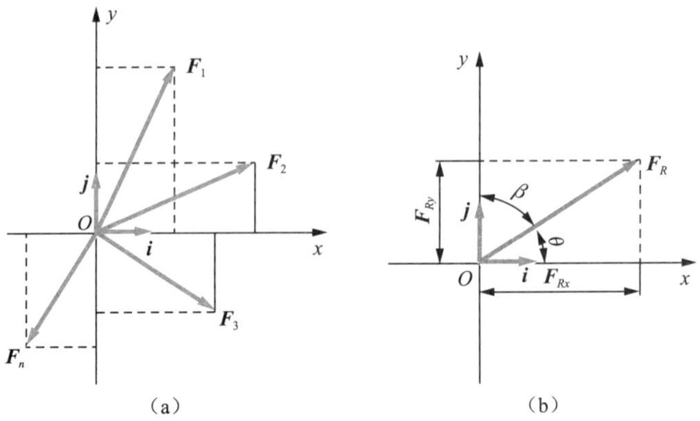

图 7-21

根据合矢量投影定理：合矢量在某一轴上的投影等于各分投影的代数和，将式（7-3-1）向 x、y 轴投影，可得

$$\begin{cases} F_{Rx} = F_{1x} + F_{2x} + \cdots + F_{nx} = \sum F_x \\ F_{Ry} = F_{1y} + F_{2y} + \cdots + F_{ny} = \sum F_y \end{cases} \tag{7-3-5}$$

其中，F_{1x} 和 F_{1y}，F_{2x} 和 F_{2y}，F_{3x} 和 F_{3y} $\cdots$ F_{nx} 和 F_{ny} 分别为各分力在 x 和 y 轴上的投影。

合力矢的大小和方向余弦为

$$\begin{cases} F_R = \sqrt{F_{Rx}^2 + F_{Ry}^2} = \sqrt{(\sum F_x)^2 + (\sum F_y)^2} \\ \cos(\boldsymbol{F}_R, \boldsymbol{i}) = \dfrac{\sum F_x}{F_R}, \quad \cos(\boldsymbol{F}_R, \boldsymbol{j}) = \dfrac{\sum F_y}{F_R} \end{cases} \tag{7-3-6}$$

由此，可求出合力的大小和方向，当然，合力的作用点仍在汇交点。这就是平面汇交力系求合力的解析法公式。

若平面汇交力系处于平衡状态，则该状态满足的充分和必要条件为

$$\sum \boldsymbol{F}_i = 0 \tag{7-3-7}$$

由式（7-3-7）知，平面汇交力系平衡的必要和充分条件是：该力系的 $\boldsymbol{F}_R$ 等于零。由式（7-3-3）和式（7-3-5）有

$$\sum F_x = 0\text{，}\ \sum F_y = 0 \tag{7-3-8}$$

于是，平面汇交力系平衡的解析条件是，该力系中各力在两个坐标轴上投影的代数和分别等于零。式（7-3-8）称为平面汇交力系的平衡方程，是两个独立的平衡方程，可以求解两个未知量。下面举一例说明平面汇交力系平衡方程的应用。

例 7-4　如图 7-22（a）所示，重物重 $P = 20\text{kN}$，用钢丝绳连接如图。不计杆、钢丝绳和滑轮的重量，忽略轴承摩擦和滑轮 B 的大小，角度如图所示。求此时杆 AB、BC 所受的力。

解　1）取研究对象。由于杆 AB、BC 都是二力杆，设杆 AB 受拉力、杆 BC 受压力，如图 7-22（b）所示。为了求出这两个未知力，可通过求两杆对滑轮的约束力解决。因此，选取滑轮 B 为研究对象。

2）画受力图。滑轮受到钢丝绳的拉力 $\boldsymbol{F}_1$ 和 $\boldsymbol{F}_2$（$F_1 = F_2 = P$）作用。杆 AB 和 BC 对滑轮的约束力以 $\boldsymbol{F}_{BA}$ 和 $\boldsymbol{F}_{BC}$ 表示。由于滑轮的大小忽略不计，这些力可看作是汇交力系，如图 7-22（c）所示。

3）列平衡方程。为避免解联立方程，选取坐标轴如图 7-22（c）所示。列出的平衡方程为

$$\sum F_x = 0\text{，}\ -F_{BA} + F_1 \cos 60^\circ - F_2 \cos 30^\circ = 0$$

$$\sum F_y = 0\text{，}\ F_{BC} - F_1 \cos 30^\circ - F_2 \cos 60^\circ = 0$$

4）求解方程。代入数据，分别解得

$$F_{BA} = -7.32\ \text{kN} \qquad F_{BC} = 27.32\ \text{kN}$$

分析所求结果，F_{BC} 为正值，表示力的方向与假设方向相同，即杆 BC 受压；F_{BA} 为负值，表示力的方向与假设方向相反，即杆 AB 也受压力。

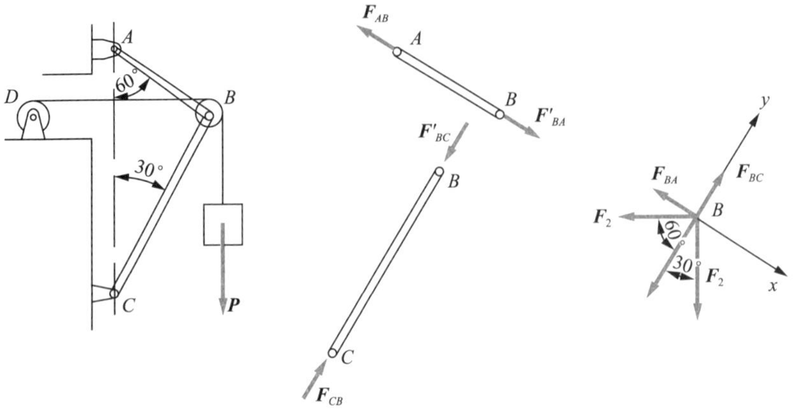

（a）　　（b）　　（c）

图 7-22

7.3.2 平面力偶系

力对刚体的作用效应使刚体的运动状态发生改变，包括移动与转动。力对刚体的移动效应可用力矢来度量，而力对刚体的转动效应可用力对点的矩（简称力矩）来度量，即力矩是度量力对刚体转动效应的物理量。

1. 力矩

如图 7-23 所示，力 $\boldsymbol{F}$ 与点 O 位于同一平面内，称点 O 为矩心，点 O 到力 F 作用线的垂直距离 h 为力臂，在此平面中，力 $\boldsymbol{F}$ 使物体绕点 O 转动的效果，取决于两个要素：

1）力的大小 F 与力臂 h（矩心到力作用线的距离）的乘积；

2）力使物体绕矩心转动的方向。

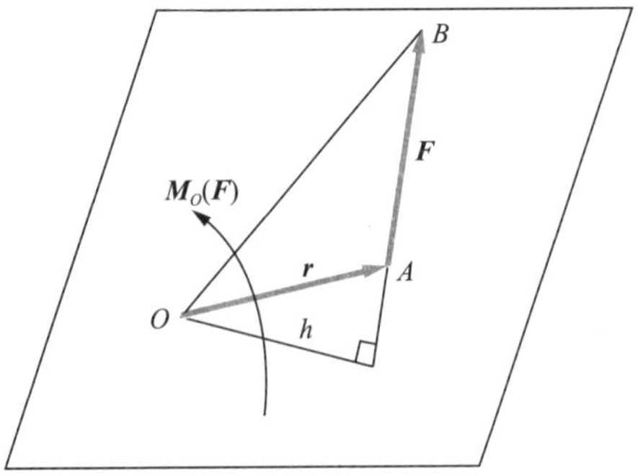

图 7-23

在平面问题中力矩的定义为：力对点之矩是一个代数量，其绝对值等于力的大小与力臂的乘积，其转向用正负号确定，规定力使物体绕矩心逆时针转向转动时为正，反之为负。力 $\boldsymbol{F}$ 对点 O 的矩以 $\boldsymbol{M}_O(\boldsymbol{F})$，大小表示为

$$M_O\left(\boldsymbol{F}\right)=\pm Fh \tag{7-3-9}$$

显然，当力的作用线通过矩心，即力臂等于零时，它对矩心的力矩等于零。力矩的常

用单位为 N · m 或 kN · m。

为和后面空间力对点的矩对应，以 $\boldsymbol{r}$ 表示由点 O 到 A 的矢径（图 7-23），平面力 $\boldsymbol{F}$ 对点 O 的矩，由矢量积定义，可以表示为 $\boldsymbol{r}\times\boldsymbol{F}$ ，此矢积的模就是力矩的大小 Fh，此矢积的方向，即力矩的转向符合矢量叉乘的右手法则。

2. 合力矩定理与力矩的解析表达式

合力矩定理：平面汇交力系的合力对于平面内任一点之矩的大小等于所有各分力对该点之矩的代数和，以公式表示为

$$M_O(\boldsymbol{F}_R)=\sum M_O(\boldsymbol{F}_i) \tag{7-3-10}$$

式中，$\boldsymbol{F}_R$ 为平面汇交力系的合力，$\boldsymbol{F}_i$ 为各分力。按力系等效概念，上式必然成立，且式（7-3-10）适用于任何有合力存在的力系。

由合力矩定理，在直角坐标系中，如图 7-24 所示，已知力 $\boldsymbol{F}$，作用点的坐标 A（x, y）与夹角 θ。

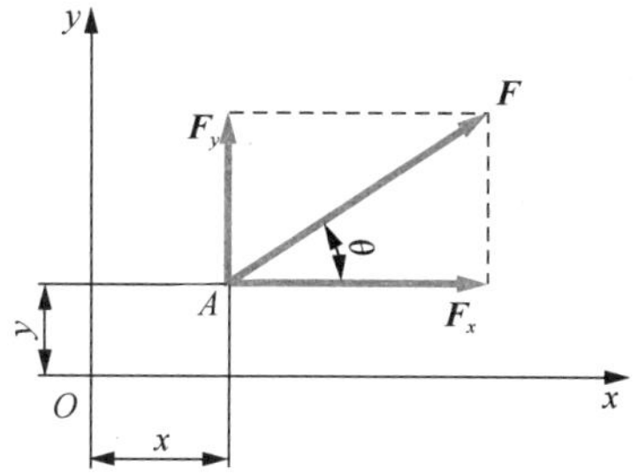

图 7-24

力 $\boldsymbol{F}$ 对坐标原点 O 之矩，可按式（7-3-10），通过其分力 $\boldsymbol{F}_x$ 与 $\boldsymbol{F}_y$，对点 O 之矩得到，即

$$M_O\left(\boldsymbol{F}\right)=M_O\left(\boldsymbol{F}_x\right)+M_O\left(\boldsymbol{F}_y\right)=F\sin\theta\cdot x-F\cos\theta\cdot y$$

或

$$M_O\left(\boldsymbol{F}\right)=M_O\left(\boldsymbol{F}_x\right)+M_O\left(\boldsymbol{F}_y\right)=xF_y-yF_x \tag{7-3-11}$$

此式称为平面内力对点之矩的解析表达式。式中，x、y 为力 $\boldsymbol{F}$ 作用点的坐标，$\boldsymbol{F}_x$、$\boldsymbol{F}_y$ 为 $\boldsymbol{F}$ 在 x、y 轴的投影，计算时用它们的代数量代入。

将式（7-3-11）代入式（7-3-10），可得合力 $\boldsymbol{F}_R$ 对坐标原点之矩的解析表达式，即

$$M_O\left(\boldsymbol{F}\right)=\sum M_O(\boldsymbol{F}_i)=\sum(x_iF_{iy}-y_iF_{ix}) \tag{7-3-12}$$

例 7-5　如图 7-25（a）所示圆柱直齿轮，受到另一齿轮对其啮合力 $\boldsymbol{F}$ 的作用，力大小为 1400N，压力角 $\theta=20°$，齿轮的节圆（啮合圆）的半径 $r=60\text{mm}$，求力 $\boldsymbol{F}$ 对于轴心 O 的力矩。

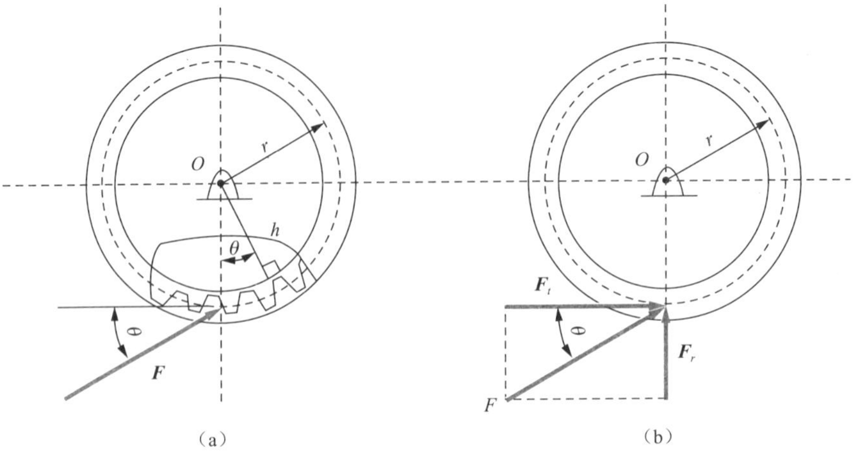

图 7-25

解 计算力 $\boldsymbol{F}$ 对点 O 的矩，可直接按力矩的定义求得，即

$$M_O(\boldsymbol{F}) = F \cdot h = F \cdot r\cos\theta = 78.93\text{N} \cdot \text{m}$$

也可以根据合力矩定理，将力 $\boldsymbol{F}$ 分解为圆周力 $\boldsymbol{F}_t$ 和径向力 $\boldsymbol{F}_r$，如图 7-25（b）所示，由于径向力 $\boldsymbol{F}_r$，通过矩心 O，则

$$M_O(\boldsymbol{F}) = M_O(\boldsymbol{F}_t) + M_O(\boldsymbol{F}_r) = M_O(\boldsymbol{F}_t) = F\cos\theta \cdot r = 78.93\text{N} \cdot \text{m}$$

两种方法的计算结果相同。

在“理论力学”研究和实际问题中，有时要遇到如图 7-26 所示的三角形分布载荷，一般已知其分布长度 l，单位一般为 m，单位长度分布载荷的最大值为 q，单位一般为 N/m 或 kN/m。实际计算时，为方便计算，往往要用其合力来代替此分布力。为求其合力大小和作用线位置，可以用积分的方法求出其合力大小，用合力矩定理可求出其合力作用线位置。现推出如下。设矩 O 端为 x 的微段处的载荷为 $q(x)$，由相似三角形的关系，有 $\dfrac{q(x)}{x} = \dfrac{q}{l}$，则 $q(x) = \dfrac{q}{l}x$，微段 $\mathrm{d}x$ 上的合力为 $q(x) \cdot \mathrm{d}x$，因此，三角形分布载荷的合力大小 F 为

$$F = \int_0^l \frac{q}{l} x \cdot \mathrm{d}x = \frac{1}{2}ql$$

设合力作用线距 O 端的距离为 h，微段 $\mathrm{d}x$ 上的微小力对点 O 的力矩为 $q(x) \cdot \mathrm{d}x \cdot x$，由合力矩定理，有

$$F \cdot h = \int_0^l \frac{q}{l} x^2 \cdot \mathrm{d}x = \frac{1}{3}ql^2$$

解得

$$h = \frac{2}{3}l$$

所以，三角形分布载荷的合力大小为$\frac{1}{2}ql$，合力作用线距点 O 的距离为$\frac{2}{3}l$。当然，合力的方向和分布力的方向相同。以后在实际计算时，此结论可作为公式使用。

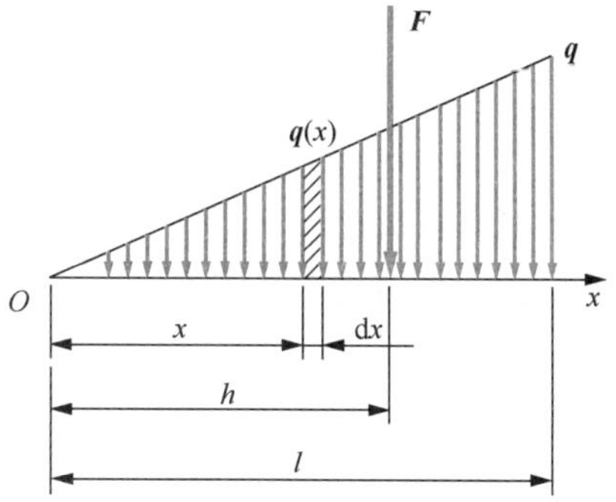

图 7-26

在“理论力学”研究和实际问题中，还会遇到如图 7-27 所示的均布载荷作用，显然其合力大小为 ql，合力作用线位置在均布载荷的正中间，方向和各分力方向相同。此结论也可以直接使用。

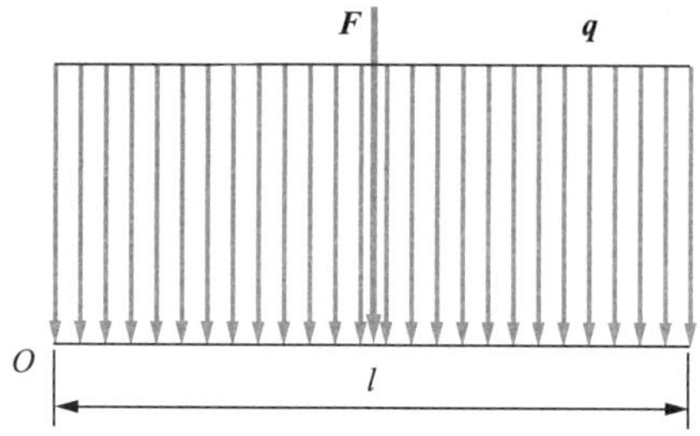

图 7-27

3. 力偶与力偶矩

在日常生活与工程实际中，常常见到汽车司机用双手转动方向盘、电动机的定子磁场对转子作用电磁力使之旋转、工人用丝锥攻螺纹等。在方向盘、电机转子、丝锥等物体上，都作用了成对的等值、反向且不共线的平行力。等值、反向平行力的矢量和等于零，但是由于它们不共线而不能相互平衡，它们能使物体改变转动状态。这种由两个大小相等、方向相反且不共线的平行力组成的力系，称为力偶，如图 7-28 所示，记作（$\boldsymbol{F},\boldsymbol{F}'$）。力偶的两力之间的垂直距离 d 称为力偶臂，力偶所在的平面为力偶的作用面。

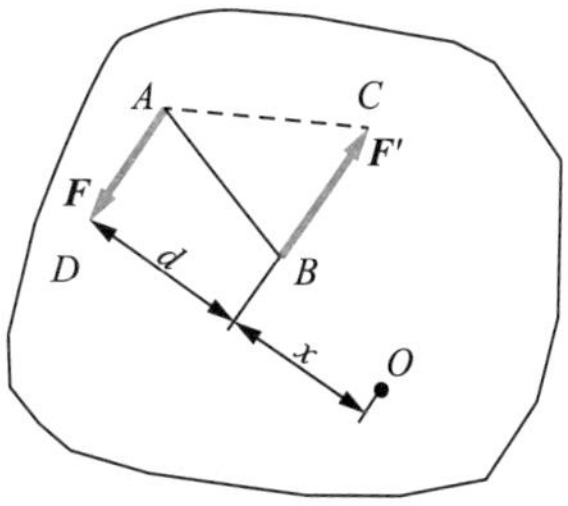

图 7-28

由于力偶中的两个力等值、反向、平行且不共线，力偶不能合成为一个力，或用一个力等效替换，因此，力偶也不能用一个力来平衡。力和力偶是静力学的两个基本要素。

力偶是由两个力组成的特殊力系，它的作用只改变物体的转动状态。与平面中力对点的矩类似，在力偶作用面内，力偶使物体转动的效果，取决于两个要素：

① 力偶中力的大小 F 与力偶臂 d 的乘积；

② 力偶在作用面内转动的方向。

为此，在平面中，力偶矩的定义：在力偶作用面内，力偶矩是一个代数量，绝对值等于力的大小与力偶臂的乘积，其转向用正负确定，规定：力偶使物体逆时针转向为正，反之为负。以公式表示为

$$M = \pm F \cdot d = \pm 2A_{\triangle ABC} \tag{7-3-13}$$

力偶矩的单位和力矩的单位相同。力偶矩的大小也可以用三角形 ABC 的面积 $A_{\triangle ABC}$ 表示，如图 7-28 所示。

4. 力偶的性质

1）力偶对任意点取力矩等于力偶矩，不因矩心的改变而改变。

如图 7-29 所示，该力偶的力偶矩为 Fd，在力偶所在平面内任取一点 O_1，把力偶中两力对此点取力矩，有

$$M_{O1}(\boldsymbol{F}) + M_{O1}(\boldsymbol{F}') = F \cdot (d + x_1) - F' \cdot x_1 = F \cdot d$$

对点 O_2 取力矩，有

$$M_{O2}(\boldsymbol{F}) + M_{O2}(\boldsymbol{F}') = -F \cdot x_2 + F' \cdot (x_2 + d) = F \cdot d$$

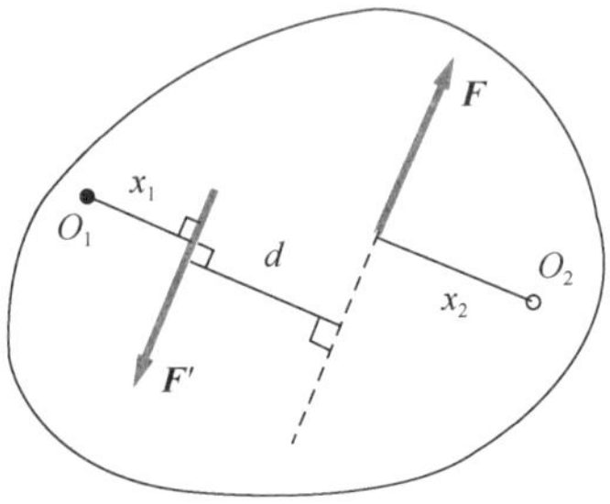

图 7-29

可见力偶对任何点取矩都等于力偶矩，不因矩心的改变而改变。这就证明了力偶的这一条性质。力矩和力偶矩都是力对物体转动效果的度量，但显然有所不同。力偶对任何点取矩都等于力偶矩，不因矩心的改变而改变；而力矩就不同，一般矩心若改变，其力矩就改变。这是力矩与力偶矩的一个重要区别。

2）只要保持力偶矩不变，力偶可在其作用面内任意移转，且可以同时改变力偶中力的大小与力偶臂的长短，对刚体的作用效果不变。

如图 7-30（a）所示，刚体上有一力偶（$\boldsymbol{F}_1, \boldsymbol{F}_1'$）作用，其力偶矩为 $F_1 d$，据加减平衡力系公理，在 A，B 两点加一平衡力系 $F_2 = -F_2$，如图 7-30（b）所示，再据平行四边形公理，把 A、B 两点的力合成得力 $\boldsymbol{F}_R$、$\boldsymbol{F}_R'$，显然该两力构成一力偶（$\boldsymbol{F}_R, \boldsymbol{F}_R'$），其力偶矩为 $F_R d_1$，再据力的可传性，把力 $\boldsymbol{F}_R$、$\boldsymbol{F}_R'$ 传递如图 7-30（c）所示，很明显，力偶（$\boldsymbol{F}_1, \boldsymbol{F}_1'$）和（$\boldsymbol{F}_R, \boldsymbol{F}_R'$）中力的大小、力偶臂的长短、力的作用点、力的方向均已改变，但两力偶等

效。而力偶（$\boldsymbol{F}_1,\boldsymbol{F}_1'$）的力偶矩为$Fd=2A_{\triangle ABC}$，力偶（$\boldsymbol{F}_R,\boldsymbol{F}_R'$）的力偶矩为$F_R d_1=2A_{\triangle ABD}$，显然，直角三角形 ABC 与斜三角形 ABD 的面积相等，所以两力偶的力偶矩相等，此性质得证。

由于力偶具有这样的性质，同时也为画图方便计，以后常用如图 7-30（d）所示符号表示力偶与力偶矩。

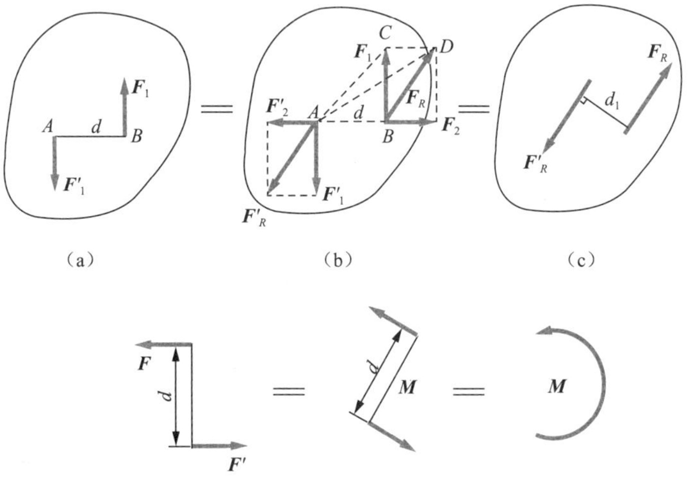

图 7-30

如图 7-31 所示为驾驶员给方向盘的三种施力方式，图中$F_1=F_1'=F_2=F_2'$，即是说明此性质的一个实例。

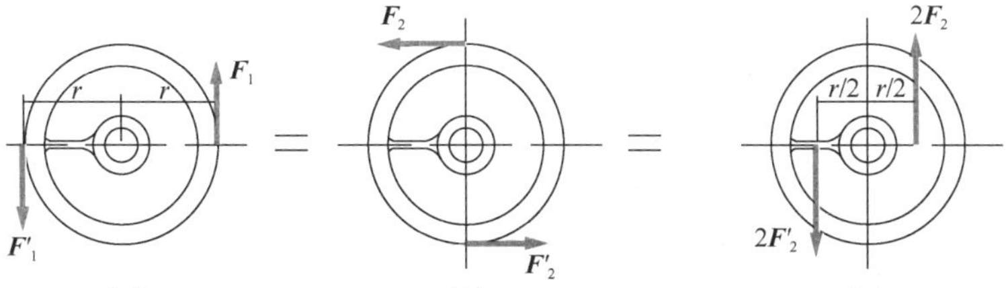

图 7-31

5. 平面力偶系的合成和平衡条件

设在同一平面内有 n 个力偶作用，形成一平面力偶系，如图 7-32（a）所示，其力偶矩分别为 $\boldsymbol{M}_1$，$\boldsymbol{M}_2$，…，$\boldsymbol{M}_i$，…，$\boldsymbol{M}_n$。其中，$\boldsymbol{M}_2$ 为顺时针方向（为负），在此平面内任选一段距离 $AB=d$，令

$$\frac{M_1}{d}=F_1,\frac{M_2}{d}=F_2,\cdots,\frac{M_i}{d}=F_i,\cdots,\frac{M_n}{d}=F_n$$

即

$$M_1 = F_1 d，M_2 = F_2 d，\cdots，M_i = F_i d，\cdots，M_n = F_n d$$

则如图 7-32（a）所示平面力偶系与图 7-32（b）力系等效，把作用在点 B 的共线力系的合力以 $\boldsymbol{F}_R$ 表示［图 7-32（c）］，有

$$F_R = F_1 - F_2 + \cdots + F_i + \cdots + F_n$$

把作用在点 A 的共线力系的合力以 $\boldsymbol{F}_R'$ 表示，显然有 $\boldsymbol{F}_R = -\boldsymbol{F}_R'$，即此两力形成力偶，以 $\boldsymbol{M}$ 表示［图 7-32（d）］，$M = F_R d$。把上式两边同乘以 d，有

$$F_R d = F_1 d - F_2 d + \cdots + F_i d + \cdots + F_n d$$

即

$$M = M_1 + M_2 + \cdots + M_i + \cdots + M_n$$

有

$$M = \sum M_i \tag{7-3-14}$$

即在同一平面内的任意个力偶，可用一个力偶与之等效，称为合力偶。因此，在同一平面内的任意个力偶可合成为一个合力偶，合力偶矩等于各个力偶的代数和。

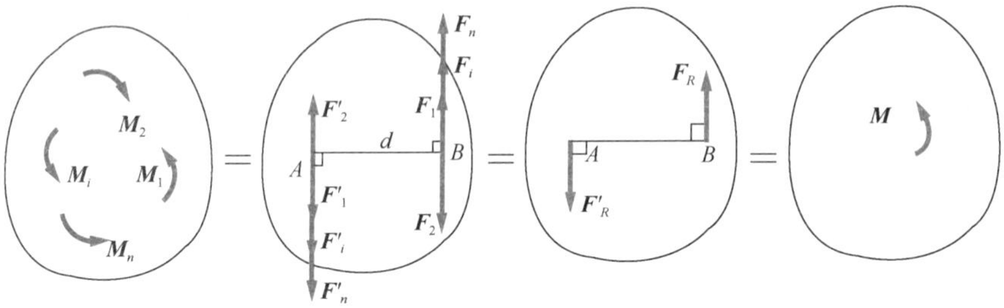

图 7-32

由合成结果知，平面力偶系平衡时，其合力偶矩应等于零。因此，平面力偶系平衡的必要和充分条件是：所有各力偶矩的代数和等于零。以公式表示为

$$\sum M_i = 0 \tag{7-3-15}$$

此为平面力偶系的平衡条件。

例 7-6 如图 7-33 所示的工件，用多轴钻床在工件上同时钻三个孔，钻头对工件作用有三个力偶，其矩分别为 $\boldsymbol{M}_1 = \boldsymbol{M}_2 = 10\text{N}\cdot\text{m}$，$\boldsymbol{M}_3 = 20\text{N}\cdot\text{m}$，固定螺栓 A 和 B 的距离 $l = 200\text{mm}$。求两个光滑螺栓所受的水平力。

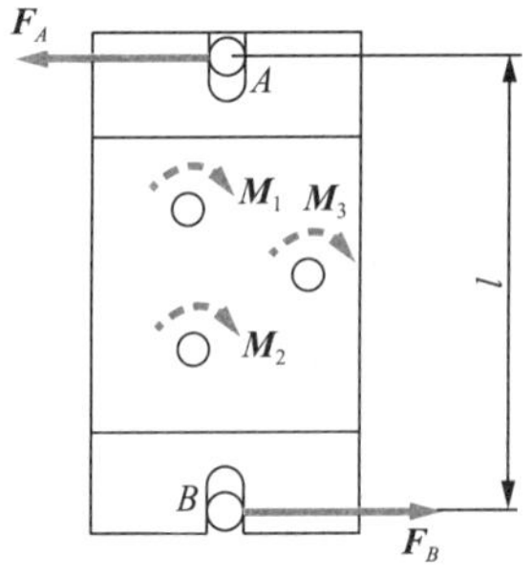

图 7-33

解 选工件为研究对象。工件在水平面内受三个力偶和两个螺栓的水平约束力作用。根据力偶系的合成定理，三个力偶合成后仍为一个力偶，如果工件平衡，必有一力偶与它平衡。因此螺栓 A 和 B 的水平约束力 $\boldsymbol{F}_A$ 和 $\boldsymbol{F}_B$ 必组成一力偶，$F_A = F_B$，它们的方向假设如图 7-33 所示。

由力偶系的平衡条件

$$\sum M_i = 0 \qquad F_A \cdot l - M_1 - M_2 - M_3 = 0$$

解得

$$F_A = F_B = \frac{M_1 + M_2 + M_3}{l}$$

代入题给数值得

$$F_A = F_B = 200\text{N}$$

因 F_A、F_B 是正值，故所设方向为正确，螺栓所受的力与 F_A、F_B 大小相等，方向相反。

7.3.3　平面任意力系

力系中所有力的作用线都处于同一平面内且任意分布时，称其为平面任意力系。平面任意力系，不论其怎么复杂，总可以用一个简单力系等效代替，称为平面任意力系的简化。为完成平面任意力系的简化，要用到力的平移定理。

1. 力的平移定理

可以把作用在刚体上点 A 的力 $\boldsymbol{F}$ 平行移到任一点 B，但必须同时附加一个力偶，这个附加力偶的矩等于原来的力 $\boldsymbol{F}$ 对新作用点 B 的矩，称为力的平移定理。

证明：图 7-34（a）中的力 $\boldsymbol{F}$ 作用于刚体的点 A，在刚体上任取一点 B，并在点 B 加上一对平衡力 $\boldsymbol{F}'$ 和 $\boldsymbol{F}''$，它们与力 $\boldsymbol{F}$ 平行，且 $\boldsymbol{F}=\boldsymbol{F}'=\boldsymbol{F}''$，如图 7-34（b）所示。由加减平衡力系公理，显然，这 3 个力与原来的一个力 $\boldsymbol{F}$ 等效。这 3 个力又可看作一个作用在点 B 的力 $\boldsymbol{F}'$ 和一个力偶（$\boldsymbol{F}$, $\boldsymbol{F}''$），此力偶称为附加力偶，显然，附加力偶的矩为

$$M = Fd = M_B(\boldsymbol{F})$$

为方便计，图 7-34（b）可用图 7-34（c）表示，定理得证。

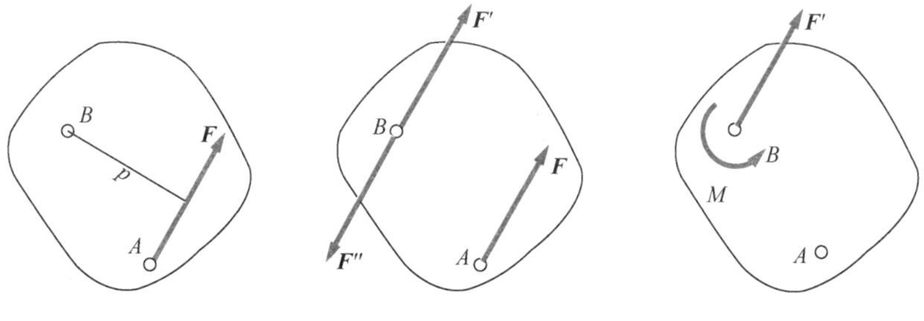

（a）　　（b）　　（c）

图 7-34

2. 平面任意力系向作用面内任意一点的简化——主矢和主矩

下面用力的平移定理讨论平面任意力系向任意一点的简化。

设刚体上有 n 个力 $\boldsymbol{F}_1$，$\boldsymbol{F}_2$，…，$\boldsymbol{F}_n$ 作用，形成一平面任意力系，如图 7-35（a）所示。在此平面内任取一点 O，称其为**简化中心**，应用力的平移定理，把各力都平移到点 O。这样，得到作用于点 O 的力 $\boldsymbol{F}_1'$，$\boldsymbol{F}_2'$，…，$\boldsymbol{F}_n'$，以及相应的附加力偶，其矩分别为 $\boldsymbol{M}_1$，$\boldsymbol{M}_2$，…，$\boldsymbol{M}_n$，如图 7-35（b）所示。这些附加力偶的矩分别为

$$M_i = M_{O1}\left(\boldsymbol{F}_i\right) \qquad (i=1, 2, \cdots, n)$$

这样，平面任意力系，由一个平面共点力系和一个平面力偶系等效代替，把未知问题化为了已知问题。然后，再分别合成这两个力系。

作用于点 O 的平面共点力系可合成为一个力 $\boldsymbol{F}_R'$ ，如图 7-35（c）所示，由于 $\boldsymbol{F}_i' = \boldsymbol{F}_i$，有

$$\boldsymbol{F}_R' = \sum \boldsymbol{F}_i' = \sum \boldsymbol{F}_i \tag{7-3-16}$$

即力矢等于原来各力的矢量和。

平面力偶系可合成为一个力偶，如图 7-35（c）所示，此力偶的矩 M_O 等于各附加力偶矩的代数和，又等于原来各力对点 O 的矩的代数和，即

$$M_O = \sum M_i = \sum M_O\left(\boldsymbol{F}_i\right) \tag{7-3-17}$$

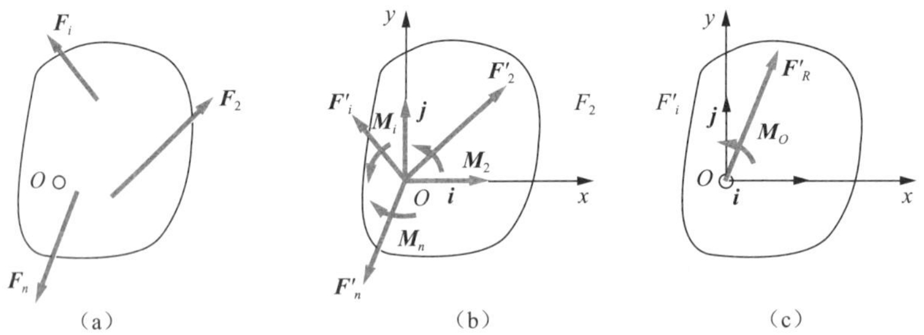

图 7-35

平面任意力系中所有各力的矢量和 $\boldsymbol{F}_R'$ 称为该力系的主矢；而这些力对于任选中心 O 的矩的代数和为 M_O，称为该力系对于简化中心的主矩。显然，主矢与简化中心无关，而主矩一般与简化中心有关，故必须指明力系是对于哪一点的主矩。求主矢的大小和方向，类似于平面汇交力系，为方便起见，采用解析法，即主矢 $\boldsymbol{F}_R'$ 的大小和方向余弦一般用下面的公式来计算：

$$\begin{cases} F_R' = \sqrt{(\sum F_{ix})^2 + (\sum F_{iy})^2} \\ \cos\left(\boldsymbol{F}_R', \boldsymbol{i}\right) = \dfrac{\sum F_{ix}}{F_R'} \\ \cos\left(\boldsymbol{F}_R', \boldsymbol{j}\right) = \dfrac{\sum F_{iy}}{F_R'} \end{cases} \tag{7-3-18}$$

式中，$\sum F_{ix}$、$\sum F_{iy}$ 分别表示各分力在 x、y 轴上投影的代数和。

于是，可得结论，在一般情况下，平面任意力系向作用面内任选一点 O 简化，可得一个力和一个力偶，这个力的大小和方向等于该力系的主矢，作用线通过简化中心 O。这个力偶的矩等于该力系对于点 O 的主矩。

利用平面任意力系的简化结果，此处再介绍一种类型的约束。当物体的端完全固结（嵌）于另一物体上，这种约束称为固定端约束。阳台、烟囱、水塔根部的约束及其他许多约束基本上属于固定端约束。对这些约束，当所有主动力都分布在同一平面内时，约束力也必

定分布在此平面内，称为平面固定端约束，如图 7-36（a）所示，其约束力的分布情况非常复杂，要搞清楚其分布规律非常困难且没有必要。但由力系简化理论，该力系可由一个力（主矢）与一个力偶（主矩）与之等效，如图 7-36（b）所示。一般情况下，该力用它的两个正交分力来表示，如图 7-36（c）所示。

因此，平面固定端的约束力为两个力与一个力偶。其力学（物理）意义可解释为，此种约束限制物体根部沿两个方向的线位移与绕根部的角位移（转动）。注意固定端约束有一约束力偶，如果对固定端约束不画此约束力偶，只画正交两个力，如图 7-36（d）所示，则固定端约束与铰链约束［图 7-36（e）］无区别，这样就改变了其约束性质。请读者注意在做这类题目时，在画两个力的同时，也要把约束力偶画上。

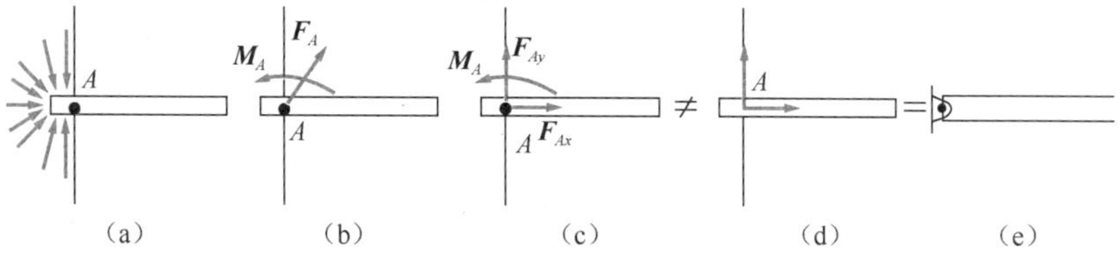

图 7-36

3. 平面任意力系的简化结果分析合力矩定理

平面任意力系向作用面内任一点简化的结果，可能有四种情况，即：① $\boldsymbol{F}_R' = 0$，$M_O \neq 0$；② $\boldsymbol{F}_R' \neq 0$，$M_O = 0$；③ $\boldsymbol{F}_R' \neq 0$，$M_O \neq 0$；④ $\boldsymbol{F}_R' = 0$，$M_O = 0$。下面对这几种情况做进一步的分析讨论。

（1）平面任意力系简化为一个力偶的情形

如果力系的主矢等于零，而主矩 M_O 不等于零，即

$$\boldsymbol{F}_R' = 0,\quad M_O \neq 0$$

则原力系合成为合力偶。合力偶矩为

$$M_O = \sum M_O(\boldsymbol{F}_i)$$

因为力偶对于平面内任意一点的矩都相同，所以当力系合成为一个力偶时，主矩与简化中心的选择无关。

（2）平面任意力系简化为一个合力的情形——合力矩定理

如果主矩等于零，主矢不等于零，即

$$\boldsymbol{F}_R' \neq 0,\quad M_O = 0$$

此时附加力偶系互相平衡，只有一个与原力系等效的力 $\boldsymbol{F}_R'$。显然，$\boldsymbol{F}_R'$ 就是原力系的合力，而合力的作用线恰好通过选定的简化中心 O。

（3）平面力系向点 O 简化的结果是主矢和主矩都不等于零

如图 7-37（a）所示，主矢和主矩都不等于 0，即

$$\boldsymbol{F}_R' \neq 0,\quad M_O \neq 0$$

现将矩为 $\boldsymbol{M}_O$ 的力偶用两个力 $\boldsymbol{F}_R$ 和 $\boldsymbol{F}_R''$ 表示，并令 $\boldsymbol{F}_R = \boldsymbol{F}_R'' = -\boldsymbol{F}_R'$［图 7-37（b）］，再去掉一

对平衡力 $\boldsymbol{F}_R'$ 与 $\boldsymbol{F}_R''$，于是就将作用于点 O 的力 $\boldsymbol{F}_R'$ 和力偶（$\boldsymbol{F}_R$ 与 $\boldsymbol{F}_R''$）合成为一个作用在点 O' 的力 $\boldsymbol{F}_R$，如图 7-37（c）所示。

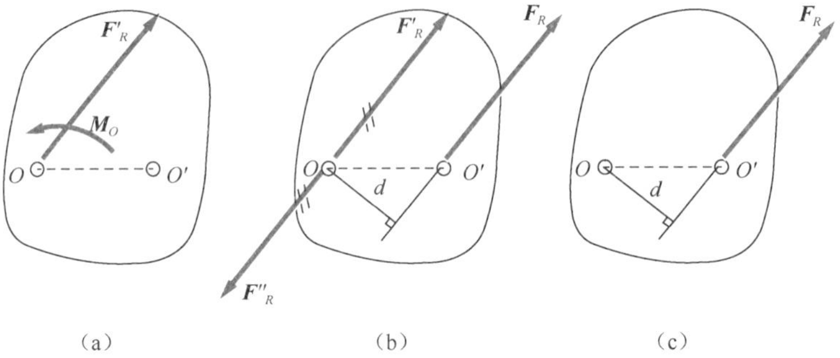

图 7-37

这个力 $\boldsymbol{F}_R$ 就是原力系的合力。合力矢的大小和方向等于主矢；合力的作用线在点 O 的那一侧，需根据主矢和主矩的方向确定；合力作用线到点 O 的距离 d 为

$$d=\frac{M_O}{F_R}$$

下面证明，平面任意力系的合力矩定理。由图 7-37（c）易见，合力 $\boldsymbol{F}_R$ 对点 O 的矩为

$$M_O\left(\boldsymbol{F}_R\right)=F_R d=M_O$$

由式（7-3-17）有

$$M_O=\sum M_O(\boldsymbol{F}_i)$$

以得证

$$M_O\left(\boldsymbol{F}_R\right)=\sum M_O(\boldsymbol{F}_i) \tag{7-3-19}$$

由于简化中心 O 是任意选取的，上式有普遍意义，可叙述如下：平面任意力系的合力对作用面内任一点的矩等于力系中各力对同一点的点的代数和，这是合力矩定理。实际上合力矩定理不必证明，这是由于合力与力系等效，合力对任一点的矩必等于力系中各力对同一点的矩的代数和。

（4）平面任意力系的平衡条件和平衡方程

现在讨论静力学中最重要的情形，即平面任意力系的主矢和主矩都等于零的情形：

$$F_R'=0,\quad M_O=0 \tag{7-3-20}$$

这表明该力系与零力系等效，因此该力系必为平衡力系。且式（7-3-20）是平面任意力系平衡的充分必要条件。

于是，平面任意力系平衡的必要和充分条件是：力系的主矢和对于任一点的主矩都等于零。这些平衡条件可用解析式表示。由式（7-3-17）和式（7-3-18）可得

$$\sum F_x=0,\quad \sum F_y=0,\quad \sum M_O(\boldsymbol{F}_i)=0 \tag{7-3-21}$$

由此可得结论，平面任意力系平衡的解析条件是：所有各力在两个任选的坐标轴上的

投影的代数和分别等于零，各力对于任意一点的矩的代数和也等于零。式（7-3-21）称为平面任意力系的平衡方程。

式（7-3-21）是三个独立的方程，可以求解三个未知量。

例 7-7　如图 7-38 所示的均质水平横梁 AB，A 端为固定铰链支座，B 端为滚动支座。梁长为 $4a$，梁重为 P。在梁的 AC 段上受均布载荷 $\boldsymbol{q}$ 作用，在梁的 BC 段上受矩为 $M=Pa$ 的力偶作用。求支座 A 和 B 处的约束力。

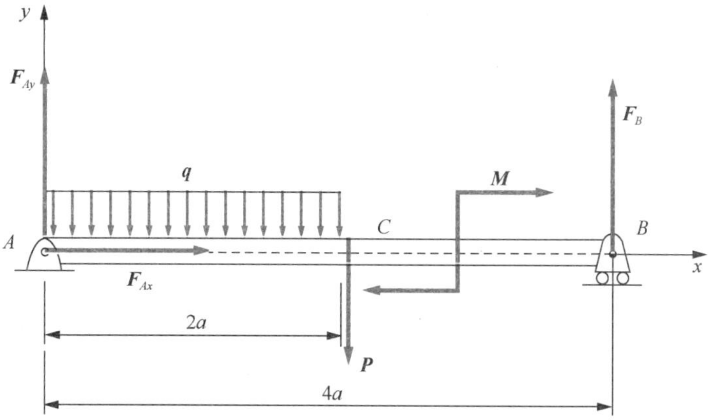

图 7-38

解　选取梁 AB 为研究对象。它所受的主动力有：均布载荷 $\boldsymbol{q}$，重力 $\boldsymbol{P}$ 和矩为 $\boldsymbol{M}$ 的力偶。它所受的约束力有：铰链 A 的两个分力 $\boldsymbol{F}_{Ax}$ 和 $\boldsymbol{F}_{Ay}$，滚动支座 B 处铅垂向上的约束力 $\boldsymbol{F}_B$。画出其受力图并建立坐标系如图 7-38 所示，列出平衡方程为

$$\sum F_x = 0\text{，即 } F_{Ax} = 0$$

$$\sum F_y = 0\text{，即 } F_{Ay} - 2a\cdot q - P + F_B = 0$$

$$\sum M_A(\boldsymbol{F}_i) = 0\text{，即 } F_B\cdot 4a - P\cdot 2a - 2aq\cdot a - M = 0$$

解得

$$F_{Ax} = 0\text{，}\quad F_B = \frac{3}{4}P + \frac{1}{2}aq,\qquad F_{Ay} = \frac{1}{4}P + \frac{3}{2}aq$$

平面任意力系的平衡方程还有其他两组形式。

三个平衡方程中有两个力矩方程和一个投影方程，即

$$\sum M_A(\boldsymbol{F}) = 0\text{，}\ \sum M_B(\boldsymbol{F}) = 0\text{，}\ \sum F_x = 0 \tag{7-3-22}$$

其中，x 轴不得垂直于 A、B 两点的连线。

为什么上述形式的平衡方程也能满足力系平衡的必要和充分条件呢?这是因为，如果力系对点 A 的主矩等于零，则这个力系不可能简化为一个力偶。但可能有两种情形：这个力系或者是简化为经过点 A 的一个力，或者平衡。如果力系对另一点 B 的主矩也同时为零，则这个力系或有一合力沿 A、B 两点的连线，或者平衡。如果再加上 $\sum F_x = 0$，那么力系如有合力，则此合力必与 x 轴垂直。式（7-3-22）的附加条件（x 轴不得垂直于直线 AB）完全排除了力系简化为一个合力的可能性，故所研究的力系必为平衡力系。同理，也可写

出三个力矩式的平衡方程，即

$$\sum M_A(\boldsymbol{F})=0\text{，}\sum M_B(\boldsymbol{F})=0\text{，}\sum M_C(\boldsymbol{F})=0 \tag{7-3-23}$$

其中，A、B、C 三点不得共线。必须有这个附加条件的原因，可自行证明。上述三组方程式（7-3-21）～式（7-3-23），究竟选用哪一组方程，须根据具体条件确定。对于受平面任意力系作用的单个刚体的平衡问题，只可以写出 3 个独立的平衡方程，求解 3 个未知量。任何第 4 个方程只是前 3 个方程的线性组合，因而不是独立的。

当平面力系中各力的作用线互相平行时，称为平面平行力系，它是平面任意力系的一种特殊情形。

7.3.4 平面简单桁架的内力计算

在 7.2.2 节中已提到桁架与平面桁架，单靠平衡方程能求出各杆件内力的桁架称为简单桁架（静定桁架）。桁架的优点是杆件主要承受拉力或压力，可以充分发挥材料的作用，节约材料，减轻结构的重量。为了简化计算。工程实际中采用以下几个假设。

1）桁架中的各杆件均是直杆，各杆件轴线位于同一平面内，称为桁架的几何平面，且各杆轴线通过铰链（节点）中心。

2）桁架中的各杆件在两端均为光滑铰接连接。

3）桁架所受的力（载荷）都作用在节点上，而且在桁架的几何平面内。

4）杆件的重量略去不计，或平均分配在杆件两端的节点上，也位于桁架的几何平面内。

实际的桁架，当然与上述假设有差别，如桁架的节点不是铰接的，杆件的中心线也不可能是绝对直的。但上述假设能够简化计算，而且所得的结果符合工程实际的需要。根据这些假设，桁架的杆件均为二力杆件。在做了一些简化后每根杆件均为二力杆的桁架，这样的桁架称为理想桁架。本书只研究平面桁架中的简单桁架。与之对应的有复杂桁架（超静定桁架）。最简单的平面桁架由 3 根杆和 3 个节点组成，如图 7-39（a）所示的基本三角形部分，就是最简单的桁架。可看出，每增加一个节点，最少要增加两根杆。设任意一平面桁架的总杆件数用 m 表示，总节点数用 n 表示，从基本三角形出发，则增加的杆件数和增加的节点数之间的关系为

$$m-3=2(n-3)$$

有桁架总杆件数 m 和总节点数 n 之间的关系为

$$m=2n-3$$

平面桁架总杆件数与总节点数满足上述关系的称为简单（静定）桁架；若 $m>2n-3$，称为复杂桁架；若 $m<2n-3$，则已不是桁架。图 7-39（a）所示为一简单桁架，图 7-39（b）为一复杂桁架。

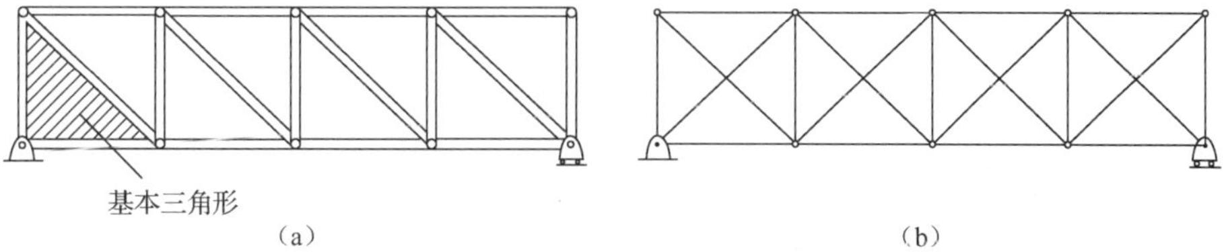

图 7-39

下面通过例 7-8 与例 7-9 介绍两种计算简单桁架杆件内力的方法：节点法和截面法。

1. 节点法

对平面简单理想桁架，考虑其每一个节点，可看出每个节点都受到一个平面共点力系的作用。为了求出每个杆件的内力，可以逐个地取节点为研究对象（当然有先后顺序），对每个节点列出两个平衡方程，由已知力求出全部的杆件内力（未知力），这就是节点法。

节点法依此取每一个节点，实际用的是平面汇交力系解题的方法。

例 7-8　平面简单理想桁架如图 7-40 所示。在节点 D 处作用一铅垂集中力 $\boldsymbol{F}$，F=10kN，求桁架中各杆件所受的力。

解　1）求支座约束。

取桁架整体为研究对象，受力图如图 7-40（a）所示。列平衡方程

$$\sum F_x = 0，即 F_{Bx} = 0$$

$$\sum F_y = 0，即 F_{Ay} - F + F_{By} = 0$$

$$\sum M_A(\boldsymbol{F}) = 0，即 4\text{m} \cdot F_{By} - 2\text{m} \cdot F = 0$$

解得

$$F_{Bx} = 0，\quad F_{Ay} = F_{By} = 5\text{kN}$$

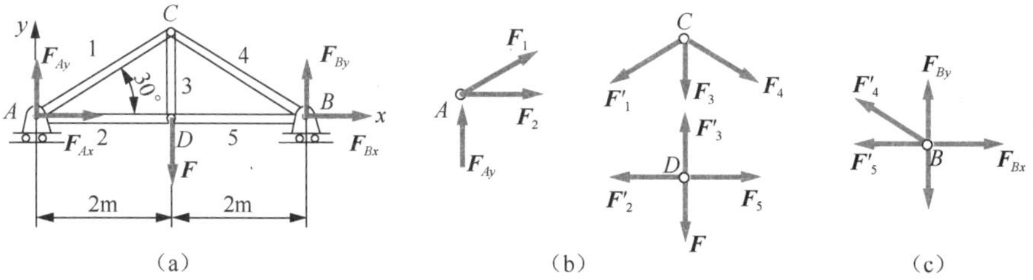

图 7-40

2）依次取每一个节点为研究对象，计算各杆内力。

假定各杆均受拉力，各节点受力如图 7-40（b）所示，为计算方便，最好逐次列出只含两个未知力的节点的平衡方程。

先取节点 A，杆的内力 $\boldsymbol{F}_1$ 和 $\boldsymbol{F}_2$ 未知。列平衡方程

$$\sum F_x = 0，即 F_2 + F_1 \cos 30° = 0$$

$$\sum F_y = 0，即 F_{Ay} + F_1 \sin 30° = 0$$

解得

$$F_1 = -10\text{kN}（受压），F_2 = 8.66\text{kN}（受拉）$$

假定各杆均受拉力，计算结果为正值，表明杆受拉力；结果为负，表明杆承受压力。其次对节点 C，杆的内力 $\boldsymbol{F}_3$ 和 $\boldsymbol{F}_4$ 未知。列平衡方程

$$\sum F_x = 0，即 F_4\cos 30^\circ - F_1'\cos 30^\circ = 0$$

$$\sum F_y = 0，即 -F_3 - \left(F_1' + F_4\right)\sin 30^\circ = 0$$

解得

$$F_3 = -10\text{kN}（受拉），F_4 = 10\text{kN}（受压）$$

最后对节点 D，杆的内力 $\boldsymbol{F}_5$ 未知。列平衡方程：

$$\sum F_x = 0，即 F_5 - F_2' = 0$$

解得

$$F_5=8.66\text{kN}（受拉）$$

3）校核计算结果。

各杆内力已求出，结果是否正确，可用尚未应用的节点平衡方程校核已得结果。例如，对此题，对节点 B，如图 7-40（c）所示，列平衡方程

$$\sum F_x = 0，即 F_{Bx} - F_5' - F_4'\cos 30^\circ = 0$$

$$\sum F_y = 0，即 F_{By} + F_4'\sin 30^\circ = 0$$

已不用求解未知量，把解得的值代入，方程等于零，得到满足，说明计算结果正确。

2. 截面法

如只要求计算桁架内某几个杆件所受的内力，可以适当地选取一截面，假想把桁架截开，再考虑其中任一部分的平衡，求出这些被截杆件的内力，这就是截面法。

截面法实际采用的是平面任意力系求解的方法，因平面任意力系只有 3 个独立的平衡方程，所以截断（暴露出未知内力）的杆件一般不应超过 3 根。

例 7-9 如图 7-41（a）所示平面桁架，各杆件的长度都等于 1m。在节点 E，G，F 上分别作用铅垂与水平荷载 F_E=10kN，F_G=7kN，F_F=5kN。求杆件 1、2、3 的内力。

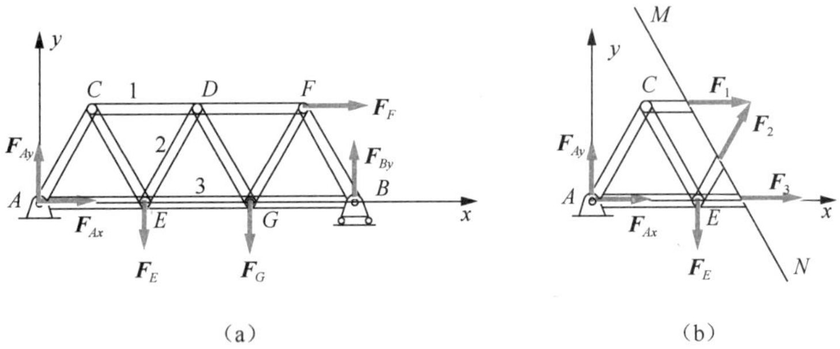

图 7-41

解　首先取整体，求出支座 A 处的约束力，其受力图如图 7-41（a）所示，列平衡方程

$$\sum F_x = 0，即\ F_{Ax} + F_F = 0$$

$$\sum M_B(\boldsymbol{F}) = 0，即\ -3\text{m}\cdot F_{Ay} + 2\text{m}\cdot F_E + 1\text{m}\cdot F_G - F_F\cdot 1\text{m}\cdot \sin 60^\circ = 0$$

解得

$$F_{Ax} = -5\text{kN}，\quad F_{Ay} = 7.557\text{kN}$$

为求杆件 1、2、3 的内力，取截面 $M-N$ 如图 7-41（b）所示，把 3 根杆断开，选取左边部分画出其受力图如图 7-42（b）所示，列平衡方程

$$\sum M_E(\boldsymbol{F}) = 0，即\ -1\text{m}\cdot F_{Ay} - F_F\cdot 1\text{m}\cdot \sin 60^\circ = 0$$

$$\sum F_y = 0，即\ F_{Ay} + F_2 \sin 60^\circ - F_E = 0$$

$$\sum F_x = 0，即\ F_{Ax} + F_1 + F_2 \cos 60^\circ + F_3 = 0$$

解得

$F_1 = -8.726\text{kN}$（受压），$F_2 = 2.821\text{kN}$（受拉），$F_3 = 12.32\text{kN}$（受拉）

如选取桁架的右半部为研究对象，可得同样的结果。

同样，可以用截面截断另外 3 根杆件，计算其他各杆的内力。

7.4　空间力系及其平衡

7.4.1　空间力系的平衡方程

前面介绍了空间力系的约化。对于空间一般力系，都可以向任意点（约化中心 P）简化得到一力和一力偶，该力通过约化中心，其矢量和 $\boldsymbol{F}_R = \sum \boldsymbol{F}$ 称为力系的主矢，该力偶的力偶矩的矢量和 $\boldsymbol{M}_P = \sum \boldsymbol{M}_P(\boldsymbol{F}) = \sum \boldsymbol{r}\times\boldsymbol{F}$ 称为力系的主矩，其中 $\boldsymbol{r}$ 是约化中心 P 到力 F 的位矢。

空间一般力系平衡的必要而充分的条件是，力系的主矢和主矩同时为零，即

$$\begin{cases}\boldsymbol{F}_R = 0\\ \boldsymbol{M}_P = 0\end{cases} \tag{7-4-1}$$

如果选用笛卡儿直角坐标系，则式（7-4-1）便与下面的分量方程组等价

$$\begin{cases}\sum F_x = 0 \\ \sum F_y = 0 \\ \sum F_z = 0 \\ \sum M_{Px} = 0 \\ \sum M_{Py} = 0 \\ \sum M_{Pz} = 0\end{cases} \tag{7-4-2}$$

空间力系平衡的充要条件是：所有各力在空间直角坐标系中每个轴上的投影的代数和等于零，以及这些力对于每个坐标轴之矩的代数和也等于零。式（7-4-2）包含 6 个方程，由于它们是空间力系平衡的充要条件，当 6 个方程式都能满足，刚体必处于平衡。空间力系只有 6 个独立的平衡方程，可求解 6 个未知量。

7.4.2 特殊空间力系的平衡问题

空间力系平衡方程式（7-4-2）经过简化，可以得到几种特殊力系的平衡方程。

（1）空间汇交力系的平衡方程

由于空间汇交力系对汇交点的主矩恒为零（$\boldsymbol{M}_P \equiv 0$），其平衡方程为

$$\begin{cases}\sum F_x = 0 \\ \sum F_y = 0 \\ \sum F_z = 0\end{cases} \tag{7-4-3}$$

（2）空间平行力系的平衡方程

设 z 轴与力系中各力平行，由于

$$\begin{cases}\sum F_x \equiv 0 \\ \sum F_y \equiv 0 \\ \sum M_{Pz} \equiv 0\end{cases}$$

自动满足，空间平行力系的平衡方程为

$$\begin{cases}\sum F_z = 0 \\ \sum M_{Px} = 0 \\ \sum M_{Py} = 0\end{cases} \tag{7-4-4}$$

（3）空间力偶系的平衡方程

对空间力偶系，因为力在任意轴上的投影恒为零，即

$$\begin{cases}\sum F_x \equiv 0 \\ \sum F_y \equiv 0 \\ \sum F_z \equiv 0\end{cases}$$

因此其平衡方程为

$$\begin{cases}\sum M_{Px}=0\\ \sum M_{Py}=0\\ \sum M_{Pz}=0\end{cases}\qquad (7\text{-}4\text{-}5)$$

由以上讨论可知，空间汇交力系、空间平行力系和空间力偶系都只有三个独立的平衡方程，只能解出三个未知量。

例 7-10　均质长方形平板 *ABCD*，质量 $m=32\text{kg}$。用球铰 *A*、杆 *CN*、杆 *CK* 和绳索 *BS* 支撑维持水平位置，如图 7-42（a）所示。板的 *B* 点挂有重物 $Q=500\text{N}$，已知 $CD=3a$，$CB=4a$，$CE=5a$，$\angle DBS=45°$，各杆重量不计。试求绳索 *BS* 的张力，杆 *CN* 和 *CK* 的内力以及球铰 *A* 处的反力。

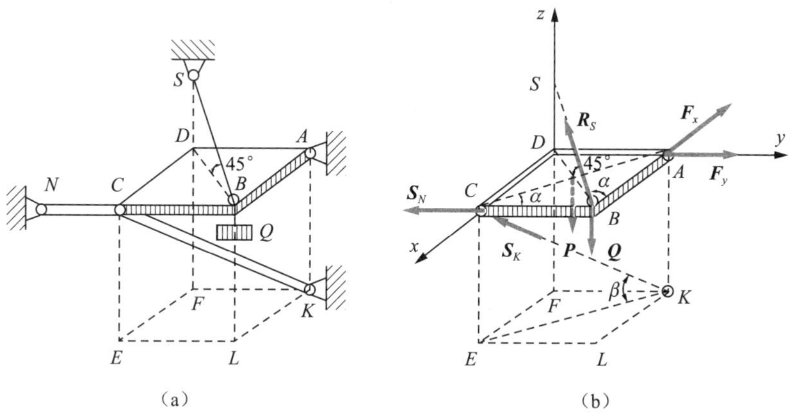

图 7-42

解　以平板 *ABCD* 为研究对象，受力如图 7-42（b）所示。由图中的几何关系得出

$$\sin\alpha=\frac{AB}{AC}=0.6$$

$$\cos\alpha=\frac{BC}{AC}=0.8$$

$$\sin\beta=\frac{CE}{CK}=0.707$$

$$\cos\beta=\frac{EK}{CK}=0.707$$

平板的重量为 $P=mg=317\text{N}$。

对于复杂力系，我们将各力在三个坐标轴上的投影和各力对三个坐标轴的主矩列表如表 7-1 所示。

表 7-1　各力在三个坐标轴上的投影及主矩

坐标	F_{Ax}	F_{Ay}	F_{Az}	P
F_x	F_{Ax}	0	0	0
F_y	0	F_{Ay}	0	0
F_z	0	0	F_{Az}	$-P$
M_x	0	0	$4aF_{Az}$	$-2aP$
M_y	0	0	0	$-1.5aP$
M_z	$-4aF_{Ax}$	0	0	0
坐标	Q	R_S	S_N	S_K
F_x	0	$-R_S\cos 45^\circ \sin\alpha$	0	$S_K\cos\beta\sin\alpha$
F_y	0	$-R_S\cos 45^\circ \cos\alpha$	$-S_N$	$-S_K\cos\beta\sin\alpha$
F_z	$-Q$	$R_S\sin 45^\circ$	0	$S_K\sin\beta$
M_x	$-4aQ$	$4aR_S\sin 45^\circ$	0	0
M_y	$3aQ$	$-3aR_S\sin 45^\circ$	0	$-3aS_K\sin\beta$
M_z	0	0	$-3aS_N$	$-3aS_K\cos\beta\cos\alpha$

由表 7-1 可直接写出平衡方程

$$\sum F_x=0\text{，即 } F_{Ax}-R_S\cos 45^\circ\sin\alpha+S_K\cos\beta\sin\alpha=0$$

$$\sum F_y=0\text{，即 } F_{Ay}-R_S\cos 45^\circ\cos\alpha-S_N-S_K\cos\beta\cos\alpha=0$$

$$\sum F_z=0\text{，即 } F_{Az}-P-Q+R_S\sin 45^\circ+S_K\sin\beta=0$$

$$\sum M_x=0\text{，即 } 4aF_{Az}-2aP-4aQ+4aR_S\sin 45^\circ=0$$

$$\sum M_y=0\text{，即 } 1.5aP+3aQ-3aR_S\sin 45^\circ-3aS_K\sin\beta=0$$

$$\sum M_z=0\text{，即 } -4aF_{Ax}-3aS_N-3aS_K\cos\beta\cos\alpha=0$$

联立上面 6 个式子可得

$$R_S=707\text{N}\text{，}\quad S_N=-400\text{N}\text{，}\quad S_K=222\text{N}\text{，}$$

$$F_{Ax}=205.8\text{N}\text{，}\quad F_{Ay}=125.5\text{N}\text{，}\quad F_{Az}=157\text{N}$$

7.4.3　物体系的平衡和静定问题

工程中，如组合构架、三铰拱等结构，都是由几个物体组成的系统。当物体系平衡时，组成该系统的每一个物体都处于平衡状态，因此对于每一个受平面任意力系作用的物体，均可写出三个平衡方程。如物体系由 n 个物体组成，则共有 $3n$ 个独立方程。如系统中有的物体受平面汇交力系或平面平行力系作用时，则系统的平衡方程数目相应减少。当系统中的未知量数目等于独立平衡方程的数目时，则所有未知数都能由平衡方程求出，这样的问题称为静定问题。显然前面列举的各例都是静定问题。在工程实际中，有时为了提高结构的刚度和坚固性，常常增加约束，因而使这些结构的未知量的数目多于平衡方程的数目，未知量就不能全部由平衡方程求出，这样的问题称为超静定问题。对于超静定问题，必须考虑物体因受力作用而产生的变形，加列某些补充方程后，才能使方程的数目等于未知量的数目。超静定问题已超出刚体静力学的范围，须在材料力学和结构力学中研究。

下面举例求解物体系的平衡问题。

对物体系的平衡问题，因首先看到的是整个系统（整体），所以应先对整体进行受力分析，看能否求出题目所要求，若能求出则用整体，若不能求出或不能全部求出，则应考虑拆开整体进行分析。看下面的例题。

例 7-11　如图 7-43（a）所示不计自重的组合梁，由 AC 和 CD 在 C 处铰接而成。已知力 F=20 kN，均布载荷 q=10kN/m，M=20kN · m，l=1m。求固定端 A 与滚动支座 B 的约束力。

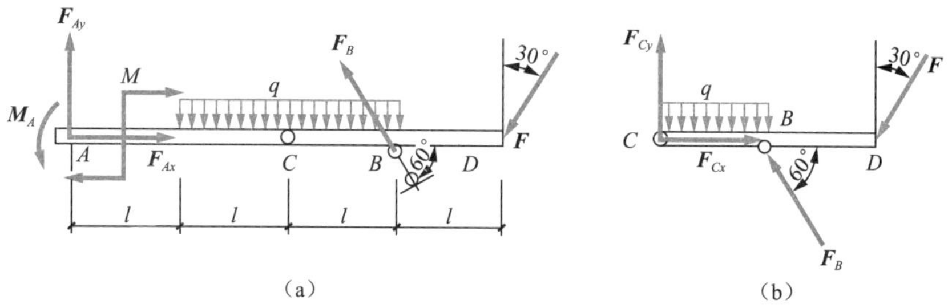

图 7-43

解　先取整体为研究对象，可看出有四个未知力 $\boldsymbol{F}_{Ax}$、$\boldsymbol{F}_{Ay}$、M_A 与 $\boldsymbol{F}_B$，受力如图 7-43（a）所示，但整体只有 3 个独立平衡方程，不能求解。所以，先取梁 CD 为研究对象，其受力图如图 7-43（b）所示，可看出由对点 C 的力矩方程可求出约束力 $\boldsymbol{F}_B$，列对点 C 的力矩方程：

$$\sum M_C(\boldsymbol{F}_i)=0\text{，即 } F_B\cdot\sin 60^\circ\cdot l - F\cos 30^\circ\cdot 2l - ql\cdot\frac{l}{2}=0$$

解得

$$F_B = 45.77\text{kN}$$

此时对整体列 3 个平衡方程，有

$$\sum F_x=0\text{，即 } F_{Ax}-F_B\cos 60^\circ - F\sin 30^\circ=0$$

$$\sum F_y=0\text{，即 } F_{Ay}+F_B\sin 60^\circ-2ql-F\cos 30^\circ=0$$

$$\sum M_A(\boldsymbol{F})=0\text{，即 } M_A-M-2ql\cdot 2l+F_B\sin 60^\circ\cdot 3l-F\cos 30^\circ\cdot 4l=0$$

分别解得

$$F_{Ax}=32.89\text{kN}$$

$$F_{Ay}=-2.32\text{kN}$$

$$M_A=10.37\text{kN}\cdot\text{m}$$

习　题

7-1 如图所示，画出下列各图中各构件的受力图，未画重力的构件自重忽略不计，所有接触均为光滑接触。

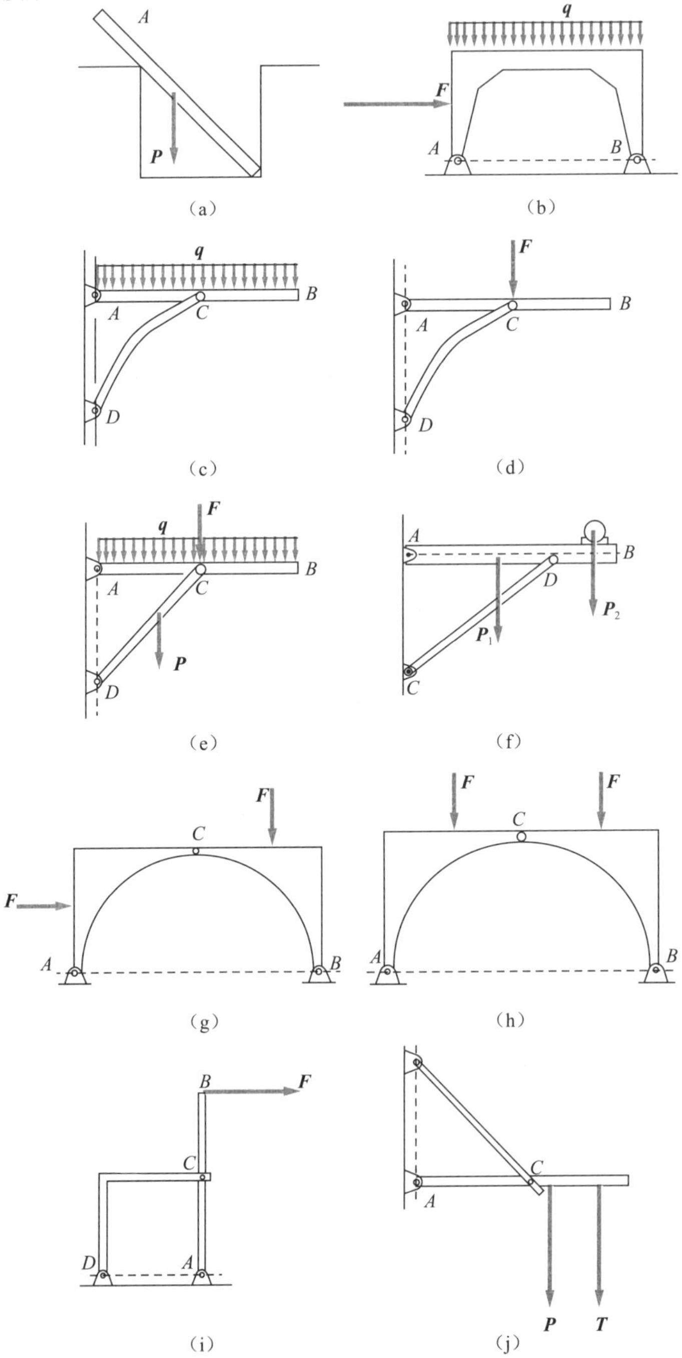

题 7-1 图

7-2 图示各杆件上只有主动力 $\boldsymbol{F}$ 作用，请计算下列各杆件力 $\boldsymbol{F}$ 对点 O 的矩。

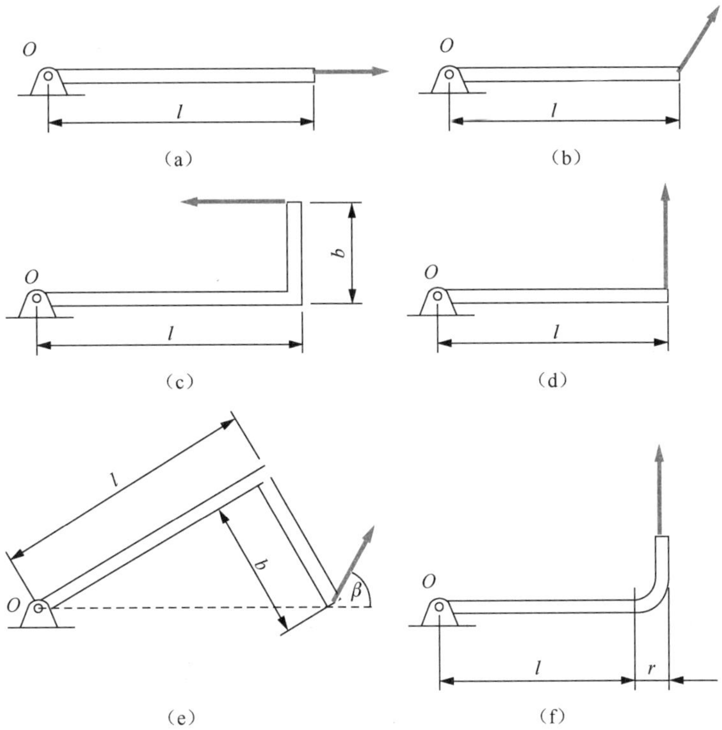

题 7-2 图

7-3 如图所示，梁的尺寸及荷载如图，已知 $q_0 = 2\text{kN/m}$， $P = 2\text{kN}$， $M = 4\text{kN}\cdot\text{m}$。求 A、B 处的支座反力。

7-4 如图所示，丁字杆 ABC 的 A 端固定，荷载如图，已知 $P = 6\text{kN}$， $q_0 = 6\text{kN/m}$， $M = 4\text{kN}\cdot\text{m}$， $BD = DC = 2\text{m}$， $AD = 4\text{m}$，求 A 端支座反力。

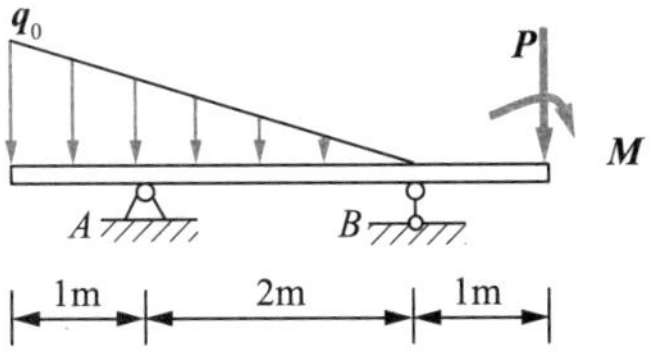

题 7-3 图

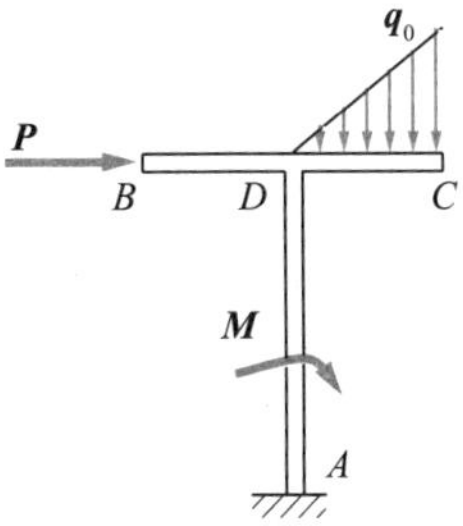

题 7-4 图

7-5 图示结构的尺寸及载荷如图所示，$q = 10\text{kN/m}$，$q_0 = 20\text{kN/m}$。求 A、C 处约束反力。

7-6 如图所示，多跨静定梁的支撑、荷载及尺寸如图所示。已知 $q = 20\text{kN/m}$，求支座 A、D、E 处的约束反力。

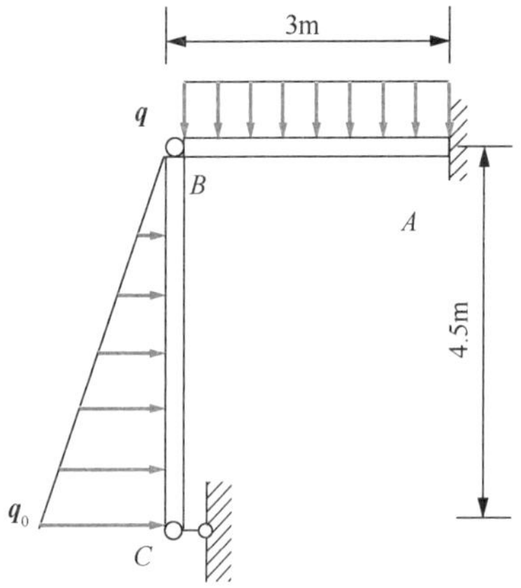

题 7-5 图

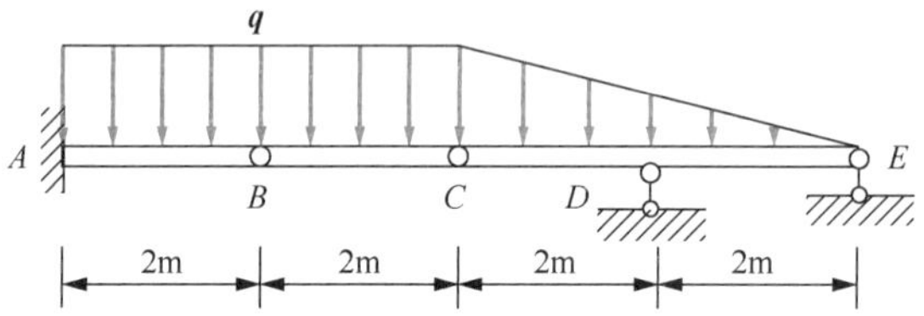

题 7-6 图

7-7 如图所示，复合梁的制成、荷载及尺寸如图所示，杆重不计。已知 q= 20kN/m，l= 2m。求 1、2 杆的内力，以及固定端 A 处的约束反力。

7-8 如图所示，由 AC 和 CD 构成的组合梁通过铰链 C 连接。它的支承和受力如图所示。已知 q = 10 kN/m，M = 40 kN·m，不计梁的自重。求支座 A、B、D 的约束力和铰链 C 受力。

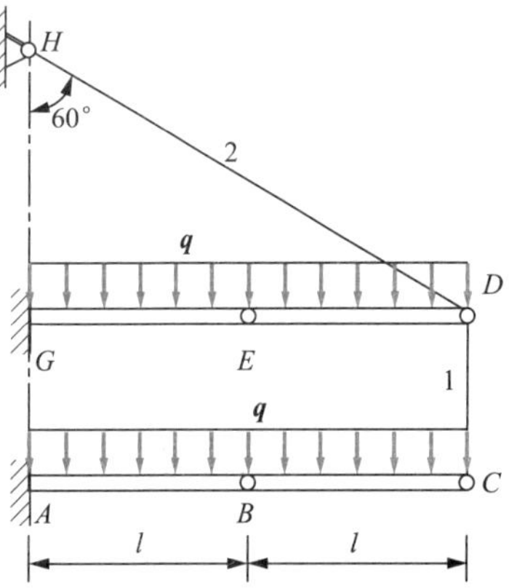

题 7-7 图

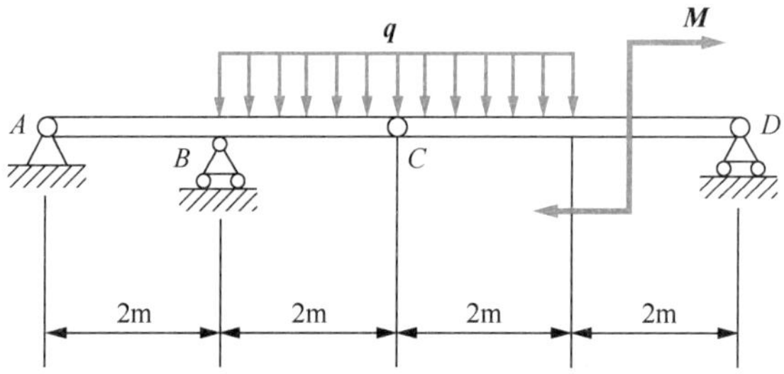

题 7-8 图

主要参考文献

陈建平，范钦珊，2018．理论力学[M]．3版．北京：高等教育出版社．

哈尔滨工业大学力学教研室，孙毅，2019．简明理论力学[M]．北京：高等教育出版社．

郝桐生，殷祥超，赵玉成，等，2017．理论力学[M]．4版．北京：高等教育出版社．

金江，袁继峰，葛文璇，2019．理论力学[M]．南京：东南大学出版社．

金尚年，马永利，2002．理论力学[M]．北京：高等教育出版社．

阮诗伦，马红艳，2019．理论力学[M]．北京：科学出版社．

王剑华，李康，2009．理论力学[M]．西安：陕西科学技术出版社．

王开福，2015．理论力学（双语）[M]．北京：北京航空航天大学出版社．

易平，姜峰，2018．理论力学[M]．北京：科学出版社．

周衍柏，2018．理论力学教程[M]．4版．北京：高等教育出版社．

朱照宣，周起钊，殷金生，1982．理论力学（上，下）[M]．北京：北京大学出版社．

TOM W B K，FRANK H B，2017．经典力学[M]．5版．北京：世界图书出版公司．

附录一　矢量代数与矢量分析

一、矢量代数

1. 矢量

交换律：　$\boldsymbol{A}+\boldsymbol{B}=\boldsymbol{B}+\boldsymbol{A}$

结合律：$(\boldsymbol{B}+\boldsymbol{A})+\boldsymbol{C}=\boldsymbol{B}+(\boldsymbol{A}+\boldsymbol{C})$

分配律：$(\lambda+\mu)\ \boldsymbol{A}=\lambda\boldsymbol{A}+\mu\boldsymbol{A}$

$\lambda(\boldsymbol{A}+\boldsymbol{B})=\lambda\boldsymbol{A}+\lambda\boldsymbol{B}$

结合律：　$\lambda(\mu\boldsymbol{A})=\lambda\mu\boldsymbol{A}$

2. 标积

$$\boldsymbol{A}\cdot\boldsymbol{B}=|\boldsymbol{A}||\boldsymbol{B}|\cos(\boldsymbol{A},\boldsymbol{B})$$

$$\boldsymbol{A}\cdot\boldsymbol{B}=A_xB_x+A_yB_y+A_zB_z$$

两个矢量的标积服从以下规则

交换律：　$\boldsymbol{A}\cdot\boldsymbol{B}=\boldsymbol{B}\cdot\boldsymbol{A}$

分配律：　$\boldsymbol{C}\cdot(\boldsymbol{A}+\boldsymbol{B})=\boldsymbol{C}\cdot\boldsymbol{A}+\boldsymbol{C}\cdot\boldsymbol{B}$

正定性：　$\boldsymbol{A}\cdot\boldsymbol{A}\geqslant 0$

且　　　　$\boldsymbol{A}\cdot\boldsymbol{A}=0$当且仅当$\boldsymbol{A}=0$

Schwartz不等式:$|\boldsymbol{A}\cdot\boldsymbol{B}|\leqslant|\boldsymbol{A}||\boldsymbol{B}|$

3. 矢积

$$\boldsymbol{C}=\boldsymbol{A}\times\boldsymbol{B}=\begin{vmatrix}\boldsymbol{i} & \boldsymbol{j} & \boldsymbol{k}\\ A_x & A_y & A_z\\ B_x & B_y & B_z\end{vmatrix}$$

$$|\boldsymbol{C}|=|\boldsymbol{A}\times\boldsymbol{B}|=|\boldsymbol{A}||\boldsymbol{B}|\sin(\boldsymbol{A},\boldsymbol{B})$$

$$\boldsymbol{A}\times\boldsymbol{B}=-\boldsymbol{B}\times\boldsymbol{A}$$

$$\boldsymbol{C}\times(\boldsymbol{A}+\boldsymbol{B})=\boldsymbol{C}\times\boldsymbol{A}+\boldsymbol{C}\times\boldsymbol{B}$$

$$\boldsymbol{A}\times(\boldsymbol{B}\times\boldsymbol{C})=(\boldsymbol{A}\cdot\boldsymbol{C})\boldsymbol{B}-(\boldsymbol{A}\cdot\boldsymbol{B})\boldsymbol{C}$$

4. 混合积

$$[\boldsymbol{ABC}]=(\boldsymbol{A}\times\boldsymbol{B})\cdot\boldsymbol{C}=(\boldsymbol{B}\times\boldsymbol{C})\cdot\boldsymbol{A}=(\boldsymbol{C}\times\boldsymbol{A})\cdot\boldsymbol{B}$$

$$=\begin{vmatrix}A_x & A_y & A_z\\ B_x & B_y & B_z\\ C_x & C_y & C_z\end{vmatrix}=\begin{vmatrix}A_x & B_x & C_x\\ A_y & B_y & C_y\\ A_z & B_z & C_z\end{vmatrix}$$

$$[\boldsymbol{ABC}]=[\boldsymbol{BCA}]=[\boldsymbol{CAB}]=-[\boldsymbol{BAC}]=-[\boldsymbol{ACB}]=-[\boldsymbol{CBA}]$$

二、矢量分析

1. 矢量的微分运算

设 φ、ψ 为标量场，$\boldsymbol{A}$、$\boldsymbol{B}$ 为矢量场，在直角坐标系中定义

$$\nabla=\boldsymbol{i}\frac{\partial}{\partial x}+\boldsymbol{j}\frac{\partial}{\partial y}+\boldsymbol{k}\frac{\partial}{\partial z}$$

根据 ∇ 的微分及矢量运算的两重性，有

$$\nabla\times(\nabla\psi)=0$$

$$\nabla\cdot(\nabla\times\boldsymbol{A})=0$$

$$\nabla\times(\nabla\times\boldsymbol{A})=\nabla(\nabla\cdot\boldsymbol{A})-\nabla^2\boldsymbol{A}$$

$$\nabla\cdot(\psi\boldsymbol{A})=\boldsymbol{A}\cdot\nabla\psi+\psi\nabla\cdot\boldsymbol{A}$$

$$\nabla\times(\psi\boldsymbol{A})=\nabla\psi\times\boldsymbol{A}+\psi\nabla\times\boldsymbol{A}$$

$$\nabla(\boldsymbol{A}\cdot\boldsymbol{B})=(\boldsymbol{A}\cdot\nabla)\boldsymbol{B}+(\boldsymbol{B}\cdot\nabla)\boldsymbol{A}+\boldsymbol{A}\times(\nabla\times\boldsymbol{B})+\boldsymbol{B}\times(\nabla\times\boldsymbol{A})$$

$$\nabla\cdot(\boldsymbol{A}\times\boldsymbol{B})=\boldsymbol{B}\cdot(\nabla\times\boldsymbol{A})-\boldsymbol{A}\cdot(\nabla\times\boldsymbol{B})$$

$$\nabla\times(\boldsymbol{A}\times\boldsymbol{B})=\boldsymbol{A}\cdot(\nabla\cdot\boldsymbol{B})-\boldsymbol{B}\cdot(\nabla\cdot\boldsymbol{A})+(\boldsymbol{B}\cdot\nabla)\boldsymbol{A}-(\boldsymbol{A}\cdot\nabla)\boldsymbol{B}$$

2. 矢量的积分变换定理

设 φ、ψ 和 $\boldsymbol{A}$ 是连续可微的函数，V 是三维体积，其体积元为 $\mathrm{d}\tau$，S 是体积 V 边界的闭合曲面，其面积元 $\mathrm{d}\boldsymbol{s}=\boldsymbol{n}\mathrm{d}s$，$\boldsymbol{n}$ 是 $\mathrm{d}s$ 的外法线方向的单位矢量，则有

$$\int_V\nabla\psi\,\mathrm{d}\tau=\oint_s\boldsymbol{n}\psi\,\mathrm{d}s$$

$$\int_V\nabla\cdot\boldsymbol{A}\mathrm{d}\tau=\oint_s\boldsymbol{n}\cdot\boldsymbol{A}\mathrm{d}s$$

$$\int_V\nabla\times\boldsymbol{A}\,\mathrm{d}\tau=\oint_s\boldsymbol{n}\times\boldsymbol{A}\mathrm{d}s$$

$$\int_V(\varphi\nabla^2\psi+\nabla\varphi\cdot\nabla\psi)\mathrm{d}\tau=\oint_s\varphi\boldsymbol{n}\cdot\nabla\psi\mathrm{d}s$$

$$\int_V(\varphi\nabla^2\psi-\psi\nabla^2\varphi)\mathrm{d}\tau=\oint_s(\varphi\nabla\psi-\psi\nabla\varphi)\cdot\boldsymbol{n}\mathrm{d}s$$

若设 S 是一个任意的开曲面，C 是 S 的周界，其线元为 $\mathrm{d}\boldsymbol{l}$，线积分路径的方向与面法线方向成右手法则，则有下述重要公式

$$\int_s\boldsymbol{n}\cdot(\nabla\times\boldsymbol{A})\mathrm{d}s=\oint_c\boldsymbol{A}\cdot\mathrm{d}\boldsymbol{l}$$

$$\int_s\boldsymbol{n}\times\nabla\psi\mathrm{d}s=\oint_c\psi\mathrm{d}\boldsymbol{l}$$

3. 曲线坐标中的矢量微分公式

（1）笛卡儿坐标系 (x,y,z)

$$\nabla\psi = \boldsymbol{i}\frac{\partial\psi}{\partial x}+\boldsymbol{j}\frac{\partial\psi}{\partial y}+\boldsymbol{k}\frac{\partial\psi}{\partial z}$$

$$\nabla\cdot\boldsymbol{A}=\frac{\partial A_x}{\partial x}+\frac{\partial A_y}{\partial y}+\frac{\partial A_z}{\partial z}$$

$$\nabla\times\boldsymbol{A}=\boldsymbol{i}\left(\frac{\partial A_z}{\partial y}-\frac{\partial A_y}{\partial z}\right)+\boldsymbol{j}\left(\frac{\partial A_x}{\partial z}-\frac{\partial A_z}{\partial x}\right)+\boldsymbol{k}\left(\frac{\partial A_y}{\partial x}-\frac{\partial A_x}{\partial y}\right)$$

$$\nabla^2\psi=\frac{\partial^2\psi}{\partial x^2}+\frac{\partial^2\psi}{\partial y^2}+\frac{\partial^2\psi}{\partial z^2}$$

（2）柱坐标系 (ρ,φ,z)

$$\nabla\psi=\boldsymbol{e}_\rho\frac{\partial\psi}{\partial\rho}+\boldsymbol{e}_\varphi\frac{1}{\rho}\frac{\partial\psi}{\partial\varphi}+\boldsymbol{e}_z\frac{\partial\psi}{\partial z}$$

$$\nabla\cdot\boldsymbol{A}=\frac{1}{\rho}\frac{\partial}{\partial\rho}(\rho A_\rho)+\frac{1}{\rho}\frac{\partial A_\varphi}{\partial\varphi}+\frac{\partial A_z}{\partial z}$$

$$\nabla\times\boldsymbol{A}=\boldsymbol{e}_\rho\left(\frac{1}{\rho}\frac{\partial A_z}{\partial\varphi}-\frac{\partial A_\varphi}{\partial z}\right)+\boldsymbol{e}_\varphi\left(\frac{\partial A_\rho}{\partial z}-\frac{\partial A_z}{\partial\rho}\right)+\boldsymbol{e}_z\frac{1}{\rho}\left[\frac{\partial}{\partial\rho}(\rho A_\varphi)-\frac{\partial A_\rho}{\partial\varphi}\right]$$

$$\nabla^2\psi=\frac{1}{\rho}\frac{\partial}{\partial\rho}\left(\rho\frac{\partial\psi}{\partial\rho}\right)+\frac{1}{\rho^2}\frac{\partial^2\psi}{\partial\varphi^2}+\frac{\partial^2\psi}{\partial z^2}$$

（3）球坐标系 (r,θ,φ)

$$\nabla\psi=\boldsymbol{e}_r\frac{\partial\psi}{\partial r}+\boldsymbol{e}_\theta\frac{1}{r}\frac{\partial\psi}{\partial\theta}+\boldsymbol{e}_\varphi\frac{1}{r\sin\theta}\frac{\partial\psi}{\partial\varphi}$$

$$\nabla\cdot\boldsymbol{A}=\frac{1}{r^2}\frac{\partial}{\partial r}(r^2A_r)+\frac{1}{r\sin\theta}\frac{\partial}{\partial\theta}(\sin\theta A_\theta)+\frac{1}{r\sin\theta}\frac{\partial A_\varphi}{\partial\varphi}$$

$$\nabla\times\boldsymbol{A}=\boldsymbol{e}_r\frac{1}{r\sin\theta}\left[\frac{\partial}{\partial\theta}(\sin\theta A_\varphi)-\frac{\partial A_\theta}{\partial\varphi}\right]+\boldsymbol{e}_\theta\frac{1}{r}\left[\frac{1}{\sin\theta}\frac{\partial A_r}{\partial\varphi}-\frac{\partial}{\partial r}(rA_\varphi)\right]$$
$$+\boldsymbol{e}_\varphi\frac{1}{r}\left[\frac{\partial}{\partial r}(rA_\theta)-\frac{\partial A_r}{\partial\theta}\right]$$

$$\nabla^2\cdot\psi=\frac{1}{r^2}\frac{\partial}{\partial r}\left(r^2\frac{\partial\psi}{\partial r}\right)+\frac{1}{r^2\sin\theta}\frac{\partial}{\partial\theta}\left(\sin\theta\frac{\partial\psi}{\partial\theta}\right)+\frac{1}{r^2\sin\theta}\frac{\partial^2\psi}{\partial\varphi^2}$$

附录二 物理常数（国际单位制）

物理量	符号	数值
光速	c	$2.997\,924\,58 \times 10^{8}\,\text{m/s}$
万有引力常数	G	$6.674\,08 \times 10^{-11}\,\text{N}\cdot\text{m}^2/\text{kg}^2$
普朗克常量	h	$6.626\,068\,96(33) \times 10^{-34}\,\text{J}\cdot\text{s}$
真空介电常数	ε_0	$8.854\,187\,817 \times 10^{-12}\,\text{F/m}$
真空磁导率	μ_0	$12.566\,370\,614\cdots \times 10^{-6}\,\text{H/m}$
玻耳兹曼常数	k_B	$1.380\,650\,4(24) \times 10^{-23}\,\text{J/(mol}\cdot\text{K)}$
电子电荷	e	$1.602\,176\,487(40) \times 10^{-19}\,\text{C}$
电子静质量	m_e	$9.109\,382\,15(45) \times 10^{-31}\,\text{kg}$
电子荷质比	e/m_e	$1.758\,8 \times 10^{11}\,\text{C/kg}$
电子的磁矩	μ_e	$9.284\,763\,77(23) \times 10^{-24}\,\text{J/T}$
质子静质量	m_p	$1.672\,621\,637(83) \times 10^{-27}\,\text{kg}$
玻尔磁子	μ_B	$9.274\,009\,15(23) \times 10^{-24}\,\text{J/T}$
质子磁矩	μ_p	$1.410\,606\,662(37) \times 10^{-26}\,\text{J/T}$
精细结构常数	$e^2/4\pi\varepsilon_0\hbar c$	$7.297\,352\,5376(50) \times 10^{-3}$
经典电子半径	$e^2/4\pi\varepsilon_0 mc^2$	$2.817\,76 \times 10^{-15}\,\text{m}$
玻尔半径	$4\pi\varepsilon_0\hbar^2/me^2$	$5.29\,177\,208\,59(36) \times 10^{-11}\,\text{m}$